原発と民主主義

「放射能汚染」そして「国策」と闘う人たち

［インタビュー］
村上達也（元東海村村長）
小出裕章（元京都大学原子炉実験所助教）
武藤類子（原発事故被害者団体連絡会共同代表）
鎌仲ひとみ（ドキュメンタリー映画監督）
鈴木祐一（元浪江町役場職員）
長谷川健一（元酪農家）
馬場有（元浪江町町長）
小林友子（旅館「双葉屋旅館」女将）
崎山比早子（元放射線医学総合研究所主任研究官）
里見喜生（旅館「古滝屋」一六代当主）

平野克弥［著］

解放出版社

序

福島原発事故についてインタビューを始めたのは、ごく個人的な理由からだった。私の実家は茨城県の東海第二原発から一〇キロ圏内にある。元東海村村長の村上達也氏が本書のインタビューで語っているように、一九九九年に東海村の核燃料加工施設で臨界事故が発生し、二人が死亡、一人が負傷、六六七人が被曝した。当時、米国のシカゴ大学の大学院で研究をしていた私に、母から事故の知らせの電話がかかってきた。「大変なことが起こってしまったよ。どうしたらいいでしょう。市役所は窓を閉めて家の中にいる様にと指示しているのだけれど……」と。原発事故の実態や体外・体内被曝の人体への影響について、浅薄な知識しかなかった私は、「すぐに車に乗って、事故現場からできるだけ離れた場所に避難すべきだと思うよ」と返答するしかできなかった。

その後、原発やチェルノブイリ事故に関する本や記事を読むようになったが、まさか二〇一一年にあのような大事故が起こるとは想像もしていなかった。日本に住む多くの人と同じように、私も無意識のうちに原発「安全神話」を受け入れていたのだろう。

原発事故後、母は大好きだった畑仕事とキノコ栽培を断念した。自宅で栽培していたキノコや野菜から基準値を超える放射線量が検出されたからだ。私が子供の頃よく行き、渡米してからも帰国時に毎年家族と夏を過ごした地元の海水浴場にも、娘を連れて行くことがなくなった。二〇一一年の夏は、市の職員や観光関係者が海に入って安全を訴え、海水浴客を呼び戻そうと懸命だったが、私にはそれが無責任で虚しい行為にしか思えなかった。スーパーに行くと、野菜や魚の産地を神経質にチェックするのが習慣になった。茨城県は福島県と同様、野菜、肉、魚介類が豊富な農業王国である。スーパーの棚に並ぶ色とりどりの農産物や海産物から安心して食材を選べる日常は、すっかり姿を消してしまった。

人間と放射能は共存できないという思いが募っていった。同時に、放射能汚染の恐ろしさに無知だった自分を恥じた。そのような自省も含めて、平穏な日常を一瞬にして奪われた人々の声や言葉を拾い上げ、後世に伝えることが一歴史家としての私の責任だと考えるようになった。二〇一二年の夏、日本に一時帰国していた私は、茨城から福島へと車を走らせ、飯舘村、南相馬市、川内村、広野町をまわった。防護服を着た除染作業員以外は人影がほとんどなく、町も村も里山も荒涼とし、不気味な感じさえした。それでも避難せずに生活を続けている人たちが散見され、彼ら・彼女らの話を聞きながら歩いた。こうしてインタビューが始まった。

本書に収録された一〇本のインタビューは、福島原発事故後、毎年夏と冬に日本を訪れ行ってきた一〇〇本以上のインタビューから選んだものである。時系列的に構成されてはいるが、その時々に最も重要だと思われたテーマを扱っているインタビューを厳選してみた。本書は、被災者の声をありのままに伝えるルポルタージュやインタビュー、ドキュメンタリーとは異なり、放射能汚染や原発事故に向き合ってきた人たちが、日本の「民主主義」「地方自治」「故郷」「豊かさ」「いのち」をどのように考えているのかを聞き出し、言葉にして「思想」として読者にお伝えすることを目的としている。現場で、あるいは現場との深い関わりで紡がれてきた言葉は、生き生きとした思想として私たちの生き方に語りかけ、現実を少しずつ変えていく力になると編者は信じている。より開かれた社会をつくるためには、SNSやマスコミで流行しすぐに消費されてしまう言葉、あるいは象牙の塔の中だけで呟かれる言葉ではなく、日々の暮らしの中で生まれ鍛えられてきた言葉＝思想が、私たちの思考と行動の糧となるだろう。

実は、これらのインタビューはもともと米国のオンライン・ジャーナル『アジア・パシフィック・ジャーナル：ジャパン・フォーカス』を通じて英語の読者向けに発表されたものがほとんどだ。英語で公開した最大の理由は、福島原発事故を世界中のできるだけ多くの人々に伝え、原子力政策の諸問題を自分たちの問題として受け止め、議論してもらいたかったからである。原発は、世界、とりわけ「先進国」が作り上げ、推進してきた政策であり、一国の枠組みを超えたグローバルなシステムとして理解されなければならない。そして何よりも、私たち一人ひとりが、原子力発電所から生み出される電力の消費者＝当事者として、原子力政策を可能にしている社会的・経済的不平等の構造やそれが生み出すリスクとしっかり向き合わなければならない。

私が本書を『原発と民主主義』と名付けたのには、六つの理由がある。第一に、原子力エネルギー政策は民主主義の原則と根本的に相容れないという主張が、本書の中で何度も繰り返されている。周知のように、原発は戦後、「国策」として推進されてきた。「国策」とは、民主的な議論や手続きを経ずに、政府が「国益」の名の下にトップダウンで主導する政策を意味している。原発立地地域に指定された住民が時間をかけて原発政策の全容を多角的に理解し、その必要性・不必要性、メリット・デメリットを議論するプロセスは最初から排除されている。国と企業は「国策民営」の名の下に巨額の資本を投下しながら、カネの力で住民や自治体を懐柔し、分断し、一方的に原発の誘致を推し進めてきた。原発誘致に反対する人々は、発電所に関する専門的知識のない「愚か者」、あるいは地域を分断する「扇動家」というレッテルを貼られてきた。本書のインタビューでは、原発政策がなぜ国策として進められてきたのか、それが日本の民主主義にどのような影響を与えたのか、その代償は何だったのか、それらがさまざまな角度から論じられている。

第二の理由は、これらのインタビューが民主主義そのものを考えなおすヒントを与えてくれるからである。福島原発事故は、議会制民主主義が民意を反映する制度としてではなく、大資本（大企業）と国家（政治家・官僚）の利益を代弁し擁護する制度として機能してきた事実を改めて表面化させた。制度としての民主主義が庶民の信用を失って久しいのは、このような名ばかりの民主主義が資本や国家の大きな論理を代弁し、庶民の生活世界を軽んじ、場合によっては犠牲にしてきたからではなかったか。本書のインタビューの中で「民主主義」は、庶民が自らの手で日々の幸福と安全を確保する自由、その自由をヒエラルキーのない開かれた対話を通して他者（自然を含む）と共に育む過程を表現する言葉として使われている。

第三に、国策の最大の犠牲者は、常に社会的・経済的に力を持たない子供や女性であるという点が繰り返されている。弱者を犠牲にするような社会はどのようにして生まれたのか、それを支えている根強い無関心や差別の構造とは何か、そのような無関心や差別の構造とどのように向き合えばいいのか、これらの問題意識がインタビューの中で何度も繰り返されている。特に、原発事故による放射能汚染は、目に見えない形で子供たちの健康を蝕んでいく。自分を守る知識も術もない子供たちが健康を害していく状況に対して、責任ある大人はなにをなすべきなのか。これは、社会的立場を超えてすべての大人に向けられた問いであろう。

第四に、ライフスタイルの転換が挙げられる。これは、個人主義的な欲望の充足や目先の便利さ、快適さを追求する生き方の見直しを意味する。原発誘致の常套手段は、カネで住民を懐柔することだが、目先の利益にとらわれた自己中心的な生き方なしには、このような狡猾な手段が功を奏すことはない。本書で繰り返されるライフスタイルの転換とは、そうした生き方から抜け出すことであり、一人ひとりの消費行動や生活そのものが、常に他者との関係の中で営まれていることを理解することである。言い換えれば、私たち一人ひとりが他者や自然環境に対して責任ある生き方を選択しなければならないということだ。つまり、自己中心的な消費のあり方を改め、消費そのものが個人の欲求の充足を超えた社会的行為であり、世界中の人々や自然環境と深いつながりを持っていることを認識することが、一国主義的な民主主義を超えた世界市民としての「民主主義」の条件なのである。

第五に、原子力政策は必ず、都市部の巨大消費を支えるために地方を犠牲にする構造を持つ。

「過疎地」とされる地域は、資本と人口が集中する都市部の繁栄を支える裏の構造として、知らず知らずのうちにさまざまなリスクを背負わされている。これは、地方を国家(＝都市)の「犠牲区域」として黙認する差別構造である。この差別構造は、原発政策に限らず資本主義体制に常に見られるものであり、万が一の際には一定の地域を囲い込み、そこに住む人々の生活や自然環境を切り捨てることを前提としている。原発誘致の際も、住民にこの差別構造を認識させない、議論させないということが繰り返されてきた。言い換えれば、この構造は安全神話とカネの力によって見えなくされてきたのである。これは上記一～四の理由と密接に関連しており、資本主義社会における日常生活が、差別と排除と犠牲の上に成り立っているというより根深い現代社会の構造的な問題なのである。それは、足尾鉱毒事件や水俣病事件のような公害をはじめ、いま、世界中で拡散する富の少数者への集中と庶民の貧困化という事態を見れば明らかだろう。民主主義の未来を考える上で、資本主義が生み出すさまざまな弊害と向き合うことは避けて通ることができない。

最後に、本書では「民主主義」の基本的な原理として「対話」の重要性が強調されている。対話は同じような考えや価値観を持つ人間が集まって行う予定調和や忖度に基づく会話ではなく、差異や多様性を前提としながら、雑多な声を突き合わせ、議論し、相互理解と共生の可能性を探っていく過程を指している。その過程は、各自が自分の主義主張で終わる「言いっぱなし」的な社会関係とは無縁であり、他者の声に耳を傾け、自分の偏見や思い込みといったものを乗り越えていく自己変化のそれを伴っている。本書に収められているインタビューの特徴は、その「他者」に今を生きる人間以外の存在をも認めている点だ。生きとし生けるもの、かつて存在したものたちの言葉や記憶、これから産まれくるものたちの「声」(それへの想像力)、また人知を超えた存在などすべてが対話の重要な参加者なのだ。そのような多種多様な声が対等に交わり、より良い「生」を目指して言葉を練り上げていくことこそが「民主的」なのである。そこには特権的な声もなければ、他者の声を支配する権威的な声も存在しない。

序を閉じるにあたって、以下の方々に謝辞を記しておきたい。村上達也さん、小出裕章さん、武藤類子さん、鎌仲ひとみさん、鈴木裕一さん、長谷川健一さん、馬場有さん、小林友子さん、崎山比早子さん、里見喜生さんは、度重なるインタビューを快く引き受けてくださいました。また、言葉では言い尽くせないほど皆さんからたくさんのことを学ばせていただきました。長谷川健一さんと馬場有さんがインタビューから間も無くガンで亡くなられたことは残念でなりません。在りし日を偲びつつ、ご冥福をお祈りいたします。葛西弘隆さん、天谷吉宏さん、河野洋さん、磯前順一さんは、インタビューの意義に賛同してくださり、快く参加してくださいました。皆さんのご協力と熱意、また励ましがなければ、このプロジェクトを遂行することは難しかったでしょう。アンソン晶子さんは、インタビューの文字起こしというとても骨の折れる仕事とAsia-Pacific Journalのために英訳をしてくださいました。インタビューが世界の多くの人々に読まれ続けているのは、アンソンさんのお陰です。ノーマ・フィールドさんとマーク・セルダンさんは、英訳のインタビューを出版するにあたって多くの的確な助言をくださいました。特にノーマさんの鋭い助言にはいつも救われました。カリフォルニア大学ロサンゼルス校（UCLA）は、研究支援を惜しみなく提供し、ロサンゼルスと福島の間を毎年行き来することを可能にしてくれました。解放出版社の村田浩司さんは、これらのインタビューをポピュリズムの台頭、戦争や殺戮、自然災害や気候変動などによって揺れ動く今だからこそ、より多くの人に読んでもらいたいと出版に行き着くまで辛抱強く応援してくださいました。村田さんご自身の社会問題への洞察と社会運動へのコミットメントから、たくさんのことを学ばせていただきました。皆さんに心から感謝申し上げます。

二〇二四年の春、ロサンゼルスにて。

平野克弥

目次

03 絶望と冷静な怒り

インタビュー 武藤類子氏
（原発事故被害者団体連絡会共同代表）

04

福島、メディア、民主主義

インタビュー 鎌仲ひとみ 氏
（ドキュメンタリー映画監督）

01

原発と地方自治

――「東海村は、日本における原子力推進の尖兵、ショーウィンドーとしての役割を担わされてきたと思うし、原子力の植民地的な性格をもった町なんだな。東海村は日本における原子力開発推進の歴史と一体となった歴史を歩んできた。東海村自身も、日本における原子力開発の中心にいる事自体、「原子力センター」「原子力のメッカ」と呼ばれることを誇りとしてきてしまった。（でもね）何のための、誰のための原子力発電なのかと思うようになった」

元東海村村長　**村上達也氏**　二〇一四年八月二七日、茨城県東海村のご自宅にて

一九四三年茨城県東海村生まれ。一橋大学社会学部を卒業後、常陽銀行に就職。常陽銀行ひたちなか支店長などを歴任し、一九九七年から二〇一三年まで東海村村長を務める。任期中にJCO臨界事故が起き、国と県から適切な対応策が出されない中、住民を避難させるために奔走した。その後、脱原発の立場を表明。福島原発事故後は、脱原発を目指す首長会議世話人などを務め、脱原発運動や講演などで活躍している。著書に『東海村・村長の「脱原発」論』(共著、集英社新書)などがある。村上氏には、戦後の原子力エネルルギー政策の歴史とともに歩んできた東海村を振り返りながら、原発誘致が地方自治体にもたらす影響、戦後の民主主義、地方自治のあり方やその理想についてお話を伺った。再び再稼働の動きが進む中、地方自治をめぐる村上氏の見解は、ますますその重要性を増している。インタビューは二〇一三年の一二月と二〇一四年の八月に東海村のご自宅で行った。本書のインタビューは二つのインタビューをまとめたものである。

平野：今日は、お忙しい中、インタビューをご快諾いただきありがとうございます。まず始めに、三・一一以降の話をお聞かせください。村上さんは、原発立地自治体の首長として「脱原発をめざす首長会議」の世話人を務めてこられました。(1) 東海村の人口が約三万八〇〇〇人で、一般会計予算は一六六億円。そのうち原子力関係の歳入が五五億円に上り、全体の三分の一を占めています。このように、原子力産業が村の歳入に大きな位置を占める中で、あえて「脱原発」へと立場を転じ、その運動の先頭に立ってこられた理由をお聞かせください。(2)

村上：はい、確かに三分の一、でも今はね一八〇億円くらいになってるかな。今年の予算は二二五億円ということで、そのうち四五億円は小学校と中学校の建設費で予算計上しているんでね。いずれにしても、三分の一が原子力関係依存ということで間違いないでしょう。それでね、人口三万八〇〇〇人から四万人くらいの原発を持たない市町村だったらどのくらいの財政規模かと言うと、だいたい一二〇億円くらいだよ。それでそこの住民たちの行政サービスや生活レベルは我々より劣るかと言うと、現実にはあまり変わっていない。要するに、東海村の財政は過剰なんだね。例えば、原発立地自治体の佐賀県玄海町は七〇〇〇人くらいの人口で、予算規模としては七〇億円もある。普通は七〇〇〇人の町だったらば三〇億円くらい。七〇億円だから豊かなのか、生活の質は高いのかと言うと必ずしもそう言えない。予算を使い切るために当然ながら余計なことをやるわけだ。例えば温水プール、観光施設、立派な体育館、文化センターと全くそこの住民にとって必要のないものを作ったりする。そういうことをやって、結局は無駄なカネの使い方をしているというだけの話。すぎたるは及ばざるが如しなんだよな。

平野：原発からの収入がなくても十分やれるということですね。

村上：やれる。なければないで結局地方交付税[3]が入ってくるわけだよ。原発がない町はちゃんとやっているわけよ。まあ、原発があることで、若干福祉面とか教育面でいいところはあるかもしれないけれど、東海村が特別、原発がない町よりも住みやすくて理想的な自治体だということはない。社会資本整備費と言われる公共事業だってだいたい道路や建物にいくだけなので、それで住民の福祉が向上するということではない。この原発立地自治体というのは、全国で二四市町村ある。人口の〇・六%、七〇万人程度なんだな。一七二〇くらいある市町村の中で二四しかないんだ。この二四の自治体がね、これほど特別待遇されるというのは普通じゃない。カネが使いきれないほどあるとそこの住民が努力をしなくなる、原発のカネにぶら下がるだけになる。それは、麻薬中毒と同じ。住民としての力量や主体性を失っていくということになりますから。

平野：村上さんは、原発は地方自治にとって疫病神みたいなものだと発言されてきましたね。結局、原発が生み出すカネに依存してしまい、自治の意識を奪われ、それまであった文化や歴史、生活世界が破壊されてしまうということですか。

村上：そういうことになるね。まず、原発誘致の話が来る、そしてそれに反対する運動が起こる。自治体は真っ二つに分断される。原発を誘致することで莫大な利益を得る人たちがいる。原発を誘致する電力会社から特別な計らいを受けたり、建設ブームが起きたりね、うまい汁を吸いたい業者や人たちが集まってくる。一方で、もうちょっと公共精神があって、自治体や環境のことを考える人は反対するわな。原発をめぐる闘争が二〇年も三〇年も続くことになる。そうやって、原発政策は、自治体を壊してきた。カネという麻薬は、人心を攪乱するんだな。

平野：東海村でもそのような分断は起きましたか。

村上：東海は違った。分断が起きる前に、いつの間にか作られていた（笑）。東海は最初に原子力研究所を誘致したんだよな。原発は誘致してないんだよな（笑）。だから知らなかった。それは国家が、特に自民党とか正力松太郎のような人が日本の国威発揚のために原発を日本で持ちたいと思って、原子力研究所を東海村に作った。それで、村民は原子力研究所ができたと思っていた。でも、蓋を開けてみたら、ワンセットで原子炉が建てられてしまったということなんだな。

ところが山口県の上関で三〇年、新潟県の巻町も三二年、それから三重県の熊野灘に面する芦浜なんかも三七年かけて原発誘致を阻止することに成功した。町や村が分断され、隣近所が憎しみあってみんな辛い思いをした。電力会社は、住民から土地を買って原発を建てる。上関と芦浜は中部電力、巻町は東北電力が住民から土地を買っているから、自治体の中で亀裂を産むし、諦めきれない。

私が脱原発を唱えた発端はＪＣＯ（住友金属鉱山の子会社）臨界事故があったね（写真1）[4]。一九九九年、まあ村長になってまだ二年だったけど、あの時にこの国は信用できないと悟った。この国は原発を持つような能力がないなと。原子力エネルギー政策を推進するために、原子力が持っている問題に全部蓋をしてきた。ＪＣＯ臨界事故のあと、政府や電力会社は無我夢中で原子力批判に対する攻撃と言いますか、さらに安全神話を強化していくということをやるんだな。それと同時に自分たちの組織を引き締めるということもやる。動力炉・核燃料開発事業団[5]、いわゆる動燃なんかは内部に対してどんどん監視体制を強化していった。

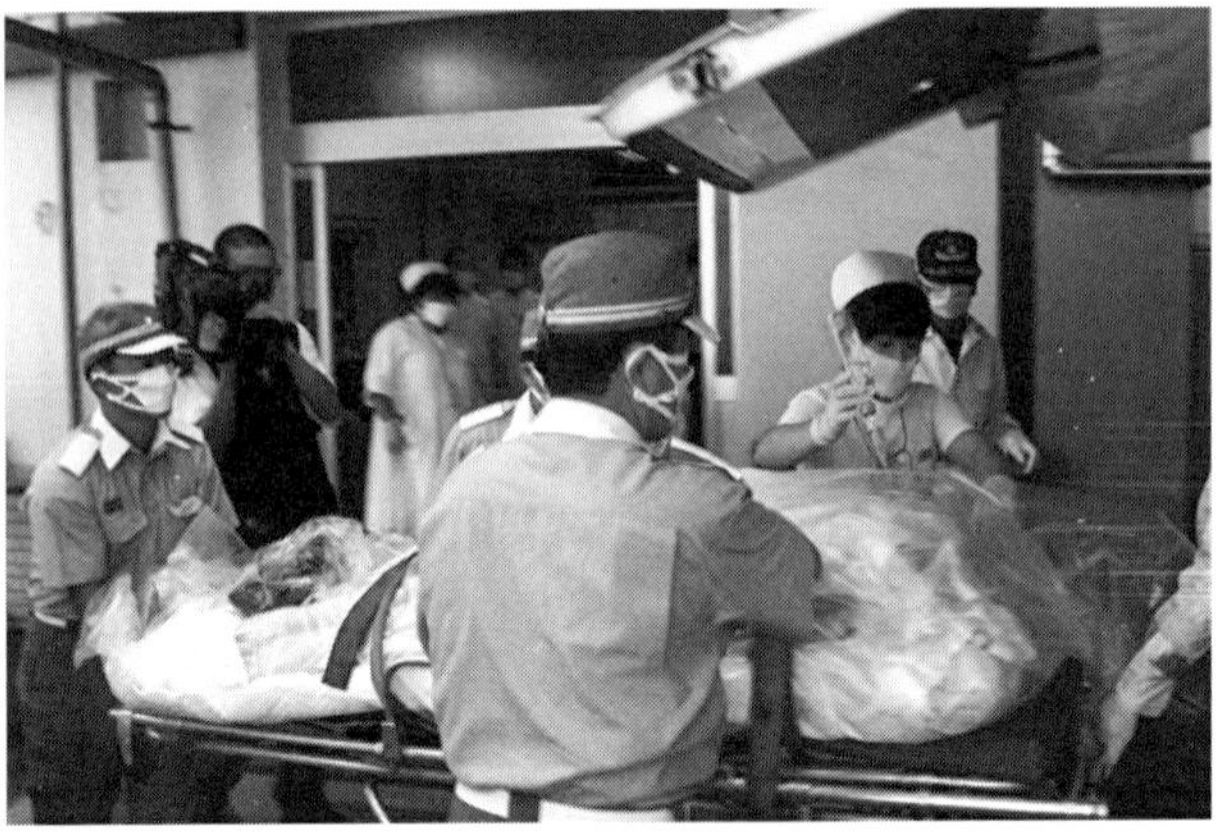

写真1　東海村JCO臨界事故

▼ＪＣＯ臨界事故と福島原発事故

平野：それは内部情報が漏れないように、つまり隠蔽するということですね。

村上：そう。そういう体質がどんどん強まった。ＪＣＯの臨界事故でよくわかったのは、日本の社会には原子力を作る技術があってもそれをきちんと管理し、コントロールできる体制がないということ。衆議院の科学技術委員会なんかで参考人として呼ばれた時には、管理することの責任の所在がはっきりしていないことがこの国の問題なんだと言った。だから、事故が起きると大きな組織であればあるほど責任逃れのために必死に隠匿しようとするんだ。法人だけでなく、行政もしかりだ。

平野：ＪＣＯの臨界事故が起きた時、村上さんは住民を避難させるために奔走されましたが、国も県もどうしたら良いかわからない状態で、結局村上さんご自身の判断で動かれたわけでしょう。そのような例からも、危機管理体制が全くできていない。

村上：全くその通りだな。福島原発事故でも何の危機管理もできていないからああゆう無責任な住民対応とか避難対応になった。事前に原発事故が起きる、起こりうるということを前提にして国や自治体が動いていたら、福島の住民の被曝を最小限に抑えることができたかもしれない。特に日本のような狭い領土の中で原子炉を五四基も作れば、どうしても多くの人々を危険に晒すことになる。もし万が一の場合は避難させる場所もない。そんなことをちゃんと考えれば、原発政策が間違っていたことに気づくはず。気づきたくないからリスクを考えない、事故など「想定外」ということにしてしまう。福島の事故が起きた時、NRC（アメリカの原子力規制委員会）は五〇マイル（約八〇キロ）の外に出ろと言ったわけだよね。日本政府は最初は半径三キロは避難指示、半径三キロから一〇キロまでは「屋内退避指示」を発令して、その後避難指示を一〇キロ圏内まで広げた。三月一二日の午後に原子力発電所一号機が水素爆発を起こして、慌てて避難地域を二〇キロ圏内まで広げた。二〇～三〇キロ圏内は「緊急時避難準備区域」にして緊急時に屋内退避か避難してもらうことにした。これは、「事故など起こりえない」という前提でやってきた日本の原発政策の傲慢さと無責任さの表れだね。

平野：三・一一の事故が起きた時にはアメリカにも同じ情報が行っていて、八〇キロ圏内から出ていけと日本に住んでいるアメリカ市民に発令した。同じ情報を見ていてあれだけの状況判断の違いが生まれた事実をどう考えればいいのでしょうか。アメリカ政府も日本政府も同じデータを見ていたわけですよね。

村上：見てたね。アメリカ政府はもちろん避難させるのは自国民だったから、数も少ないからいっぺんにいけたんだろうが、日本政府はそこに住民が何万人も居るんだから（当時、原発から半径二〇キロの人口は七・八万人）、まさに事前から避難経路や避難方法を考えてないと避難指示は出せない。何の準備もなく避難させたら、住民にパニックを起こさせると判断したんだろうけれど、政府や東電自身がパニックに陥ってたんだよな。どうやっていいかわからないと、今まで考えてもいなかったと。

平野：危機意識も対策も全くなかった。

村上：うん。避難なんていうことはね、もともと考えてない。というのはその当時の原子力災害対策方針[6]でも防災計画の指針[7]でも、原発についての避難ということは考えていなかったというわけだね。防災指針というのはもともと、原子力施設は多重に防護されているから大量の被曝という事態は起こらないと。だから避難は必要ないというのが前提。避難計画の必要を認めると、原子力は危険だということになるからね。そういうことは口にしないというのが前提でこれまで来てしまった。

それから原子炉の安全設計審査指針は日本では過酷事故[8]は起きないというのが前提だから。全電源喪失になっても八時間以内には回復するというふうに書いてある。だから最初に非常用電源を動かして、いわゆるディーゼル発電機で冷却を続けると。そのうちに外部電源は回復するだろうという想定なので、過酷事故は起きないというのが原子力の安全設計審査指針になっている。それで防災指針に関しても、そのようなことは起きないから住民避難は必要ないということになる。私から見れば、戦争と同じ発想なんだよな。日本は絶対に負けないんだから、捕虜になったらどうするなんて考えるなと。万が一、捕虜になったら命を捨てろと。それと同じようなことなんだよな。それが、「想定外」ってことだろう。

平野：日本の行政とか政治を見ると責任主体を明確にしないという傾向が強いように感じます。例えば原発を建てて、もし事故が起きた時に誰が責任を取ってどういう形で動くのかということを突き詰めてきちんと考えておくということがなくて、建てて売ってしまえば終わりというか、あとはカネが原発や経済を回してくれるからいいという無責任な態度が染み付いているように感じるのですが。そういう無責任な体制というものを東海での臨界事故の時も感じましたか。

村上：それはもちろんそうだね。でも、一番無責任だと感じたのは、事故のあとで管理体制の問題や過酷事故の可能性を根本的に検討することなく、臭いものに蓋を閉めたということだよな。

平野：なるほど。

村上：一番都合のいいのはね、マスコミを通して「バケツとひしゃく」が事故の原因だったと広がったことなんだよね。(9) バケツとひしゃくを使って濃縮度一八・八％のウラン液を作っていたと聞いて、みんなびっくりしたわけだけれども、本質的な問題はそこにあったわけじゃない。もちろん、そんな核燃料の作り方は正規の製造工程を逸脱していたけれど、もっと深刻な問題はね、東海村のように集落が密集するところで町工場のような建物を建てて一八・八％のウラン溶液を作るということだよ。通常は、そんな環境では三％から五％のウラン溶液を作るものだが、それを一八・八％ということだから、安全を保証するような設備や防止対策が用意周到に準備されて当然なんだ。しかし、現実には構造的にもそれを防止するようなものが何らできていないばかりか、効率性ばかりを追い求める作業をしていたわけだ。しかも事故前の七、八年は、専門家による検査さえ入っていなかった。動燃は下請けのＪＣＯにすっかり任せっきりでいたんだな。こういう原発政策のより根本的な問題をしっかり取り上げずに、バケツとひしゃくを使ってやったから起きた事故だということで片付けてしまった。原子力研究開発の本流でないところで起きた事故だということにして蓋を閉じた。

平野：なるほど、無知な作業員が起こした例外的な事故として処理してしまった。

村上：そう、下請け会社の作業員が起こした例外的な、ありえない事故だと。

平野：しかし、今回の震災では、東海村の原子力発電所は福島と同じようなメルトダウンを起こしてしまう事態を危機一髪で回避したようですね。つまり、危機管理ということにおいて、ＪＣＯ臨界事故は例外的ではなかった。

村上：その通りなんだな。今回の地震でね、主発電機自動停止（タービン主蒸気止め弁閉）の信号がなって原子炉が自動停止した。それで、外部電源喪失状態になったんだけれど、非常用ディーゼル発電機（Ｄ／Ｇ）三台は使用可能だったんだけれど、その後の津波の浸水でＤ／Ｇを冷やす海水ポンプ三台のうち一台が使用不能になった。冷却用海水ポンプというのは、海水を汲み上げてディーゼル発電機を冷やすんだけれども、それが海水による浸水でダメになった。福島では全部ダメになったから原子炉が加熱状態になってメルトダウンしたんだが、東海村もその一歩手前まで行っていた。波を防ぐための防潮壁と津波の高さの差が、七〇センチまで縮まっていたということは聞いているだろう。それから海水ポンプ室まで水が入ってきて、天井まで四〇センチのところまできた。だから全電源喪失という直前まで行っていた。非常用発電機が三台のうち一台は冷やすことができなくなってダウンしたから、原子炉の冷却のスピードも遅れる。どうしても炉心の圧力がどんどん高まる。そして水蒸気がたくさん出て、そうすると水が入らない。「主蒸気逃し弁」っていうのがあるんだけど、蒸気の圧力が上昇した時に蒸気を外に放出して圧力上昇を抑える弁のことなんだが、それを使ってなんとか圧力を下げた。この弁は普通は自動で動くんだが、圧力上昇のスピードに自動じゃ追いつかなくて、手動で一七〇回、蒸気を外に逃したんだよな。長時間弁を開けっ放しで冷却を続けるということでなんとか危機を回避した。それから防潮壁の嵩上げ工事も震災のわずか一週間くらい前に終わっていて、しかも人が出入りするような大きな穴があったんだけどそれも二日前に閉じたということで、本当に助かったんだな。

平野：本当に危機一髪だったんですね。偶然の連続で危機を回避できたわけですね。もし東海原発も爆発していたら関東全域おしまいでしたね。

村上：茨城県、栃木県、群馬県をはじめとして、首都圏みんな終わっていたよ。東海第二（写真2、図表1）の三〇キロ圏内には一〇〇万人もいるわけでね。私はね、女川から東海まで原発が一四基あるん

写真2　東海第二原発

図表1　東海第二原発の周辺自治体とその人口

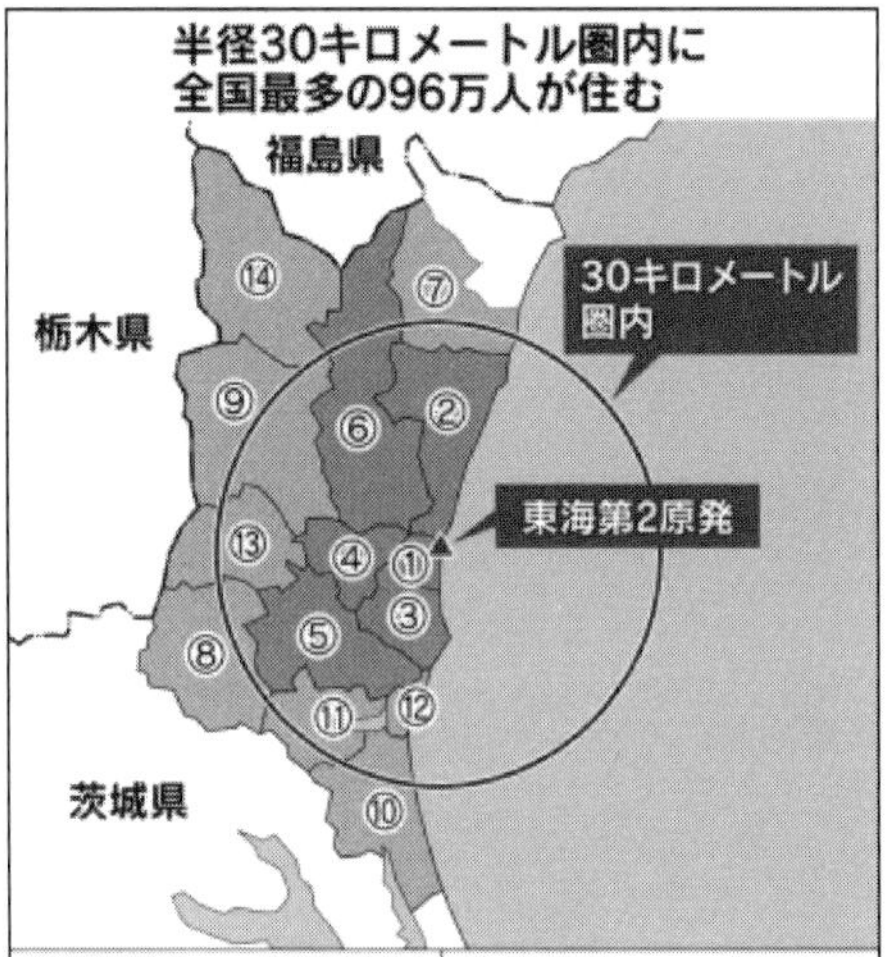

①東海村	3万7438人	⑧笠間市	3万6310
②日立市	19万3129	⑨常陸大宮市	3万9032
③ひたちなか市	15万7060	⑩鉾田市	1万6889
④那珂市	5万4240	⑪茨城町	3万3804

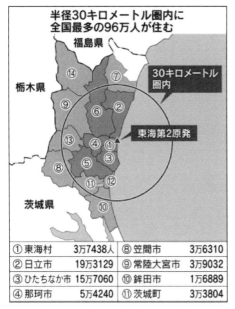

だけどね、これが全部爆発して、メルトダウンしてもおかしくなかったと思っているね。そしたら、日本は世界の地図から消えていたし、世界にもたらす汚染は前代未聞の膨大なものになっていたはずだ。

平野：似たような危機的状況がほかの場所でも起きていた。

村上：全部起きていたね。女川も外部電源五回線あるうち四回線がダウンで一回線だけがつながっていたということで、その一回線を利用して一、二、三号基に電源をまわしたと。福島第二もそうだよね。一、二、三、四号基とあるけれども一基だけが外部電源となんとかつながっていた。そして工事用ケーブルを持ってきて人手でつないでなんとかメルトダウンを押さえ込んだ。もちろん福島第一の四号機がもっとひどい状態になっていたら福島第二はもう手が付けられなかったし、福島第二がだめだったら東海第二もだめだったろうな。こうして連鎖的にだめになっていったはずだな。日本という国は、こんな危うい原発政策をしてきた。その事実をみんな知らない。

平野：人口が過密している日本という国に、これだけの原発があるということ自体が異常ですよね。

村上：異常だね。そういうことから言って、もし、原発事故が起こっていたら被害は最低でも福島の一〇倍になっていたはずだ。まあ、二〇倍になる可能性も十分にある。今福島では、いわゆる自主避難の人たちを入れて一三万人が避難しているといわれているから、少なく見積もっても一三〇万人、最悪の場合は二六〇万人ということになる。そしたらね、これね、電力会社や国は保償できますかということになる。それから茨城県には日立製作所の本拠があるし、そのほかいろんな工場もあるから、そういうものに対しての賠償なんかできやしない。今、自主避難でない八万人に対する賠償だって五兆円と言っているのに、東海村で事故が起きていたら国家賠償は全く不可能になる。

平野：住まいを奪われたり、土地を奪われたりした人がそれだけの数に登れば、移住する場所もない。おそらく、棄民状態になるでしょうね。

村上：そう、移住できる場所など日本にはないですよ。

平野：福島に関してですが、ある人は、賠償金をあげて、はい保償が終わりましたというのは責任逃れで、少なくとも小さい子供がいる家族に対しては、国や東電がどこか土地を買い取ってそれを与え、村や町全体を作り直して、そこに移住する選択を与えるべきだと主張しています。新しい村、コミュニティーを作るところまで支援するのが政府や電力会社のすべきことだろうと。

村上：でもそういう場所は日本にはないでしょう。今回の震災ではね、私もそこまで考えたよ。東海村も危ないと思って、移住先は北海道しかないと思った(笑)。もうしょうがないからまた新たな開拓団で酪農でもやるかと。北海道のある町に実際行ってみたりしたんだけど。よし、三万八〇〇〇人ここに移住してみんなで力を合わせて酪農でもやって。そこがだめならオーストラリアだな(笑)。あるいはアイダホだなって考えた。砂漠地帯に入って、もちろん水利権の問題あるけれども、灌漑でもしながらまさに二一世紀の開拓を考えるしかないと本気で思ったよ(笑)。アメリカに集団移住したら、人種差別とかいろいろと大変なことを経験するだろうけれど、土地が放射能に汚染されたら、誰も生きていけない。

平野：震災の時はそこまで考えられたのですね。一つの自治体で解決できる話ではないですね。そのような状態に追い込まれないために、近隣の自治体と協力しながら、原発ゼロの運動をされてきたわけですね。

村上：そう。水戸市を中心としてね、県央地域首長懇話会というのがある。[10] 首長は市町村長のことね。

北は東海村からね、南は小美玉市まで。それからもう一つは東海村を中心として、これは原発事故のあと、私が作ったんだけれど、隣接原発立地地域首長懇談会という組織がある。東海村とひたちなか市、水戸市、那珂市、日立市、常陸太田市からなっている。日本原子力発電所との安全協定に従えば、東海村と県の承諾を得れば原子炉を再稼働できることになっているんだけれど、隣接の自治体がそのような重要事項の決定については自分たちも参加すべきだと主張しているわけだ。これらの市町村も直接被害を被るから、当然の主張だ。ひたちなか市で一六万人、那珂市は六万くらい人口がある。水戸市は二七万くらいかな。

平野：これらの自治体は再稼働に関して反対の意思を表明しているんですか。

村上：はっきりは言ってないな。東海村も私が辞めて新しい村長になったしな。原発に関する基本的な考えは同じだと思うけれど、選挙のことも政治的なことも考えるからもあやふやにしているけれどね(笑)。でもひたちなか市の本間源基市長は再稼働はだめだと言っているな。[11] いろいろなしがらみの中ではっきりした態度を取れるのは、素晴らしいな。市民のことを本当に考えている。それから那珂市長は再稼働については住民投票でやりたいと言っているし、常陸太田市長は個人的には反対だ、と言っている。日立市市長も基本的には原発再稼働には賛成できないと言っているけれど、ただ原発を作ってきた日立製作所も抱えているからね。[12] だからもごもご言ってるわな。それからはっきりNOと言ってるのは小美玉市の市長なんだよな。市長は自分自身が酪農やっているんだな。それから前の城里町長の阿久津藤男さん、もう辞めちゃったんだけどね、がNO。それから石岡は入っていないんだけれど石岡市長もはっきりNO。鉾田市長もNO、再稼働だめだと。鉾田は農業地帯なんだよな。茨城町の町長はも

にゃもにゃとはっきりしない。きっと大洗町の町長に気を遣っている。大洗町長は原子力に依存しているからね。(13)

▼原発マネーが生み出す歪み

平野：市町村を懐柔するためにカネはかなり動くのでしょうか。特に選挙の時とか。

村上：東海や大洗ではあまりないと思うなぁ。原子力研究所とJAEA、つまり原子力機構が中心だから。(14)カネは動かないと思うけど、組織で動くわな。特に東大工学部出身だなんていう高学歴の博士なんて言うのがね、丁重に村長や町長に挨拶にくる。そういう人に頭を下げられると、首長たちは弱いよね。それから、反原発の首長に対する組織的な圧力は強い。JCOの臨界事故を体験したあと、東海村で原電（日本原子力発電）が三号炉、四号炉を作りたいと言ってきた。それに対して私は否定的だった。私に反原子力の村長という烙印を押して、二回目の選挙で私を潰そうとした。原電は、どうしても、原発の三号炉、四号炉を作りたかったんだよな。私はね、東海村が原子力の研究を主体にするのならまだ受け入れられるけれど、電力供給基地になるのは嫌だと言ってきた。それから、JCO臨界事故の時に、すでにJ-PARC（大強度陽子加速器）(15)を作る計画が始まったもんだから、これからはいわゆる原子力の電源交付金という原発から落ちる金に頼る町づくりはしたくないと考えていた。それよりも研究主体の町にしていこうと。それが「TOKAIサイエンスタウン構想」(16)というふうに最後にはなるんだけどね。福島原発事故の起きるずっと前から言っていたのは、J-PARKによって東海村は第二の夜明けを迎えられると。原子力発電所を作って固定資産税と電源交付金でカネを得て町づくりをするという考え方から脱却することが住民重視の地方自治には必要なんだ。大きな財源になる施設を中央から持ってきて地方を活性化するという、そういう町づくりから脱却していこう。J-PARKの持っている社会的価値だとか文化的価値だとか、そういうものを活用する町づくりに転換していこうと福島第一原発事故の起きる数年前から言っていた。

最初に明言したのは二〇〇五年に策定した東海村高度科学研究文化都市構想の時だね。大切なことは、「文化」を入れたこと。そのグレードをあげたバージョンをということで、福島原発事故の前年、二〇一〇年の六月にサイエンスタウン構想を作るための委員会を結成した。第一回目にやったのは二〇一〇年の六月なんですね。原発に頼っていてはもう先が見えていると私は思っていた。日本の経済構造から言っても、今はアベノミクスなんて言ってまだGDP拡大主義をとってるけど、そういう時代はもう終わりだよな。GDP至上主義、経済発展至上主義は地方をダメにする。持続可能なモデルではない。そこから脱却をして、みんなで新しい町づくりをしようという意味を込めて「文化」を重要視した。第二の筑波学園都市のようなことをイメージしていたんだけれどね。それは第一次産業や手工業を大切にしながら、研究や福祉を充実させる、自然環境を保全する、そんな町づくりなんだ。

平野：文化都市構想と名づけたのは、経済至上主義からの脱却を強調したかったからですね。

村上：まあ、幸せはカネじゃないよということ。カネだけ求めていたら、コミュニティーもそこに住む人間もダメになるよということ。

平野：科学技術だけを強調すると、どうしてもカネへの依存という発想が強くなる。

村上：そうそう、すぐにカネ、となるからね。コミュニティーを創造する、人が幸せになるということはカネではない、ということが大事。年収五〇〇万の人が三〇〇万の人よりも必ず幸せなのか、豊かなのかというとそんなことはない。例えば原発をやめたら経済はどうするんですかと言うけれど、原発で人が幸せになれたのか、本当に豊かになれたのかという疑問を持っている。地方行政の話をすると、すぐに経済的価値が真っ先にきてしまうけれど、文化的な価値、社会的な価値が大切だということだね。

平野：中央政府からおりてくる金権主義に対して村上さんがおっしゃる地域主義というのは、一般的な意味での地域主義とは違いますよね。普通、地域主義とか郷土愛となるとどうしても閉鎖的な方向に行ってしまうでしょ。でも村上さんが考えていらっしゃるのは、地域の特色を生かして開かれた社会を住民と行政が協力してどのように作っていくのかということですね。

村上：そうそう、そういうこと。ここに村民自身が考え出した、理念が書かれている。この理念をもとに東海村第五次総合計画というものがあるんですけど、これは二〇一一年から始まったやつで、計画策定は震災前に始まっていたんですよ。村民が一五〇人くらい集まって議論を繰り返した。その理念というのはね、「今と未来に生きるすべて命あるもののために」というのが真っ先にくる。村民の叡智が生きる町づくり、というものが東海村の目指す方向だった。これはその人たち自身が練り上げたものなんだ(17)。

平野：これは、本当に素晴らしい試みですね。

村上：基本目標として、過去に学び現在を考えていこうという試み。これは我々がコミュニティーとしてもともと持っていたもの、持っているものを大切に生かしながら、開かれた住みやすい社会を地域に根ざして考えていこうということ。それから基本目標は、一人ひとりが尊重されて、多様な生き方が選択できる社会、そして命と環境が循環していく社会を創っていこうという、素晴らしいものなんだよね。

平野：できるだけ多くの自治体が同じように住民主体で「理念」や「目標」を作っていってほしいですね。これは何回かミーティングを重ねてこういう形にしたんですか。

村上：そうなんです。私は一言も口出ししていません。でも、それが私の考えとピタッと合ったんだね。時代を逆行する経済至上主義のアベノミクスへはっきりとNOと言い切った理念だね。際限なき経済成長は、一時的に社会を豊かにしているような幻想を作るけれど、持続可能な生き方ではないね。自然を酷使し、資源を枯渇させ、今生きている人間だけに都合がいい発想だよ。目先の便利さだけを追求して、長期的にはたくさんの問題を生んでいる。それらの問題を未来の世代に先送りして、押し付ける生き方だよな。

平野：原発エネルギー政策というのは経済至上主義の申し子と言えますね。

村上：申し子だな、まさにその典型だ。ご存知の通り、原発はね、経済的に弱いところに作られてきたんだけれど、一度立ってしまうと、原発中心の経済構造にすべて吸収されてしまう。そして、それに完全に依存してしまう。東海村のビジネスで何が多いと思いますか。こんなのんびりとした田舎に旅館が多いんだよ(笑)。それもね、一般客が泊まれない原発作業員向けの宿泊所。一般人が来ても、泊まるところがないんだよ、ビジネスホテルと名前はついてるけどね(笑)。作業員を泊まらせるだけで十分ビジネスが成り立つから、ほかのことを試したり、考えたりする必要がない。

平野：旅館のオーナーたちは原発支持ですか。

村上：原発支持。だから田んぼの中に旅館があるんだよな。なんでこんなところに旅館があるんだ、と村長になった時思いましたよ(笑)。原発相手に作業員を泊めたほうが楽に生活できちゃうからね。

平野：原発依存でいびつな社会・経済構造ができてしまうんですね。

村上：原発から一キロくらいのところに旅館がたくさんあるんだよな。東海村を訪れた人は、なんでこんなところに旅館があるんだと驚くだろう。例えば駅前とか誰でもわかるようなところじゃなくて、タクシーなんか来てくれそうもない場所にあるんだよ。みんな作業員向けだ。それで採算が合ってしまう。原発は使う宿を決めてあるからそこに割り振るわけだ。何の営業努力もしないでやっていける。それから文房具屋にしろ衣料品店にしろ、村民なんて相手にしていないんだよ。村民向けに商売はしないんだよな。原子力事業所に納める、毎年決まった時に一定の割合で納めることになっているから、ほぼ自動的に収入が入る仕組み。努力もしないで、それで十分食っていけてしまう。村民のためにという発想が育たない。それに、建設会社でも機械加工業者でも原発関係の事務所に納めていることで十分食って行けるから、新しい発想も生まれない。

平野：それが原発依存型経済の意味ですね。

村上：依存だねぇ。精神までそうなってしまう。東海村で若い人たちがどんどん増えているんだけれど、子育て最中の若い夫婦や子供のための商売というのは一つもできやしないんだよ。こんなに人口増えているんじゃないかと、その若い人たち向けの商売を考えてみたらどうかと言っても、やりはしないね。

平野：地域のニーズに応えるような経済が育たないということですね。

村上：育たない。原発中心に納入していると。商売も雇用もすべては原発中心で動くようになる。原発はカネのなる木になって、村民の生き方や生活を堕落させるんだな。

平野：福島原発が立っていた双葉町あたりはもうそんな感じで、原発バブルが下火になるとまた原発を建てれば生き延びられるんじゃないかという思考の悪循環の中に陥ってしまったようですね。

村上：そう、そういうことだ。あそこはね、原発にどっぷり使って財政破綻まで行きかけた。原発からくる固定資産税がだんだん減っていくからね。確か二〇〇九年には早期健全化団体に入れられた。[18] でもね、七号機、八号機を作るということが決定して息を吹き返したんだ。二〇一〇年には早期健全化団体から外されたよ。でもね、そうやって息を吹き返してきたところに原発事故が起きちゃったんだ。それで全町避難になってしまったんだけどね。前の町長の井戸川克隆さんはね、原発を作ってくれと東電に一生懸命お願いしてましたよ。しかし彼は、今は反原発になっています。

平野：「原発マネー」が支配する中で、脱原発、再稼働反対を掲げた村上さんへの反発や風当たりは強かったのではないですか。

村上：風当たりというほどのようなものは直接私のところにはないんだけど、まあ、選挙の時に落とせばいいや、というのがあったんだろうね。原電が現在停止してますけど、そうなるともう仕事はなくなってしまうと、そして廃業せざるをえないというようなことにはなるから、それにしがみ付くことになる。私に直接的に抗議するとか攻撃するとかはあんまりなかったんだな。それよりも日立製作所のOBだとか原子力機関のOBだとかが激励してくれた(笑)。あんたの言っている通りだと(笑)。私に接してくるほとんどの村民は私のほうには好意的だったけれども、まあ陰では相当反対する人や反発する人がいたんだろうとは思うけどね。

平野：先ほども少しだけお話が出ましたけれど、脱原発を掲げることで村自体が賛成、反対で分かれたり、村議会が二つに割れてしまう問題はありましたか。

村上：村議会は真っ二つに分かれましたね。でも、今まではね、脱原発と旗幟を鮮明にする議員はいなかったんだけれど、福島の事故から一年余り、東海第二発電所を廃炉にしろという村民から出された請願に対して旗をはっきり揚げる人たちが出てきたということはありますね。まあそれが絶対多数ではないのだけれど、大体半々くらいになったということはあります。それは保守系の、というか、日本の人たちはほとんどが保守系だと思うんだけれど、市民派や共産党系を除いて保守系だと言われる人たちも少しずつ脱原発になりつつある。ま、イデオロギーを超えて原発エネルギー政策の問題にちょっと気づき始めているんだろうな。ところで、私も保守系の村長だと思われていたからな。

平野：そうなんですか、村上さん（笑）。

村上：自民党員ではないけれどね。茨城県ではね、首長になったらみんな自民党員だと思われる。党員でなくとも、首長になれば自民党に入るもんだと思われているんだよ（笑）。私だけだよ、自民党に入らなかったのは。前にも何人かそういう人はいましたけれど。

ま、とにかくね、東海村は、日本における原子力推進の尖兵、ショーウィンドーとしての役割を担わされてきたと思うし、原子力の植民地的な性格をもった町なんだな。東海村は日本における原子力開発推進の歴史と一体となった歴史を歩んできた。東海村自身も、日本における原子力開発の中心にいる事自体、「原子力センター」「原子力のメッカ」と呼ばれることを誇りとしてきてしまった。その結果、東海村だけで原子力燃料製造から発電、再処理までできる体制になり、なんでもかんでも東海村に押し付けられてきたんだよ。高レベル放射性廃棄物もそうだ。(19)

一方で、東海村はこれといった地場産業もない寒村だった。その東海村が一九六〇年代以降発展できたのは、原子力のおかげだという意識が強く存在してきたんだ。農民であった者が、原子力事業所の職員として雇われ、商人も原子力事業所との取引で苦労なく商売できたし、日立製作所関係職員の移住で土地売却による現金収入も手にすることができるようになった。こうして、東海村は、原子力が望むものを何の抵抗もなく受け入れる気風と体制、ま、行政と議会と言ってもいい、ができ上がってしまった。原子力推進にとっては、居心地抜群の土地になっていったんだな。

私は、一九九九年九月に東海村で起こった日本初の原子力災害、ＪＣＯ臨界事故とその同じ年の三月に起こった動力炉・開発事業団の再処理工場での火災爆発事故で目が覚めたんだ。これは、日本の原子力事業推進能力のレベルを示しているのだと。そして、何のための、誰のための原子力発電なのかと思うようになった。この二つの事故の処理にあたったのが、村長就任まもない私だった。これまで中央の意向をただ黙って受け入れてきた村の行政のあり方を変えなきゃいかんと思ってね。新しい道を探らなければいけないとね。

▼地方自治への思い

平野：一九九七年に村長選に出ると決めたのは、ご自分の中に地方自治への理想があったからですか。

村上：ありました。

平野：どのような理想でしたか。

村上：私が村長になっていいかな、と思ったのはね、一九九五年に地方分権推進委員会というのが結成された。[20] それが一九九七年に第二次勧告というのを出したんだよ。ま、後に「市町村合併」で知られることになる勧告だな。地方の自立だとか自己決断、自己責任という考えと同時に、自立できない市町村は合併を余儀なくされていった。そういった意味で、地方行政のさらなる効率化・合理化という意味が強かった。ただ、私にとっては、長い中央集権的な政治からやっと地方分権へ移行できるチャンスだとも思った。そういうことならやってもいいかなと。それは当然ながら役所の性格を変えていくことを意味したからね。どう見たって今までの地方役所は、県を向いてばっかりで、県は国を向いてばっかり。国から県、県から地方という縦の政治のあり方から、地方を少しでも自由にできると考えた。県ははっきり言って国の出先ですからね。だから中央陳情が常識になっちゃって、そういうことばかりに頭や時間を使う。一方で、住民のニーズ、声が全く反映されない。そうじゃなくて我々村民が自ら作る、市民が作る町や村ということになったら、これはやりがいがあるし、役場の職員の働き方も変えていくことができる。役場を変えていきたいとそういうのがありましたね。それが一番の理想だったかな。

平野：その時に東海村の経済構造、つまり原発依存のあり方も変えなければならないと考えていましたか。

村上：その時はありませんでしたね。

平野：その時にはなかった。

村上：はい。東海村は財政的にも豊かだから、それを使っていろいろな改革ができると思ったね。それがスタートでね、その二年後にJCO臨界事故が起きたんだ。それで東海村を立て直していくにはどうしたらいいかと考えるようになった。事故によって、そのゆがんだ構造を知ることになったんだな。そして、勉強をするために行ったのが水俣市なんだよね。水俣で教わった。水俣の市長さん、水俣の人たちに教わって、開発志向、経済成長志向というものの歪みを理解することができた。私が市長になった一九九七年頃はね、ま、今でもそうだけれど、地方を発展させるためには中央の力や大企業の力を借りて、工場や施設を誘致することが一番だという考え方が支配的だった。でもね、水俣から学んだのは、開発・発展よりは環境と人がまず優先されるべきだということ。人と環境を重視した町づくりをしなくちゃ人もコミュニティーもダメになるということ。JCO臨界事故以後、水俣が、私の政治の原点になった。

平野：それはいつ頃ですか。

村上：二〇〇〇年だね。

平野：そして、二〇一一年に水俣が直面した同じような問題が福島原発事故で起きた。

村上：そうそう、同じだね。

平野：水俣の教訓が、これからますます意味を増す流れになってきていますね。

村上：そうだね。ますますそういう時代になってきていると思うな。アベノミクスに依存していたら地方は衰退しますよ、絶対に、急速に。あれは、大企業と金持ち、大都市を優先するための政策だ。地方に住む人々は救われない。

平野：まさに新自由主義を絵に描いたような政策ですね。

村上：新自由主義、そう。小泉の時代にも思ったね。小泉首相のやり方というのはね、さっき言った地方分権を促進するための「自治」という考えを全く削ぎ落として、市町村合併を強行に進めていった。

なんでお前らはそんな山の中に住んでるんだ、島の中に住んでるんだと。お前らが住んでるから金かかってしょうがないと。三〇〇〇万出す、四〇〇〇万出すから出てこいとね。そして都会に移り住めと。そのほうが安いよと。山や島に住んでいたらカネがかかって仕方がない。病気になればいちいちヘリコプター飛ばさなきゃならないとかね(笑)。そういうのが新自由主義だなと思ったな。

平野：それは、先ほどお話しされた一九九七年に第二次勧告からある程度始まっていましたね。そして、二年後の一九九九年の市町村の合併の特例に関する法律の書き換えによって合併=切り捨ては加速化していった。小泉内閣の時にそれが表面化しました。行政の効率化の名の下に、「過疎」と見做された地方や住民は切り捨てられた[21]。

村上：確かに平成の大合併というのは地方の切り捨てだった。住民の声が届きにくくなったり、地域格差が生まれたり、行政サービスの低下で住民の負担が増えたり、地域の文化や歴史、つまりその個性が失われたりした。

平野：二〇〇六年(平成一八年)頃でしたか、東海村も隣接するひたちなか市との合併の話がありましたよね。

村上：あったな。

平野：村上さんたちは、それ反対されたんですよね。

村上：そうだね。私自身、地方分権の時代が到来するという時になぜ合併問題にすり替えられてしまったのかという思いがあった。それは財政問題へのすり替え、それから合併問題へのすり替えだと感じたね。国の策謀だなと思いましたよ。合併したことによって、地方はますます衰退したんだよね、特に周辺部は。合理化や効率化っていうのはね、経済的な理屈に基づいて、「足を引っ張るもの」を切り落としていくことだろう。でもね、人が生きるってことは、経済的な理屈だけで割り切れないものがたくさんある。コミュニティーのつながりだとか、歴史や文化とかね。そして、何よりも、一人ひとりの人間の生き方を尊重するということがある。

平野：地方に小型の都市を作って、財政的に足枷な地域や集落を消していくという政策でした。

村上：そう、それのほうが遥かに経済効率はいいと。それが、小泉改革の新自由主義政策の本質だった。アベノミクスは、それに拍車を掛けるということだな。経済的な合理性と地方の生活文化ということは相反するものだなと思ったんだよな。それは、日本の「豊かさ」をどう考えるのかという問題だ。この前の大飯原発の裁判じゃないけれど、国富とは、人格権が尊重され、豊かな国土に住めること、心豊かに生活できること、それこそが国富なんだと思うな。[22] 戦後日本の社会は、そういうものを忘れ、カネ、貨幣価値が優先される社会を築いてきた。世界有数の経済大国になることと、人が心豊かに、自然とともに生きることとは別問題だということを忘れてきた。アメリカや他のいわゆる先進国も同じじゃないか。世界全体がマネーゲームに巻き込まれて、人間性を豊かにする生き方を捨ててきた。

▼「国策」と民主主義

平野：「国策」という言葉についてはどうですか。村上さんは、地方自治からの視点で国策という言葉を非常に批判してきましたね。村上さんの本を読ませてもらって、それは鋭い洞察だと思ったんですが、いかがですか。[23]

村上：原発、原子力政策は国策だと言われているけれども、もともと国策だと誰が決めたんだというのは明確ではないんだよね。国が中心となってやってきたのは確かなんで、それを国策であるぞということで、いわゆる住民の意思、市民の意思、あるいは地方の意思というものをないがしろにしてきたと私は思っている。

広辞苑を引いてみた(笑)。広辞苑によるとね、国策はやっぱり植民地政策とつながっているんだな。植民地の支配、植民地の開発を進めるために国策企業[24]というものを作ったんだよね。なるほどなぁと納得したよ。よく国策というものの本質を示しているなと感心した。国策は文字通りに理解すると「国の政策」や「国家の目的を遂行する政策」を意味するわけだけど、国策なんていうおおげさな名前がついた政策は、そうやたらあるものではないんだよな。わざわざ国策だと言っているのはね、今はね、原子力政策だけですよ。未だに平然とマスコミなんかは使っているけど。かつて国策と言われたものは、植民地政策と戦争なんだ。

平野：そうですね。北海道の開拓という名の植民地政策も満蒙開拓団も「国策移民」として行われましたね。そして、もちろん、戦争は国民や国の資源を総動員するという意味で、国策の最たるものです。

村上：帝国国策要綱[25]だとか、帝国国策遂行要領[26]とかはすべて戦争だよな。

平野：そうですね。国策には、国家が定めた目的のために国民を総動員して国家のために犠牲を強いるという考えが入っていますよね。

村上：もっと言えば大義だわな、大義のために奉仕しろというやつだな。だから国策のために人の命を犠牲にすることが、捧げることが美徳だというふうになってしまう。人権の前に国益が優先されるということだ。そういう意味を「国策」という言葉は含んでいるんだよね。だから原子力政策に関して国策という言葉を使う意味をちゃんと理解しなくちゃならない。でもな、「国策である原発に反対するとは何事だ！」とよく批判される。国策という言葉が持つ力だ。

平野：国策という大義が持つ強制力、あるいは動員力でしょうか。

村上：そう、首長の中でも国策だから我々は発言できない、決められないとかいう人が多い。原発政策は、我々地方の人間ではなく中央の人間が決めることだと。国の問題だから何も言えないと言うんだな。これはおかしい。自分たちの日常生活に関わることであり、住民の大切な命を預かる立場にいる人間が、それを言っちゃいけない。でもね、これは原発立地市町村の首長たちの常套句なんだ。私は、責任逃れをしているとしか思えない。再稼働も国策だから国が決めることだと言って、お前たちは黙ってろと、地方では黙ってろという態度。

平野：憲法一三条の幸福追求権は、自分の人生をどのように生きるかに関する重要な決定は、自らの意思で自由になしうるとしていますね。これは「自己決定権」と呼ばれているものですが、国策は、この幸福を追求する権利を全く無視した形で進められます。また、二五条では「すべて国民は、健康で文化的な最低限度の生活を営む権利を有する」とも書かれている。健康や幸福を侵犯する可能性がある場合は、それを取り除く権利、それを要求する権利が国民にはあるということですね。国策は、これらを軽視、あるいは無視する最も反民主的な政策のあり方だと言えますね。

村上：最も反民主的ですよ。まさに、天皇の権威のもとに国民統合を唱えたり、国や郷土に誇りを持って国民自らが気概を持ってそれを守りなさいという自民党憲法草案[27]みたいなもんだよね（笑）。

平野：原発政策は、国家中心の論理によって遂行されてきたという意味で、戦争や権威主義政治と同じ根を持っているということですね。

村上：そう、その通りだな。やっぱり国策と原子力ムラ、そして擬制としての民営（国策民営）がその問題の中心にある。一九七〇年代の日本列島改造の土建屋ブームに乗って、三井不動産や三菱地所のダミー会社が農民や漁民から土地を買い占めた。巨大開発が貧しい農村や漁村を豊かにするという「夢」を売った。核燃料サイクルを含めた原発の誘致はその流れの一環として進められた。六ヶ所村の核燃料サイクル基地化なんて、その最たるものだな。山岡淳一郎の『原発と権力』に詳しく書いてある。[28]鎌田慧の『日本の原発危険地帯』もいいな。[29]

▼「天災」か「人災」か

平野：これはアメリカにいながら新聞を読んで得た情報なので、正確に把握しているか自信がないのですが、大変気になったのはこの福島の原発事故は一〇〇〇年に一回しか起こらない大地震によって生じたのだから仕方がない、不運だったのだという議論がありますね。原発事故は、人災ではないという議論の仕方です。村上さんはこの議論をどのように捉えていますか。

村上：天災というのは危ない言葉だね。一〇〇〇年に一度だって言うけどさ、一〇〇〇年に一度の地震とは、考え方によっては、非常に頻度が高いということだよね。そしてね、一〇〇〇年に一度と言うけれど、二〇〇五年にはスマトラで大地震が起きた、チリでも起きた、海溝型の地震がね。[30]二〇〇六年から原発の耐震性のバックチェックが始まったんだけれど、活断層の話ばっかりやっていたんだな。[31]私はその時、それでいいのかと言ったんだよ。目の前に、一五〇キロくらい先に日本海溝があるんだよなと。それは二〇〇五年にスマトラであいう海溝型の大地震が起きたんだから、それについては大丈夫かと聞いたんだよ。回答は日本海溝はスマトラ沖とは違いまして非常に滑らかに太平洋プレートが大陸プレートの下に潜り込んでいると。だからエネルギーは溜まらないんだと。だからスマトラ沖のような地震は起きないと言うんだよな。そういう回答だったよ。

平野：それは地質学者の意見ですか。

村上：いや原電の担当者が、地震の担当が言ったんだよね。スマトラで地震が起きた、その後チリでも海溝型の地震が起きた、インドネシアのほうでも海溝型の大地震が起きた。だから一〇〇〇年に一度と言うけれど海溝型地震というのは実は頻発してるんだよね。それを何か貞観地震[32]を取り出して一〇〇〇年に一度だから云々と言うけれど、そんなことはないだろうと。

平野：いや、海溝型地震と言えば、江戸時代の宝永(一七〇七年一〇月二八日)[33]だって、安政(一八五四-五五年)[34]だって大地震がありましたものね。

村上：あったあった。もちろん関東大震災(一九二三年)[35]もそうだけどね。こういうことで一〇〇〇年に一度だからと言うのはごまかしだと。それにね、地球的規模で考えれば、一〇〇〇年に一度というのは非常に頻度が高い話だということも言える。地震は一〇〇〇年ごとに周期でやってくるわけではない。だからそれは仕方がないということにはならない。地球上にあるいは自然界に原発を作っている以上、大地震がいつ来てもおかしくない、人間の能力を超えた力が加わるということを想定しなきゃならない。どんな天災が来ても大丈夫な原発だというならいいんだよ。津波のせいだと言うけれど、自然の中にまして地震列島の中に作る原発に対して言ってはならないことだと思ってるんだよ。

平野：そうですね、だから「天災」という言葉の裏に無責任な「想定外」という言いわけが隠れているわけですよね。

村上：そう、原発は一旦ことが起きたら、取り返しのつかない事態が起こるんだぞという認識こそが、私は、科学的精神だと思っているんですよね。

平野：「想定外」が許されないほど危険なものを背負い込んでいるという認識ですね。

村上：その通り、許されない。許されないほどリスクの高いものを我々は作り出したということでしょう。原子の核というパンドラの箱を開けたんだから。自然界にない原子、その原子の核に手を突っ込んだんだから、それ相応の準備と覚悟が必要だし、それに対して責任が取れないということであれば、そこからすぐに手を引かなければならない。少なくとも放射性廃棄物を大量に生み出すエネルギー政策からはね。そういう責任ある判断が取れることを科学的な精神だと思うんだよな。想定外だと言うのはまさに言い逃れだし、地震や津波に対応できなかったということは、人災以外の何者でもないと私は思うんだよね。

▼エリートと隠蔽の文化

平野：事故を起こした時に見られる隠蔽の体質についてはどう思いますか。特に、責任ある立場にあるエリートの隠蔽する傾向というものをどう考えておられますか。

村上：私もね、隠蔽というのはね、エリートというものの特質だと感じてきた。官僚や企業のエリートというのはね、いわゆる「大義」を重んじる立場にいる人間のことだろう。だから、国家や企業といった組織の利益を第一に考える。さっき話した「国策」を担ってきたのもエリートだろう。言い換えれば、大義のためには人の命も捨てることをやむをえないと考えるのがエリートなんだよな。東條英機や岸信介はそういったエリートの典型だ。

　エリートの本質は、国のためだ天皇のためだと言いながら、それは実は自分たちの保身のために動くというところにある。権力の中心にいることでね、それが手放せなくなってだんだん自分の魂を売ることになる。国家や天皇のために国民を犠牲にしてはばからない、兵士の命を虫けらのように扱ってもはばからない。終戦直前の一九四五年八月九日にソ連が満州に侵攻して来るということを日本政府は事前にキャッチしているわけだけれども、満蒙開拓居留民を混乱させるからとか不安にさせるからという理由で黙っていたんだな。その一方で、満州のエリートたちは新京のほうに逃げちゃった。[36]それは一〇〇万人以上の居留民を見捨てることになるんだけれど、これは、サイパン[37]でも同じようなことがあった。沖縄戦もね、住民を楯にして本土防衛のために沖縄県民を犠牲にしたわけだろう。そして最後にやろうとしたのは一億本土決戦だよ。実際、こんなメチャクチャな政策を決めていたエリートたちは、戦場の最前線に立つことはない。一般人のように、見捨てられることもない。危機が迫ってきたら、一般人を犠牲にして自分たちは逃げる。そして、自分たちの行動には責任を取らない。それが、エリートの特性だな。

平野：原発事故の時に、日本政府や自治体も汚染が拡散している事実を住民に伝えなかった。混乱を起こす、パニックを起こすという理由で。

村上：だからあの時も情報を隠蔽したわけだよね、福島県民に対して。それは例えば福島県の県庁のエリートも同じようにやったわけだよ。まさに組織のためには人を殺して犠牲にしてやむをえないと思っている人たちだよな。それは大企業の中にもいるわけだけれども。

平野：その大義のために尽くすという立場が行き着く先は、棄民であったりする。

村上：そう、そういうことだな。

平野：さっきおっしゃったけれど、そこにはエリートたちの保身があるわけでしょう。

村上：もちろん、保身ですよ。彼らの保身ですよ。もし、そのエリートの中から私たちの責任はどうするんですか、それでは住民が全滅してしまいますよ、犠牲になりますよと問題提起をする人が出てきたら、その人は組織内でアウトになりますからね。だから相当の覚悟をしなければ言えない。エリートの口が堅いのはそれが理由です。エリートたちは、いつも、責任の所在がはっきりしないように、もにょもにょと話すわけですよね。言うべきことは言わない。であとになって私もその時はそう思っていたんですと弁明するわけだ。

原子力界は結局そういう社会になってしまっていると私は見ている。みんな東大を頂点としたピラミッドができていて、その中で自分はどういう処遇を受けるとか、どのように昇進するかとかばっかり気にしている。もちろん官僚もそうだけれど。研究者の世界もそうだろう。だから、御用学者とかできちゃう。さっき、少し憲法の話をした時に、人権、これは利己的な個人主義という意味じゃなくて、一人ひとりが健康や幸福を追求できる権利という意味だけれど、その話が出たよね。私はね、日本の教育や社会では基本的人権についてしっかり考えることをしてこなかったと思うんだ。だから、みんな体得できていない。日常の中でそれが基本的な価値としてしっかり根付いていないのね。人権というのは、自分の基本的な権利を守るということだけじゃなくて、それと同じように他人の権利を守ることだよね。だから、人権の思想は、一人ひとりが持つべき良心みたいなもの、その根幹だと思うんだな。戦後の教育はね、平和主義とか民主主義と言いながら、他人の人権を犠牲にして、自分の権利ばかり主張するエリートたちを作ってきちゃった。偏差値教育が生み出さすエリートはな、テストの点数だけで人を蔑んだり、自分を特別な人間と思い込んだり、そんな卑劣な選民意識みたいなものを持つようになった。

だから、私は、小学校や中学校の授業では、道徳教育の代わりに憲法教育を設けて、子供の頃からそれをみんなでしっかりと議論すべきだと思うね。

平野：大学でも、日本国憲法をテキストとしてきちんと読んだり、議論したりする機会はほとんどないですよね。法学部の授業を取らない限り。日本国憲法は、法律の専門家だけが読んだり、研究したりするものではなくて、より多くの人が手に取って議論してみるだけの価値を持っているという意見に賛成です。テストのための暗記ではなくて、きちんと読んで議論するということが重要ですね。アメリカでは小学校高学年から憲法を授業の中に取り入れて、学生たちに議論させています。中学校、高校でもそれは続きます。もちろん、住んでいる州や地域にもよりますが。

村上：そうなんだよね。日本の教育には議論が少ない。自分で考える力が育たない。だから、議論させると喧嘩みたいになっちゃう(笑)。自分が攻撃されていると思うんだな(笑)。日本の教育では、「和」を大切にしろとかいうけどね、和も使い方が間違えていると思うね。「和」の意味が全民的協調主義であって、「空気」を乱さないといった同調主義、事なかれ主義になっている。小学生時代からそういう教育を受けているから、社会的な不正義があっても誰も抗議しない。見て見ぬふりをする。「異議あり」「ノー」と言えない。批判的な思考は、親や先生から生意気だと嫌がられる。辺見庸は全民的協調主義を「あらかじめファシズム」と言っているけど、全く同感だな。(38)

平野：そうですね。「和」は考え方や価値観、生き方の同質性を意味するようになってしまいました。異質なもの、多様なもの、様々な生き方や価値観が同質化されることなく、その独自性を尊重しながら、理解し、受け入れあって対話を成り立たせていくような関係性を「和」と呼びたいですね。

▼いま求められている民主主義

平野：ＪＣＯの事故や福島原発事故の経験から、日本の民主主義の状況をどのようにお考えですか。

村上：やっぱり民主主義という基本にね、個人が存在しなければならない気がするね。世間の中で個人というものの存在がきわめて希薄であると感じるんだな。だから民主主義の基本が根付いてないと。だから民主主義は何ですかというと多数決だという。

平野：(笑)そうですね、学校ではそう教えられますよね。

村上：それは、違うだろうと。だから民主主義社会だから結局選挙で勝った多数党がやるんだからそれは反対できないみたいな、そんなこと言う人もいますがね。多数決ではなくてまさに個人を尊重してその意見を尊重して、もっと言えば少数意見も尊重することが民主主義だろうと。その中で物事を決めていくということは、多数決の原理ではダメなんだな。だから民主主義というものは、個人の尊厳を否定するような場所では実現できない。やっぱり大事なのは人一人ひとりの尊厳と言うか、それを我々は認めていくということが今改めて問われているんじゃないかな。そういう意味で、さっき平野さんがいったように憲法一三条が本当に重要な意味を持つ。

平野：でもどうなんでしょうね。村上さんの世代とか村上さんご自身はご自分の考えや信念をしっかり伝える、あるいは良心に逆らうようなこととかはやらない、言わないですよね。それは世代的な違い、時代背景によるものですか。

村上：ん〜それは、あるかもな。学生運動が盛んな時代に、戦後の日本の道筋をどうするかということが問われていた時代に育った、その違いはあるだろうね。でも私なんかでもね、銀行勤務時代はずっとあなたは異質だねとか、変わり者だねとか言われていた(笑)。それからもっとひどいのは、大人になれ、とかね(笑)。

平野：大人になれ(笑)。

村上：大人になれ、というのは体制を見て体制を読んでそれに従えということだよね。

平野：長いものに巻かれろと。

村上：そう。よく会議とかいうものがありましてね。そういう時に異議申し立てを私はやりましたけどね。そしたらお前馬鹿だな、と。会議というのは儀式なんだぞと。もう結論は出ているのに、今さら何を言うんだという人もいましたよ。こちらにしては政策や課題やそれについて検討するのが会議だと思うんだけれども、それは単なる手続きの問題であって、内容に関する議論そのものは必要ないというものでした。ま、私もそのやり方に少しずつ同調していったね。

だから今は、安倍政権が誕生して憲法が危機に瀕している、具体的な危機に瀕している、この時こそ新ためて我々は憲法をもう一度学習し直して民主主義というものはどういうものであるかを考える時がきたと思うな。自分自身の反省も含めてね。本当に私自身が民主主義を理解してきたかどうかを改めて問われているなと思っているよ。

平野：今、安倍政権が原発再稼働させることで、再び「国策」としての原子力政策が復活しつつある時に、憲法もまた危うくなっていますね。安倍さん自身もそうだけれど、彼を取りまく人間たちは、憲法はアメリカに押し付けられたと言ってきました。村上さんの話を聞いていると、憲法の内容に込められた意味というのは人類的な遺産なんだという立場を取っていらっしゃるように感じるのですが、やはりそういうお考えですか。

村上：押し付け憲法だと言うけれど、私はそれでもいいと思ってんですよ。我々自身が今の憲法を作るだけの能力を持っていなかったと思っている。それはむしろアメリカの極東総司令部の民政部の人たちが作り上げてきたものであろうかと思うし、それはそれでいいと。それは我々はその憲法の内容を六七年間も受け入れてきたんだ。受け入れてきたと思うし、そのことによって我々は人権の尊重という考えを社会的な価値として学ぶことができたし、軍隊を持たないとかそういう社会を作ってきた。それから国民主権という考え方も定着させることができた。まあそれが機能してないと言えば機能してないんだけれどな。でもね、戦前は基本的人権や国民主権という言葉も我々自身は持っていなかった。押し付けであろう何であろう、これはやはり我々にとっては世界的な価値感であって、世界をより良くするための価値観を我々は理想や理念として持つことができたんだと思っている。

例えば、憲法の平和主義も国民主権もあるいは基本的人権もないがしろにするような新しい憲法ができたことを考えてみるんだな。そうなると日本の社会はいっぺんに変わってしまう。それはもう我々は歴史的に経験していることだろう。日本のような経済大国が戦争もしないでやってきたことは、大きな成果だしこれでいいんじゃないかと思うんだ。でもね、まだまだ憲法の精神まで達してないと思う。だからこそ、憲法で謳われているような理念が必要なんだな。国際的な揉めごとを解決する手段として武力を使わないという理念はね、人類のすべてが共有できるものだよな。実現が難しいから止めるんじゃなくて、それだからこそ実現に向けて日々努力するということだろう。

原発も同じことだ。資源がない日本では原発がないと経済が成り立たない、だから原発を止めるわけには行かないという専門家がいるけれど、それはおかしいだろう。原発なしで十分にやっていけるような社会を作るために努力することこそ、私たちが目指すべき理想なんだよな。

日本政府は、エネルギー政策を福島原発事故以前に戻して、「国が責任を持つ」とかっこいいこと言って原発再稼働に突き進んでいるけれど、国が責任を持てるはずもなければ、持つ能力もないことははっきりしている。それでも再稼働に動いてしまうのが、この政府・国の実体なんだな。官僚も政治家も企業も誰も責任など取らないし、取れないよ。国民を奈落の底に落としておいて、責任逃れするような人たちなんだから。こういう体制のなかで、一旦ことがあれば制御不能となる原発に頼るなどは、国民としても愚昧きわまりないと言う事に目覚めなければならない。福島は、身を以てそのことを教えてくれているんだよ。

平野：今日は、地方自治の視点から脱原子力発電に取り組んでこられた村上さんに貴重なお話がお伺いできて本当に良かったです。ありがとうございました。

注

1　東京電力福島第一原発事故後、二〇一二年に全奥の市区町村長や元職の有志一五人が集まり結成された。会の規約は、自治体首長の第一の責任は「住民の生命財産を守る」ことだと定義し、原発エネルギー政策は経済効果が期待されても、それに伴うリスクがあることを自覚し、住民の犠牲の上に経済を優先しない自治を目指すとしている。新しい原発の建設に反対すること、原発ゼロへの具体的な工程を明確にすること、再生可能エネルギーを推進すること、福島の支援を行うことなどを定めている。

2　原発立地自治体は、電力会社に対して、固定資産税、核燃料税、法人住民税(市町村)や法人事業税(道県)などを課税できる。また、電源立地地域対策交付金等による各種公共事業、原発施設に関連した業務(点検、整備、清掃等)、周辺商業(飲食、宿泊等)等の新たな需要が地域経済にもたらされることから、個人住民税を含めて原発立地自治体の税収が増加することになる。納税に加え、電力会社は原発立地自治体に対して多額の寄付を行ってきた。ただし、寄附者が公表されないケースが多く、その詳細は必ずしも明らかではない。そもそも、電源開発促進税法の導入の趣旨の一つには、電源立地のために不明朗な寄附を用いないという規定があり、透明性に欠ける寄附は、地方自治や電力会社の関係性を歪なものにしてきた。

3　地方交付税は、国が地方に代わって徴収する地方税(地方の固有財源)。どの地域に住む住民にも一定の行政サービスができるよう財源を保障するため、地方公共団体間の財源の不均衡を調整することを目的としている。各市町村の分配額は、「町村部の人口」、「市部の人口」、「六五歳以上人口」、「七五歳以上人口」、「林業、水産業の従業者数」及び「世帯数」などを基準に算定される。

4　臨界事故は一九九九年九月三〇日午前一〇時三五分頃、茨城県那珂郡東海村にある(株)JCO東海事業所の「転換試験棟」と呼ばれる建物の中で起こった。臨界とは核分裂の連鎖反応が維持される条件に達することを指すが、核分裂で発生する中性子と失われる中性子の数が均衡を保っている状態を言う。原子力発電所はこのような状態を維持することで発電を行なっている。ところが、臨界事故では発生する中性子の数が失われるのよりも多くなり、核分裂はねずみ算式に増えて、暴走してしまう。原子炉の温度上昇が止まらなくなり、爆発する危険性も出てくる。しかし、国の専門家たちは制御不能になった臨界状態も一時的なものであり、その後は収束すると考えていた。

ところが、東海事業所では臨界状態は予想に反して、およそ二〇時間に渡って継続した。一〇月一日早朝に作業員が決死の作業を行って、ようやく臨界を止めることができた。事故の直接の原因となった作業を行っていた従業員二名が亡くなったほか、多くの労働者が被曝した。また、翌朝午前六時一五分頃まで約二〇時間臨界状態が継続し、周辺住民も放射線を浴びる結果となった。そのため、約三五〇メートルの範囲の住民には避難要請が行われ、さらに一〇キロ圏内約三一万人に一八時間にもわたって屋内退避が呼びかけられる、文字通り我が国原子力史上最悪の事故となった。被曝した周辺住民は六六〇人。

5 原子力基本法（昭和三〇年法律一八六号）第七条に基づいて設置された特殊法人組織。現在の日本原子力研究開発機構の前身。核燃料サイクル開発機構法（平成一〇年法律六二号）第一条では「平和の目的に限り、高速増殖炉及びこれに必要な核燃料物質の開発並びに核燃料物質の再処理並びに高レベル放射性廃棄物の処理及び処分に関する技術の開発を計画的かつ効率的に行うとともに、これらの成果の普及等を行い、もって原子力の開発及び利用の促進に寄与することを目的として設立されるものとする」と定義されていた。

一九九五年以降事故の組織的な歪曲や秘匿などの不祥事が相次ぎ、一九九八年（平成一〇）一〇月、動力炉・核燃料開発事業団が行っていた事業を縮小し、引き継ぐ形で発足した。その後二〇〇五年一〇月、核燃料サイクル開発機構は日本原子力研究所と統合し、原子力の総合的研究開発機関として独立行政法人日本原子力研究開発機構が設立された。

6 原子炉施設の設置許可申請に係る安全審査において、安全性確保の観点から設計の妥当性を判断する際の基礎として整備された指針。原子炉施設の構築物、系統及び機器は、通常運転の状態のみならず、これを超える異常状態においても、安全確保の観点から所定の機能を果たすべきことが求められる。このため、原子炉施設の基本設計における要求事項を規定するものとして本指針が策定され、内容は、原子炉施設全般、原子炉及び原子炉停止系、原子炉冷却系、原子炉格納容器、安全保護系、制御室及び緊急時施設、計測制御系及び電気系統、燃料取扱系、放射性廃棄物処理施設及び放射線管理に関するものなどに大別されている。

7　防災基本計画は日本政府が防災に関する総合的かつ長期的な計画、中央防災会議が必要とする防災業務計画及び地域防災計画作成基準を示し、防災予防、発生時の対応、復旧等について記してある。行政に限らず、住民の自治防災も含まれる。

8　原子力発電所などの原子炉施設において、設計時に考慮した範囲を越える異常な事態が発生し、想定していた手段では適切に炉心を冷却・制御できない状態になり、炉心溶解や原子炉格納容器の破損に至る事象。

9　ＪＣＯは動燃から高速増殖炉の研究炉「常陽」で使用される核燃料の製造を請け負っていたが、一九九九年九月三〇日、転換試験棟でＪＣＯの作業員は、燃料製造のために硝酸ウラニル溶液を沈殿槽にステンレス製のバケツで流し込む作業をしていた。午前一〇時三五分頃、七杯目をバケツで流し込んだところ、沈殿槽内で硝酸ウラニル溶液が臨界に達し、沈殿槽はいわゆる「むき出しの原子炉」状態となってしまった。バケツを使う燃料の作り方は、臨界事故防止のためのマニュアルに沿ったものではなく、いわゆる「裏マニュアル」によるものだったと言われている。さらに、事故当日は効率化を図るために「裏マニュアル」からも逸脱した手順が使われていた。メディアはこの不祥事を「バケツとひしゃく」と皮肉って報道をした。

10　知事と市町村長が、地域の課題について意見交換を行うため、地域別の首長懇談会。二〇〇八年に結成。水戸市、笠間市、ひたちなか市、那珂市、小美玉市、茨城町、大洗町、城里町及び東海村から成る。

11　本間源基氏は二〇〇二年から四期、ひたちなか市の市長を務めた。任期を終えたあと、退任式で、「(再稼働の是非について)市民を守ることが判断基準。そう考えれば迷うことはない」と語った。

12　日立製作所は現在、小型原子力発電プロジェクトの事業化を着々と進めている。米ゼネラル・エレクトリック(ＧＥ)との合弁会社、米ＧＥ日立ニュークリア・エナジーで小型モジュール炉(ＳＭＲ)を開発し、二〇二八年にもカナダで初号機を建設する予定。さらにアメリカやポーランドでの受注を見込んでいる。

13　大洗町は、昭和四二年から原子力開発の関連主要施設を立地した。これらの施設は、通常の発電所とは異なる実験研究用の原子炉などを有する。町民憲章には、「原子の火を育て」と書かれている。

14　JAEAは国立研究開発法人日本原子力研究開発機構の略。

15　J-PARC（大強度陽子加速器）とはJapan Proton Accelerator Research Complexの略称で、二〇〇一年度末に建設が始まり、二〇〇八年度末に完成した。素粒子方原子核、原子から物質、また生命科学まで研究の対象としている施設。日本原子力開発機構（JAEA）と高エネルギー加速器研究機構（KEK）が共同で企画したプロジェクト。原子炉を用いず核燃料も扱わない加速器施設として知られている。しかし、二〇二三年五月二三日にハドロン実験施設で発生し、放射能を持っている放射性同位体の漏洩事故を起こした。装置の誤作動に起因する放射性同位体の拡散と、事故発生後の対応が誤っていたことによって、当時施設内にいた作業員や研究者一〇二人のうち三四人が被曝した。また、管理区域外にも微量の放射性同位体が漏洩した。

16　二〇一二年の冬に東海村に集積する原子力関連機関や人材を生かして産業振興や来訪者の拡大につなげる「TOKAIサイエンスタウン構想」を発表した。最先端の研究施設「大強度陽子加速器施設」（J-PARC）を中心に、研究者や視察者が滞在しやすい宿泊施設や案内所の整備、見学ツアー企画などを盛り込んだ。二〇一三年度に村が研究機関や周辺自治体、県などに呼び掛けて推進会議を設置。原子力の基礎研究を産業や医療に活用するための拠点づくりや、人材育成、安全性確保の研究・提言などを目指す。具体的な取り組みとしては、研究機関の知見を福島原発の廃炉などに活用するための人の交流や自治体職員などを対象とした原子力防災の研修を実施する。大学機能の誘致も視野に入れる。

17　総合計画の三つの理念は以下の通り。一．未来を拓《ひら》く＝過去に学び、現在を考え、未来を拓くことのできる叡智の伝承・創造を目指す。二．多様な選択＝一人ひとりが尊重され、多様な選択が可能な社会を村民の叡智を活かし、村民主体で創造していく。三．自然といのちの調和＝自然といのちの調和と循環を重視し、多様な叡智を結集して新たな創造する活力あるまちを目指す。

18　財政破綻の懸念があり、早期に財政再建に取り組まねばならない地方公共団体のこと。二〇〇六年の北海道夕張市の財政破綻を機に、二〇〇九年に全面施行された「地方財政健全化法」（平成一九年法律第九四号）に基づいて、総務省が毎年認定している。

19　「高レベル放射性廃棄物」は、もともと原子力発電所で使い終わった燃料（使用済み燃料）のうちの一部を指す。日本では、使い終わった燃料からリサイクル予定の物質を取り出し、残った廃液を「高レベル放射性廃棄物」と呼んで〝処分〟することにしているからだ。この廃棄物は、放射能が強く、かつ数万年という長い間にわたって続く、という特徴があるため、放っておけば放射性物質が漏れ出て健康被害や経済被害を生じるなど、大きな社会問題となるリスクがある。放射性物質が簡単に漏れないようにするためにガラス固化体にし、キャニスタというステンレスの容器に入れるのだが、二〇〇九年の時点で東海村には二四七本、六ヶ所村には一四一七本貯蔵されているとされる。猛烈な放射線量（ガラス個化体の表面では二〇秒弱で人が一〇〇％死に至る放射線量出ている）を発しているので、貯蔵したあとは、人の監視が届かない地下三〇〇メートル深くに埋める。この処理方法に関して、日本は地震国であり、あちこちに活断層がある中で、地中深くにうつしたあとに問題が見つかった場合は、放射性物質を取り出すことができるのか、一〇万年先までその安全を保証できるのか、など様々な批判が出ている。

20　内閣総理大臣の諮問機関として、一九九五年五月に成立した地方分権推進法に基づいて同年に発足した。地方分権推進法は、政府の行政事務、権限を地方に移譲し、地方の自主性、自立性のもとに、それぞれ地域にあった個性のある政策の実現を目指すものとされている。この法律は、当年五年間の時限立法であったため、その有効性は二〇〇〇年までとされていたが、のちに一年間の延期を受けて二〇〇一年まで活動し、同年六月一四日に無効となった。

21　一九九九年（平成一一年）に市町村の合併の特例に関する法律（昭和四〇年法律第六号）を見直し、国がその七割を補てんする合併特例債を新設するなど、手厚い財政優遇措置を講じた。それによって、修正前に全国で三二三二あった市町村は、優遇措置の期限である二〇〇六年（平成一八年）三月には一八二一まで減少した。

22　大飯原発から二五〇キロ圏内に居住する人たちが、原子炉の運転の停止を求めた裁判で福井地方裁判所が二〇一四年五月に出した判決。判決は、「原発の運転によって直接的にその人格権が侵害される具体的な危険があると認められるから、これらの原告らの請求を認容すべきである」とし、「大飯発電所三号機及び四号機の原子炉を運転してはならない」と結論づけた。また、その判決文には、以下の文言が含まれていた。「被告は本件原発の稼動が電力供給の安定性、コストの低減につながると主張するが、当裁判所は、極めて多数の人の生存そのものに関わる権利と電気代の高い低いの問題等とを並べて論じるような議論に加わったり、その議論の当否を判断すること自体、法的には許されないことであると考えている。このコストの問題に関連して国富の流出や喪失の議論があるが、たとえ本件原発の運転停止によって多額の貿易赤字が出るとしても、これを国富の流出や喪失というべきではなく、豊かな国土とそこに国民が根を下ろして生活していることが国富であり、これを取り戻すことができなくなることが国富の喪失であると当裁判所は考えている」。

23 村上達也・神保哲生『東海村・村長の「脱原発」論』(集英社新書、二〇一三年)。

24 日本帝国時代に、国家の政策を遂行するために物資の生産、流通を統制して合理化を図る目的で設立された半官半民の会社。特に、満州事変以後に多数設立された。また、植民地や占領地での開発・支配機関として創設され、北支那開発、中支那開発、台湾拓殖、樺太開発などの株式会社がそれにあたる。

25 一九四一年(昭和一六年)七月の午前会議で決められた外交方針。(一)対ソ戦に対しては武力を行使しないこと、(二)米国と開戦することは極力避けるが、必要であれば武力行使の時期や方法は自主的に決めること、などが決定された。

26 一九四一年(昭和一六年)九月六日と一一月五日の午前会議で決定された二つの外交方針。最初の方針は一〇月下旬にまでに対米戦争の準備をすることと同時に日米交渉を継続すること、次の方針では、第一の方針を白紙に戻し、対米開戦を一二月初頭とし、日米交渉が一二月一日までに成功すれば、武力行使は中止するとされた。

27 自民党は二〇〇五年一一月にも「新憲法草案」という改憲草案を発表し、二〇一三年四月にも「日本国憲法改正草案」を発表した。安倍晋三氏が内閣総理大臣に返り咲いて、「改憲」への動きを加速化させた。その内容は、人権の尊重よりも国家への義務や国民統合、軍隊の合法化、日本の歴史、文化、伝統の固有性に基づく権利概念が中心となっている。国家主義的反動的草案として多くの批判を浴びた。

28 山岡淳一郎『原発と権力――戦後から辿る支配者の系譜』ちくま新書(二〇一一年)。

29 鎌田慧『日本の原発危険地帯』青志社(二〇一一年)。

30 海のプレートが海溝で沈み込む時に陸地のプレートの端が巻き込まれる。やがて、巻き込まれた陸のプレートの端は反発して跳ね上がり、二〇一一年東北地方太平洋沖地震のような巨大な地震を引き起こす。この跳ね上がりによって起こる地震を海溝型地震と呼んでいる。

31 活断層型地震は陸側のプレート内部での断層運動により発生する地震。通常、深さが三〇キロよりも浅い地殻の内部で発生するため、「地殻内地震」とも呼ばれる。阪神・淡路大震災、熊本地震などがそれにあたる。

32 貞観地震は西暦八六九年七月(貞観一一年、平安時代)に発生した非常に大きな津波を伴う地震。この地震については『三代実録』という歴史書に記されている。

33 一七〇七年一〇月二八日の一四時頃、推定マグニチュード八・六の宝永地震が発生した。震源は遠州灘~四国沖とされ、東海地震と南海地震の連動型の地震とみられている。被害は西日本・東日本の太平洋側一帯に広く及び、少なくとも死者二万人、倒壊・流出家屋約八万棟に達する甚大な被害を生じたと言われている。南海トラフのほぼ全域にわたってプレート間の断層破壊が起きた。

34 一八五五年一〇月二日午後一〇時頃江戸に発生した地震。震央は荒川河口付近で、規模はマグニチュード六・九と推定される直下地震。江戸の町方での倒壊した家屋は一万六〇〇〇、倒壊した土蔵は一四〇〇余、死者約四七〇〇人と言われたが、武家・社寺方を含めると、倒壊した家屋は二万、死者は一万人余だと言われている。東京直下に、この地震と関連のありそうな地震断層が見つからないために、フィリピン海域のプレート中で発生したとされている。

35 関東大震災をもたらした「大正関東地震」は、日本列島がある陸側のプレートに海側のフィリピン海プレートがぶつかり沈み込む「相模トラフ」を震源とする海溝型地震。東京や神奈川を中心に火災や建物倒壊、土砂災害などで実に一〇万人超が犠牲になった。

36 八月九日にソ連参戦の情報が入ると各地の関東軍関係者はあらかじめ定められていた地域への撤退を開始した。その際、関東軍将兵・軍属及びその家族、満洲に派遣されていた日本政府役人及びその家族、満鉄及び満州電々等の国策企業関係者の順で避難が行われた。また、撤退はスムーズにいくように意図的に秘密裡に行われたことが明確になっている。特に関東軍軍人の場合、自身の家族を大量の家財とともに日本を目指して真っ先に避難させた。八月一一日未明から正午までに一八本の列車が首都新京をあとにし三万八〇〇〇人が脱出した。三万八〇〇〇人の内訳は、軍人関係家族二万三一〇人、大使館関係家族七五〇人、満鉄関係家族一万六七〇〇人、民間人家族二四〇人であった。一五〇万人の居留民のうち三万人が戦闘に巻き込まれて死亡し、戦後に餓死・病死したり行方不明になったものも含めると一三万人が犠牲になったとされる。

37 第一世界大戦後のベルサイユ条約でサイパンは日本の委任統治領となった。その後、サイパンは「南洋の満州」と呼ばれ、日本の移民が大量に移住する。その数は二万九〇〇〇人であった。太平洋戦争末期にマリアナ沖海戦で日本連合艦隊が大敗すると、サイパンは見捨てられ、島に残された軍隊や民間人は玉砕した。日本軍の死者は四万一二〇〇人、民間人は一万二〇〇〇人。アメリカ軍も三四〇〇人の戦死者を出し、サイパンの先住民のチャモロ人・カロリアナ人も四一九人命を落とした。

38 辺見は、『いま語りえぬことのために——死刑と新しいファシズム』(毎日新聞社、二〇一三年)でこの言葉を使っている。

02

原発廃絶の闘い

――「たまたま私は科学者だから、科学者としての責任を果たさなければいけないと思っている、それだけです」

元京都大学原子炉実験所助教 **小出裕章**氏 二〇一五年一二月一八日、大阪府泉南郡熊取町にて

小出裕章氏は一九四九年生まれの工学者。東北大学で原子工学を学び、京都大学原子炉実験所(現・京都大学複合原子力科学研究所)の助教を歴任。二〇一一年三月の福島第一原発事故行以降、専門家の立場から反・脱原発運動における重要な声となり、二〇一五年に退職した後も、脱原発や核兵器廃絶のために精力的に執筆や講演を続けている。このインタビューでも語っている通り、小出氏は原子工学者として原子力発電所の廃止のために研究を続けてきた。彼は〈原子力村〉批判を行い、原発廃止運動に長く深く関わったことで、京都大学における〈栄誉ある万年助教〉となった。

津田塾で政治思想を教える葛西弘隆氏と私は、二〇一四年の一二月二六日に京都大学原子炉実験所がある大阪府の熊取町を訪れ、インタビューを行った(私は、その年の夏に小出氏を訪ねていた)。インタビュー当時は、反原発運動が盛り上がり、国会前で毎週デモが行われていた。しかし、その一方で安倍政権のもとで自民党が選挙に勝ち、マスメディアは保守的な傾向を加速させながら、原発事故の実態や放射線物質による汚染状況が社会に正確に伝えられることはなかった。

インタビューには二つの目的があった。第一に、メディアで取り上げられることのない原発事故と放射線物質による汚染状況について専門家の見解を聞き出すこと。第二に、小出氏が科学者として堅持してきた倫理的・政治的な姿勢から、原発事故で再び注目を集めつつあった生態系の破壊、人権の蹂躙、それに対する個人の社会的責任の問題を考えるための重要なヒントを引き出すこと。小出氏がここで語る「(無)責任」、「個人主義」、「個性」、「生き方」をめぐる問いは、事故から一二年経つ今でもその重要性を失っていない。

▼原発事故を取り巻く政治状況

平野：それでは早速インタビューを始めたいと思います。まず、最近起こっている政治情勢について質問させていただきます。今回の衆議員選挙(二〇一四年一二月)で与党である自民党が圧勝したと報じられています。そして震災被曝、原子力政策への責任所在、故郷を失ってしまった人々への賠償問題、棄民化されてしまった人々の将来の見通しが全く立たないままで選挙が行われ、このような結果が出ました。小出さんはこの選挙の結果をどのように受け止められていますか。

小出：はい、自民党が圧勝というように報道が流れていますけれども、必ずしもそうではないと私は思っています。実際、自民党は議席を減らしている(四議席を失う)党なわけで、まあ、もっともっと減らすべきだと私は思いますけれども、でもまあ、自民党の圧勝ということとは違うだろうと思います。

そして、投票率が五三%ですかね。まあ約五割。それで自民党はそのうちの三割しかとっていませんので、有権者の全体から言えば、十数%しか自民党は支持されていない。それでも安倍(晋三)さんは信任されたと言うわけだし、国会の議席の三分の二を取ってしまうということになっているわけで、これは選挙制度の問題がまずは大きいだろうと思います。まあ小選挙区制というやり方をやられてしまって、今日までできているわけですけれども、こういう制度がある限りは、独裁的な政治のあり方はどんどん進んでいくしかない。ほとんど信任もされていないけれども、議席としては圧倒的に取れてしまうという、そういうシステムそのものに問題がある、と私は思います。ただし、もうこのシステムを変えることもできない小選挙区制が敷かれてしまっているので、これからも悪い方向に行くんだろうなと思います。まあ、残念ながらそうだろうと思います。

　もっと多くの国民が現状に気づかなければいけないと思いますし、気づかないまま小選挙区という制度の下で、自民党に勝たせてしまうということは、やはり国民の側にも問題があるわけで、こんなことは言ってはいけないのですけれども、愚かな国民には愚かな政府ということを、認めるしかないだろうと思います。もっと国民一人ひとりが賢くなるということでなければ、この泥沼を抜け出ることはできないと思います。

葛西：結局、原発については争点にもなりませんでしたよね。

小出：そうです。原発について誰も争点として発言もしなかったんですね。まあ、困った状況だと思いますし、今日まで日本で五四基の原子力発電所が安全性を確認されたとして認可されて動いてきたわけですけれども、そのすべてを認可したのは自民党政権でした。福島第一原子力発電所ももちろん自民党政権の時代に安全だと言って認可された原子炉ですけれども、その原子炉が事実として目の前で事故を起こしているわけで、本当であれば私は自民党はきちんと責任を取るべきだと思いますし、私の希望を言わせていただければ、歴代の自民党責任者はみんな刑務所に入れたいというくらいに私は思っています。

彼らからすれば、この事故を忘れさせたいわけですから、マスメディアでもなんでも福島の報道はさせないという方向に向かっているように私は見えます。国民もテレビから事故の報道が消えてしまうと、忘れていってしまうという、そういうことだろうと思います。私は、もっともっときっちりと、事故の状況を知らせたいと思うのですが、いかんせん、まあ昔も非力だったし今も非力ですので、なかなか国民の多くの方に福島の現状を届けることができない、ということになってしまっています。

秘密保護法も施行されてしまいましたし、これからもどんどんどんどん報道に対する統制が一層強まるでしょうから、福島の事実、今の困難というものは報道されなくなっていくんだろうな、と思います。

▼福島原発事故のグローバルな文脈

平野：まず、現状を知るためにお伺いします。福島で起こった事故は、広島の原爆やチェルノブイリの事故と比べて、どのくらいの規模なのでしょうか。特に福島の住民は未だに真相のわからない被害に直面していると言われています。真相のわからない被害、とはどのような可能性を意味していますか。

小出：事故の規模からですが、炉心が溶けてしまいまして、様々な種類の放射性物質が吹き出してきました。希ガスという放射性物質もあるし、ヨウ素というものもあるし、セシウム、ストロンチウム、まあその他いろいろな放射性物質が吹き出してきたわけです。ただ希ガスは半減期が短いので、もう今の段階では全くなくなっているし、ヨウ素も基本的にはなくなっている。ですから、今、まあ、事故からもうすぐ四年になるわけですけれども、ここまで来てなおかつ問題だという放射性物質は、セシウム1

37、ストロンチウム90、トリチウムとこの三種類くらいしかないと私は見ています。(1)
ですから、事故の規模というものを考える時には、その三種類の放射性物質のどれかで比較するのが良いだろうなと私は思っています。現在、日本の国土を著しく汚しているのはセシウム137という放射性物質です。これから例えば海を汚すのはストロンチウム90、あるいはトリチウムだと思いますが、今、日本の人たちに被曝を加えている主犯人はセシウム137です。だから私はセシウム137を尺度にして、今度の事故の規模を考えるのが良いと思っています。

残念ながら、今の段階では、セシウム137がどれだけ放出されたかということは正確にはわかりません。事故が起きた時に、測定器も何も死んでしまっているわけで、どれだけのセシウムが大気中に吹き出したか、あるいは海に流れたかということに関しては、正確にはわかりません。

ただし、日本国政府がIAEA(国際原子力機構)に対して報告を出して、一応彼らなりの推論でどれだけかということは数値が出されています。その数値によると、一号機、二号機、三号機は二〇一一年三月一一日に運転中だったわけですが、原子炉が溶けてしまいました。その三つの原子炉から大気中に放出されたセシウム137は、一・五×一〇の一六乗ベクレルというのですが、広島原爆に換算すると一六八発分です。それだけが大気中に出ました、と日本国政府が言っている(図表1)。

ただし、私自身はそれはたぶん、過小評価だと思っています。世界のいろいろな研究者、研究所が様々な評価をしていて、今聞いていただいた日本国政府の報告値よりも、もっと低い値を評価しているところもあるし、もっと高い値を出しているところもあります。後者は二倍三倍という値を出していますので、場合によっては広島原爆五〇〇発分のものを大気中に出してしまったということなんだと思い

図表1　福島第二原発事故汚染地図

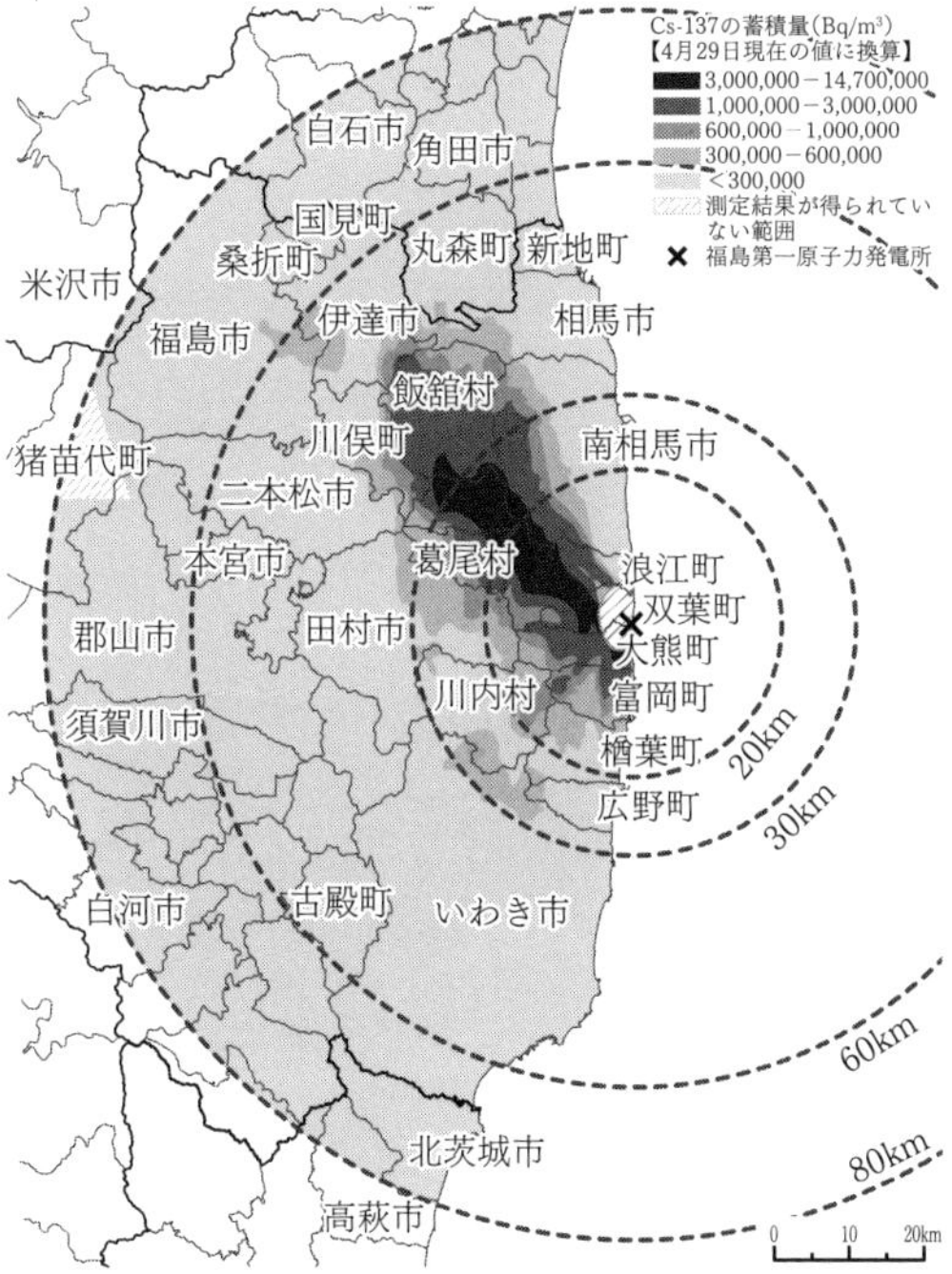

ます。

それから海へも流しています。たぶんですけれども、大気中に出したものとあまり変わらないものが出てしまっているし、これからも防ぐことができずに出ていくだろうと思います。そうすると大気中と海へ流したものを合計すると、広島原爆の数百発、場合によっては一〇〇〇発というものを福島の事故は出したということだと思います。

　ではほかの事故と比べると、ということですけれども、チェルノブイリ原子力発電所の事故の場合は、ほとんど爆発で大気中に吹き出したわけですけれど、広島原爆に換算すると八〇〇発分から一〇〇〇発分です。ですから単純に言うなら福島とあまり変わらない、というくらいだと思います。

　もっとひどかったのは、大気圏内核実験（一九四八年から一九八九年まで旧ソ連とアメリカが中心に軍事的覇権をめぐって行った核爆弾実験）です（写真1、2）[2]。一九五〇年代から一九六〇年代の初めにかけて

写真1　アメリカによるビキニ環礁の核実験（1946年7月25日に行われた「ベーカー実験」）

写真2　ソ連による世界最大の核実験（1961年）

行われた大気圏内核実験は、さっき聞いていただいた日本国政府の公式推定値に比べても六〇倍のセシウム１３７をすでに大気中にばら撒いています。福島の事故はものすごい悲惨な事故ですけれども、地球全体を考えるのであれば、まだまだ小さいという事故でした。

平野：もう少し具体的にセシウム１３７についてお伺いしたいのですが、具体的には人体、あるいは環境への影響はどのように考えればいいのでしょうか。

小出：セシウムというのはアルカリ金属です。一番似ているというか、人間にとって考えやすいのはカリウムですね。私の体でも何でもカリウムは山ほどあって、人間にとって必須です。体中どこにでもあります。特に筋肉というか、肉のところはカリウムがいっぱいあるわけで、もしセシウムが環境に出てきてしまって、そのような中で私たちが生活をすれば、アルカリ金属はカリウムと同じような挙動ですので、それを体の中に取り込んで蓄積していくということになると思います。

ストロンチウムというのはむしろアルカリ土類金属ということで、カルシウムと同様な挙動をするわけです。カルシウムというのはご存知の通り骨に集まるという元素ですから、ストロンチウムも、もし取り込めば骨に溜まる。セシウムを取り込めばカリウムと同じで、肉へ行くということになります。

平野：なるほど。そのようにして体内に蓄積されていくのですね。そしてそれが癌を引き起こす。先ほど、核実験が放出した放射性物質の量に比べれば、まだ福島の事故は小さいほうだとおっしゃっていましたが、ただ福島の事故を単純に日本の問題として考えてしまって良いのか、核実験のように、もっと地球的な規模で考えた時に、どのくらいその影響は広まっていると思いますか。

小出：大気圏内核実験で出された核分裂生成物はとにかく膨大ですし、その放射性物質で人類はずっと被曝をし続けてきているわけです。平野さんより私のほうが年上だし、私が子供の頃は大気圏内核実験があると雨に濡れるなよ、とかいうようなことを日本中で言っていたわけで(平野：私たちも小学生の時に先生や親から言われました)、そのような形で地球上の人たち全員が被曝しているわけです。それによって私は、まあ歴史的に言えば癌というのはどんどん増えているわけですけれども、癌が増えているのは大気圏内核実験の被曝のせいだと私は思っています。今、福島から出ている放射性物質もやがては地球に広く拡散していくわけですから、地球全体の人々に被曝を加えて、それによって癌が増加していくだろうと考えています。

ただし、今、私の興味というのは、大気圏内核実験というのは、ぽんと爆発させてほとんどの放射性物質は成層圏に吹き上げられてしまうんですね。それで成層圏に吹き上げられたものが毎年春になると、成層圏と対流圏の間の圏界面があるんですけれども、それが割れて降ってくる。ですから、吹き上げられたものがだんだんだんだんと全地球に均等にくまなく降ってくるというかたち、いや、大気圏内核実験はほとんど北半球の温帯で行われているから、全地球というのはおかしいな。ネバダやマーシャル諸島（アメリカ）であるとか、セミパラチェンスク（カザフスタン）であるとか、どちらかっていうと北半球のほうに集中しているので、北半球のほうが汚染はより深刻だし、北半球の中でも温帯地域で汚染のレベルは高いです。

でも今の私の関心は、猛烈に濃密な汚染が存在してしまっている福島だけでもとにかくなんとかしなければならない、ということです。いずれそれは拡散していって薄まっていく、全地球に薄まっていくわけですが、全地球に薄まってしまった時の量というのは大気圏内核実験の量に比べれば少ない。もちろん無害ではないですよ。だからそれで癌とかが出ることになるけれども、人類全体で考えるのであれば、大気圏内核実験のほうがひどかった、と思います。

今、ストロンチウム90が福島からどんどん海に流れて出ているわけで、いずれアメリカに達する、特に平野さんが住んでいらっしゃる西海岸に達する。しかし、今聞いていただいたように、もしそうなったとしても大気圏内核実験で撒き散らしたセシウム、あるいはストロンチウムの量は今福島から出ていっている何十倍もありますし、アメリカの西海岸ももう大気圏内核実験で汚されてきたわけですから、福島から薄まっていって届いたとしても、アメリカの西海岸の人たちに対して福島の事故が、まあ、言葉は悪いけれどもそんなに大きな被曝を与えることにはならない。歴史的にもっと膨大なものがあったということを思い出すべきでしょう。

平野：言い換えれば、今回の福島の原発事故が起こることで今まで語られてこなかった最も深刻な汚染、大気圏内核実験によって起こされた汚染を考える必要が生じたということでしょうか。

小出：本当はそうなんです。ですから、一般市民がそれに気がつかなければいけないし、福島の事故でもアメリカに放射性物質が流れていってますよ、大気中に出たものも偏西風に乗ってアメリカに行ってるんですよ、ということをきちんと共有しなければならない。まあ、さっき日本国政府の報告だと広島原爆一六八発分のセシウム137が大気中に出た、その量は一・五×一〇の一六乗ベクレルですと聞いていただいた。ちょっと何乗なんていうのは面倒くさいので、ペタという単位で一〇の一五乗の単位で聞いていただくと、要するに一五ペタベクレル出たと言っている。

でもそれが、本当かどうかよくわからない状態だけれども、まあ、そのほとんどが偏西風に乗って太平洋に流れた。でも一部は地上風、地上の風は東風だって南風だって北風だってあるわけだから、日本の国土にも降っているわけですね。それでどこがどのくらい汚れているかということは、かなり調べることができているわけで、この町や村にどれだけ、この県にどれだけという形で積算してみると、二・四ペタベクレルにしかならない。ですから一五ペタベクレル出たと言っているうちの二・四ペタベクレルしか日本の大地には降ってないわけです。全体の放射性物質の一六％くらいなんですね。まあ日本国政府の報告が正しければ一六％、もっと多かったとすれば、割合としてはもっと少ない割合だけが日本の国土に降って、それより多いものが太平洋に行って、一番はアメリカの西海岸を汚染しているわけですよね。

だからアメリカがなんで日本に対して文句を言わないか、損害賠償を言わないか、と日本の人たちで私に聞く人がいるんですけれども、もちろんそんなことは決して起こらないことだろうと答えています。なぜなら、アメリカは大気圏内核実験で福島原発事故の何十倍の放射性物質を世界にばらまいた張本人、犯罪者ですから彼らが日本に賠償を求めるということはありえないし、彼らとしては自分たちの過去の悪行を思い出させないためにも、そういう話は決してしないであろうと私は思います。だからこそ、むしろ被害を受けている人たちのほうが、気がつかなければいけないということだと思います。

▼事故当時の状況と報道管制

葛西：事故の当時の話に戻ります。二〇一一年三月一一日に東日本大震災というものが起こって、それがきっかけで先ほど説明してくださった一連の原子力発電所の事故が始まったわけですけれども、その一連の特に当初の日本政府及び東京電力の対応について、小出さんがどのようにご覧になっていたか、重要なポイントだけで良いので教えてください。

小出：実にひどい対応でしたよね。まあ、一一日に事故が起きたわけですけれど、私はその日は実験所内で放射線管理区域の中で働いていたんです。管理区域の中ですからもちろんテレビもないし何もないところで働いていて、ちょうど夕方から会議があったんで出てきて会議の場に行ったら、テレビが仙台空港でざーと飛行機が流されていているのを映していたんです。それで地震があった、津波だということでこれは大変なことだなと。原子力発電所大丈夫だろうかとその時思ったわけですけれども。

まだその当時はほとんど情報もなかったんです。その夜は三月一八日にここで原子力安全問題ゼミというのを予定していて、ウクライナからのお客さんがその一一日に着いたんです。それでついたら酒を飲もうという約束をしていたんで、夕方から私酒飲みに行っちゃって、またテレビも何もない状態で不安はあったけれどもそのまま過ごしてしまったんです。

それで翌日になったら福島で全所停電だというので、これは容易ではないということがわかりました。そして一二日の午後になったら一号機の原子炉建屋が爆発するということになったわけで、その時点で、原子炉は溶けたということは専門家であればわからなければならないのです。ですから私はこれは炉心溶融したし、ここまできてしまうと取り返しがつかないので、速やかに逃げられる人は逃げてください、という発信を一二日の段階で始めたのです。

でも、その段階でも国も東京電力でも炉心が溶けたなどということを一言も言わないわけだし、国際原子力事象尺度というのに照らしてレベル三とか四とかそんなことを言っていたわけです。ふざけたことを言うなと、もう炉芯溶けちゃったんだからレベル六とか七だ、と私はその時から思いましたけれども、政府も東京電力も一向にそれを認めないし、マスメディアも炉心が溶けたということを言わないわけですね。

次々に三号機、四号機、二号機というふうに爆発が起きてゆくわけで、もうこれはどうしようもない事態だということは、私は原子力の専門家として当然わかりました。どんどん人々を逃さなければいけない、と私は思いましたけれども、日本国政府はやらなかったですよね。初め二キロだったかな、三キロだったかな、それを五キロ、一〇キロ、二〇キロまでは拡大したけれどもそれ以降は何もしないというやり方に出たわけで、福島には発電所の近くにオフサイトセンターというのがあって政府の役人がそこに常駐していて、事故になったらそこがきちんと事故対応するということだったわけですけれども、オフサイトセンターの人間、みんな逃げちゃった。従業員を捨てたまままみんな逃げちゃったという、そういうことをやったわけです。日本政府の対応は一言で言えないほどひどいもんだったと思います。

葛西：メルトダウンとか炉心溶融とか、言葉自体がある種禁じられたような感じがあったんですが。

小出：そうです。

葛西：やはりそのようにご覧になりますか。

小出：はい、もう間違いなくそうです。

葛西：僕は日本の国内にいてテレビを観ていてショックだったのは、原子力の専門家と称する人たちがいろいろとテレビに出てきて解説をスタジオでしますよね。それで三号機が爆発した映像が出た時に、あれはたぶん中継だったと思うんですが、生でやっている解説番組のようなもので、爆破弁が成功しましたというような解説をした人がいたんですよね。[3] 素人が聞いてもちょっとそれはね、と思うんですけれども。まあ物理学なり放射線の何かの専門家と称する人たちがマスコミに出てきて、そのようなことを言っているというのはかなり一市民としてもショッキングだと、僕個人は思っているんですよね。そういう広い意味で、小出さんと同業に当たるような人たちが、マスコミや政府と連携しながら、まあ爆破弁のことばかり言っていたわけではないですけど、彼らはいろんな役割を実質的に果たしてきましたね。

小出：いわゆる御用学者と呼ばれる、原子力産業から多額の研究費を受け取ってきた原子力推進派の学者たちはもちろんそうです。事故をとにかく過小評価しようという方向に全体が流れたわけですし、事故直後から学者の中では報道管制が敷かれた。ですから個人的な発言はするなということで、ほとんどの学者は沈黙を強いられた。だからデータも出せないという状態になった。で、ここの原子炉実験所（京都大学復号原子力科学研究所）も私は一二日から発言を始めたわけですけれども、たぶん、文科省から小出を黙らせろというのがあったんだと思いますけれども、所長が全所集会というのを何度か招集しまして、所員が個別に話すなと、マスコミ対応は原子炉実験所で一本化するというようなことを所長が言ったんです。私は嫌だと言って、実験所に何か問い合わせが来たらあなたたちが答えなさいと、私は私に問い合わせが来たら私の責任で答えると言って、私はそれ以降もずっと発信を続けたのです。でもたぶんほとんどの学者はできなかったと思います。

ですから原子力を推進していた学者が、状況の説明を独占したような感じでした。お前、今日は行ってこいというようなことで、みんなでそういう分担をして彼らが対応したんだと思います。

葛西：報道管制をいうのは、小出さんのここ熊取の研究所ですと恐らく所長あたりになりますか、研究所という組織ルートでプレッシャーがきたということですか。

小出：そうです。ですから所長が全所集会というのを開いて、まあ私も行きましたけれども、その場で報道に対する窓口は一本化すると言った。

葛西：あとは学会ルートもあるのでは。

小出：もちろん学会ルートもあると思いますけれども。例えば原子力学会というものは初めから話にならない。原子力共同体（官民一体の原子力推進共同体。自民党を中心とした政府と東芝、日立、三菱のような原子力発電の推進企業、そしてそれを後ろ盾するマスメディア）の強力なスポークスマンになっているわけですから、そういう所ももちろん組織として過小評価の方向に流れたのです。

平野：小出さんは、事故直後、一度、事故の深刻さを国会で話されていますよね。(4)

小出：はい。

平野：その後、公の場、いわゆる国会とか政治の場、また大手のメディアで発言を求められたことはありましたか。

小出：メディアに対してはですね、私は昔から信用していなかったし、事故があってからとてつもなく忙しい時間を過ごしたので、テレビ局に来いというお誘いは一切受けませんでした。来い、という話はいくつもありました。ただ私は忙しいし、そんなことに関わっている暇はありませんと。来てくれるなら会いますと言っていました。ですからたくさん来てくれましたよ、その当時も。ただしテレビというのは、もうみなさんご存知だと思うけれども、ここで一時間だと言って一時間話したとしても、全く出ない時もあるし、出ても三〇秒ぐらいで。

そんなんですから、本当にしょうがないもんだなと。あの、唯一、私がありがたかったのは、毎日放送の『たね蒔きジャーナル』というラジオ放送、あれは毎日のようにきちんと私の発言を生で流してくれたので、あのような番組が残ってくださっていたことを嬉しく思ったけれど、それも丸ごと潰されちゃうということになったわけです。(5)まあすごい世界だな、と改めて思いました。

葛西：放射能の特に人体や環境に対する危険性について、政府はある特定地域の住人に対して、一度避難すれば、もうそこに戻ることはできないと指示を出していましたが、その後、将来は帰還できると言い出しましたね。その政府の対応、帰還を判断するために使われるようになった放射能の基準といったものをどのようにお考えですか。

小出：全くありえない対応だと私は思います。もちろん葛西さんもご存知だと思いますが、日本というこの国では一般の人々は、一年間に一ミリシーベルト以上の被曝をしてはいけない、と法律で決められているわけですね。なんでそんなことを決めたのかというと、被曝というものが危険だからですよね。被曝が危険でなく、低い被曝なら安全だと言うなら、そんな基準を決めなくても良かったわけです。でもまあ、被曝は危険だというのは学問の今日の合意のわけで、だから世界中どこの国でも国民に対して被曝の限度を決めるということをやってきたわけですね。

私のような放射線を取り扱って給料をもらっている人間は、まあ一年間に一ミリシーベルトではすまないだろうと。だから給料をもらう代わりに被曝は我慢しろよと言われて、一年間に二〇ミリシーベルトというその基準で私は働いてきたわけです。ところが今日本の政府が言っているのは、一年間に二〇ミリシーベルトまでならば、汚染地に帰っていいと、子供も含めて帰っていいと言っているわけですね。そんなもの、私の常識から言ったらありえない。

▼二〇ミリシーベルトというあらたな基準

平野：新しい基準の根拠はなんだと思いますか。なぜその数字を政府が出してきて、汚染地域に帰ってもいいよと言っているのだと思いますか。

小出：根拠はもちろん、例えば彼らはＩＡＥＡという組織、あるいはＩＣＲＰ（国際放射線防護委員会）という組織が緊急事態の時には一年間一ミリシーベルトは守れないから、まあ二〇ミリから一〇〇ミリの間で適当に決めなさいというようなこと言っているわけですよね。だから日本国政府はＩＡＥＡやＩＣＲＰが言っているんだから、一年間に二〇ミリでいいんだと言うようなことを言っているわけです。しかし、ＩＡＥＡにしてもＩＣＲＰにしても任意団体じゃないですか。だからそんな団体が大丈夫と言ったという理由で日本の法律を破っていいなんていうことにはならないわけです。日本は法治国家であると言うなら、自分の国の法律を作った本人がそれを守るというのは当たり前のことであって、その連中が子供も含めて二〇ミリシーベルトまでなら被曝してもいいなんていうのは、とうてい私は承服できない。

平野：新しい基準を正当化するための科学的根拠はないということですか。

小出：被曝をすれば量に応じて危険があるということは、もうわかっているわけですから、一年間に一ミリシーベルトという基準で国民を守ろうとしていた国が、いきなり二〇倍まで我慢しろと言い出しているわけで、もちろん科学的根拠はないです。社会的にそうせざるをえないということですよね。

あの事故で、私さっき国内で降ったのは二・四ペタベクレルだと言いました。それがこうやって東北地方、関東地方、まあ西日本もそうですけれども広大に汚れを出しているわけですね。それに日本では被曝は一年間に一ミリシーベルトという基準もあるし、例えば放射線の管理区域から何か物を持ち出す時には、一平方メートルあたり四万ベクレルを超えて汚れているようなものは、どんなものでも持ち出してはいけないという法律もあるんですよ。

それで日本があの事故で、どこがどれだけ汚れていたのかということをきちっと調べていって、一平方メートルあたり四万ベクレルを超えて土地が汚れている場所はどのくらいの広さになるかというと、一万四〇〇〇平方キロになるんですよ。福島県丸ごと全部というくらいの広大なところが放射線管理区域に本当ならしなければいけないというほどに汚れているわけです。まあ、福島県を中心にしてですけれども、千葉県、茨城県、群馬県、栃木県、宮城県、東京都にしても要するに汚れているわけで、放射線管理区域にしなければいけない土地に数百万人、場合によっては一〇〇〇万人の人たちが生きているわけですよ。

私は、日本が法治国家だというのなら、そういう人たちをコミュニティーごと国家の責任で逃がすべきだと私は思ったし、今でもそう思っていますけれども、もしそれをやろうとすると、日本の国家が破綻するというくらいのことになるはずなんです。私は破綻しても国というものの責任を果たすために私はやるべきだと思ってきましたし、今でもそう思っています。でも、日本のまあ自民党を中心とする人たちはそうは思わなかった。もう国民に犠牲を強いて、できる限り経済的な負担を少なくしたいと彼らは判断した。だから被曝を我慢させるという方向で社会的な判断をしているわけです。

▼アメリカと日本

平野：アメリカと日本の政府は、事故直後、同じデータを見ていたわけですよね。でも、彼らの判断の差異というのがものすごく大きくて、自分の国民に対してアメリカ政府は八〇キロ圏内にいる人はすぐに出ていけと。日本政府は最大限に言っても二〇キロ以内だと。その差異って、どこからきたと思われますか。同じデータを見ながら、なんでそんなに違う判断が出たのでしょうか。

小出：えー、私もそうですけれども、原子力の専門家であれば、三月一一日、少なくとも一二日の段階で、炉心が溶融したということがわからなければいけない。そうなると、要するに、コントロールを失っているわけで、コントロールを失っているものに関しては、その後の経過がどうなるかわからない、というふうに思わなければいけない。で、そうなった時にどういうシナリオが書けるかということを考えて、防災というのは最悪のシナリオを想定してやらなければいけない。それに失敗すると手遅れになってしまうわけで、アメリカがやったのは、炉心溶融しているんだから、最悪のシナリオで自分の国民を守ろうとした。だから、八〇キロから出ていけと、まずは言ったわけです。私はそれは正しい方針だと思うけれども、日本はそうはしなかった。とにかく楽観的、楽観的に考えて、なんとか乗り越えられるんじゃないかと、方針を立ててしまった。だから二〇キロまでしか彼らはやらなかった。

まあ、でも、それには、単なる楽観的な希望をたてたということと、実力がなかったと言うことが被さっているんですね。

平野：その実力というのは、どういう意味ですか。

小出：要するに、国家として対処する力がなかった。だから、二〇キロまではバスを差し向けて避難所に移させたけれど、三〇キロの時には、もう、そんなもんできないと言って、家に閉じこもっていなさい、逃げたいやつは勝手に逃げなさい、というそんな指示しか出せなかったわけです。

平野：危機管理体制が全くなかった。

小出：なかった。こんな事故が起きるなんて、全然、誰一人として政府の役人は思っていなかったわけだし、オフサイトセンターからさっさと逃げ去ってしまったということをやったわけで、もう全然、危機管理の体制がなかったわけで、できなかった。できないので、もう、指示も出さない、ということで。八〇キロだって、避難しろと言っても避難させる場所もない、自分たちで手当てできないという状況だったわけですから、それはしょうがなかったんだと思います。

平野：茨城県東海村の村長の村上（達也）さんに昨夏にインタビューしたんですけれど、[6]東海村での臨界事故について全く同じことを言っていて、あの事故が起きた時にまず国に言ったと。ところがなんの返事もない。県に言ったと。県からもなんの返事がない。で結局、自分で判断するしかなかった言っていました。だから、原発に対する危機管理体制が全くゼロに近い状態で、その時に彼は、北海道とかに土地を買って、村民を移民させて、そこで新しい生活を始めるしかないと、真剣に考えたと言ってました。実はそれくらい、安全神話というのが官僚、政府、地方行政にも浸透して、全く危機管理の用意がなかった、と考えていいんでしょうかね。

小出：そうです。もう、原子力関係者で、こんな事故が起きるなんて、本当に思っていた人は誰一人いなかった。私だって、いつか事故が起きるかもしれない、もし事故が起きたらば、それは大変な被害が出るということを、シュミレーションの結果までつけて発言はしてきたけれども、でもその私が、あの福島の事故が起きた時に夢じゃないか、と思った。まさかこんなことは起きないはずだと、何日も思い続けた。これは悪夢なんじゃないかなと思って、でもやっぱり現実だったわけだけれども。原発に反対してきた私すら、そう思うわけですから、原子力を推進してきた人間は、こんなことが起こるなんて、露ほどにも思っていないし、起きた時の体制なんてものは、誰一人考えもしないし、作りもしなかった。で、いきなり起きてしまって、対応できなかった。

平野：ある意味で皮肉ですよね。アメリカの利益のために始めたようなプロジェクトが、実際、アメリカのほうではデータ収集のための能力がそれだけあって、それだけ敏速に動ける準備があり、危機管理体制というものはできていたけれども、それを受け入れた日本側は全くゼロの状態であった、ということですよね。

小出：そうです。

平野：まさに属国の構造そのものを象徴していますね。

小出：私はもとから日本はアメリカの属国だと言ってきましたけれども、ますますその確信を深めました。

葛西：あとはその、それこそ核の平和利用の問題ですね。実質的には軍事技術であるものが、国民経済を支え、生活を豊かにするという、そのレトリックの中で、二枚舌になってきていたから、だから実質的には物理現象としてしか表現の仕様がないものが、平和利用であれば安全であるといったねじれた論理を押し通してきた。その結果、リスクコントロールも準備できないし、安全管理そのものも、まあ、しなくていいことになっちゃったと思うんですよね。

平野：そうですね。だから、その属国的な性格というのは、「Atoms for Peace[7]（平和のための核エネルギー）」というスローガンのもと、日本には原子力の開発をどんどんさせる一方で、日本国内における原発に対する批判とか日米関係への批判的な言説を抑えていったこと、そして、それゆえに危機管理体制が全くできない状況を作り出していったことに現れていますよね。核実験を続ける一方で核の平和利用を唱えるという二枚舌の構造を通して、核が持つ破壊力を見えなくするという戦略は、皮肉なことに被爆国の日本という国で最も功を奏してきた。もちろん、戦後日本の保守政権はそういうねじれた従属的な立場を自ら進んで受け入れ利用してきたのだけれど。

葛西：まあ、属国的と言うべきなのか、それこそ広島、長崎のね、原爆の後の調査、だから占領体制の一部だけども、まあ、ＡＢＣＣ（原爆傷害調査委員会）みたいなね、[8] ああゆう流れにあるという、戦後の核政策そのものが原爆の延長にある、と小出さんがずっと指摘してきている、その問題なんじゃないかな。

平野：そうですね。原爆から原発につながる核政策を可能にしたのが、軍事的・経済的・政治的な覇権国としてのアメリカの地位の確立であったし、この覇権体制に従属的に組み込まれていったのは日本や韓国であったということだと思う。実際、朝鮮戦争の時、日本の占領政策を仕切っていたマッカーサーは日本を足場に朝鮮半島や中国での原爆の使用を考えていましたね。アメリカは、原爆、そして原発を手に入れ、拡散することで軍事的、技術的、経済的な覇権をアジア太平洋圏に確立していった。

▼「測定」の問題

平野：小出さんは汚染されていない食べ物はないと本でよくおっしゃっていますよね。でも、そういう認識というのは国民の間では、もちろん福島県もそうですけれども、その近隣の茨城県、群馬県、栃木県、千葉県、宮城県に限定して考えてしまいがちですね。それ以外の地域で生産されている食べ物も、

写真3　福島に溜まり続ける汚染土

かなり厳密に測定をして市場に出すなり、消費するなりしなければいけないと思っていらっしゃいますか。

小出：まあ、さっきから聞いていただいた通り、福島の事故が起きる前も地球は放射能でもうベタベタに汚れていたわけですよ。ですから東北地方だって、関東地方だって、関西だって食べ物はみんな大気圏内核実験で降ってきた放射能放射能で汚れていた。その上に一九八六年のチェルノブイリの事故で、やはり偏西風に乗って日本まで放射能が降ってきたわけですから、まあ、福島事故前からすべての食べ物が汚れていたのです。その上に福島の事故が起きて、これもさっき聞いていただいたように福島を中心にして、濃密な汚染が今、地球をくまなく汚したとかいうのではなくて、福島を中心にして濃密な汚染が今あそこにあるんですね（写真3）。

福島を中心とした汚染地帯に人々が捨てられている。捨てられた人々は生きなければいけない。農民は農作物を作るし、酪農家は牛乳を作るだろうし、畜産家は肉を作るわけで、彼らは生きるために作らなければいけないわけですから、彼らに罪があるわけではない。

日本の国家というものがデタラメであるがゆえに、福島の酪農家の人たちは、自分は被曝しながらその場所で生活して食べ物を作っているわけですね。だから私はその食べ物を捨てるということはできないと思っているのです。誰かが引き受けるしかないはずだと思っていて、まずは原子力を推進した連中に食わせる。だから、東京電力の社員食堂とかね、国会議員の議員会館の食堂は猛烈な汚染食品で作るということをやると。でもそれだけではとうていはき切れないので、汚染をとにかくきちんと調べる、どの食べ物がどれだけ汚れているということを、きっちりと測って分類していって、まあ要するに責任に応じて食べる、引き受けるということなんですけれども。

責任の重さというのをなかなか個人一人ひとりに割り振ることはできないので、私は食べ物に関しては、六〇禁という制度を作ろうという提案をしているわけですね。猛烈に汚れたのは六〇歳以上でないと食べてはいけない。その次に五〇禁、四〇禁、三〇禁というふうに分けていって、子供に対してはできる限りきれいな食べ物を回すようにしようと。例えば学校給食なんていうのは、もう限りなくきれいな、大気圏内核実験の汚れはあるけれども、でもせいぜいそのレベルのものを子供たちには回して、大人のほうは汚染したものを引き受けるしかない、というのが私の提案です。

まずはきっちりと測るという、福島を中心としてずっと測っていって、もちろん西日本も九州も測って仕分けをしてそれぞれで分担しようというのが私の提案なのです。

葛西：最近、西尾正道さんと出された『被ばく列島』でその話をされていて[9]、まあなるほどなと思っていたんですけれど、今、小出さんが強調されたように、まずは測るところからきちんとしなければいけなくて、今まさにそれができていない。

小出：はい、全然できてない。

葛西：まあ、水もそうですけど、まず測定が何かということがほとんどの人がわかっていないし、基準値もさっきおっしゃったようにでたらめで、一定のもの以下は平気でND（不検出）と表示され、水道水にしたって二〇ベクレルまではNDだということで、もうないことと一緒にされてしまっている。そういうところから始めなければいけないということで、非常に目も眩むほど、そこに至るだけでも長い道のりです。まあそれだけ制度的に総合的な測定への抵抗が大きいということだと思うんです。どういうところからそれを動かしていけばいいと考えられますか。

小出：今、国は一キロあたり一〇〇ベクレルというのが一般食品の基準になっているわけですね。福島の事故が起きる前に日本の食べ物は、大気圏内核実験で汚れていたと言いましたが、そのレベルは一キロあたり〇・一ベクレル程度なんですよ。まあ、それより低いものもあるし、高いものもあるけれども、まあ、一言で言えば一キログラムあたり〇・一ベクレル。一キログラムあたり一〇〇ベクレルと言ったら、いきなり一〇〇〇倍まで許してしまうというようなことになるわけですよ。

私、さっきも聞いていただいたけれど、被曝は間違いなく危険だし、量が多くなればなるほど比例して危険度が上がるというのが、今の学問の到達点になっているわけで、一キログラムあたり一〇〇ベクレルは危険だし、一キログラムあたり九九ベクレルだって危険だし、九〇ベクレルだって五〇ベクレルだって一〇ベクレルだってもちろん危険で、一キログラムあたり一〇ベクレルだって、事故前の汚染の一〇〇倍になっているわけですよね。

ですから私はきっちりと測らなければいけないと思うし、多くの人たちも不安の中で生きているので、例えば生協であるとか、様々な組織が商品化する前に測ろうとしているわけですよね。でも、いわゆる市民組織が持つことができる放射線測定器というのは、NAIという名前の測定器なんですけれども、せいぜい一キログラムあたり二〇ベクレル程度しか測れないんですよ。ですから国の基準から言うと、まあ、五分の一とかね、そのくらいまで測れるかもしれないけれど、それだって私から見るとあまりにも高すぎるわけです。

NAIに従えば、二〇ベクレル以下だと検出限界以下だということになり、汚染がないかのように思ってしまうことですね。むしろ福島県なんか積極的にそれを利用しているわけです。測って検出限界以下だったからきれいですと言って、学校給食にも出してしまって、福島県の食べ物は安全だとアピールするということを自治体がやろうとしている。とんでもないことであって、学校給食だけは徹底的にきれいなものを回さなければいけないと思うけれども、そうではなく、検出以下ならばみんな安全というほうにむしろ流されていってしまっているわけです。

だから、そういう状態を私はやめさせなければいけないと思うし、本当であればゲルマニウム半導体検出器という測定器を多数配備してやるべきだと思うのです。まあ、ゲルマニウム半導体検出器を買おうとすると、一〇〇〇万円とか二〇〇〇万円の金が掛かってしまうし、それを作動させようと思うと、常時マイナス一五〇度に冷却しておかなければ動かないんです。だから普通の市民が使うにはなかなか難しい。

測定ということに関しては、どんなに市民が自分たちで頑張ろうと思っても、やはり限界がある。

じゃあ、どうすればいいかと言えば、今私たちが向き合っている汚染、例えば、セシウム１３７とか、ストロンチウム90、トリチウムは、そもそも東京電力、福島第一原子力発電所の原子炉の中にあった物質、東京電力の所有物なわけですよね。それが今、そこら中に汚染を広げているわけですけれども、自分の所有物がどこにどれだけ汚染を広めているかということを調べるのは、東京電力に一義的に責任がある。だから私は東京電力に測定の責任を要求するべきだと思います。きちっと測定をしてどの食べ物に自分の所有物が入り込み、どれだけ汚れてしまったのかということを、東京電力の責任で測る、そして人々へ知らせる。それを、むしろ、人々の側から要求しなければいけないと思うし、まあ、東京電力についで責任があるのは政府、お墨付きを与えた政府ですから政府に対してもきちんと測定の責任を取らせて人々へ知らせろという要求をすべきだと思います。

ですから、自分たちで測定をしてしまおうといっても限界があるので、やはり国とか東京電力とか責任のあるところにきちんとした測定をさせるような運動を起こすということです。

▼「絆」、「風評被害」、「復興」という愛国主義

平野：今のような厳密な測定をして事実をちゃんと認識しましょうという議論に対して、そんなことしたら「風評被害」を生むといって、測量やそれをめぐる責任問題を同情や思いやりといった国民道徳論的な語りへすり替えていくような動きがはびこってきていると思うのですけれども。

小出：そうです。

平野：そういう、市民を非国民と愛国的な国民に分けるような雰囲気がとても強まっているような気が

します。

小出：賛成です。

平野：それをどのように思われますか。

小出：私なんかは、福島が汚染していると発言するわけですが、そうするとそんな発言をするのはけしからんといって、むしろ怒られるわけですよね。でも、汚れているのは事実なんですよ。特に私はどんな辛い事実でも知らないよりは知ったほうが良いと昔から思ってきた人間ですので、事実を隠すようなやり方は決して私はしないし、どんなに批判を受けても事実だけはきっちりと伝えようと思っています。いっぱい怒られていますけれど(笑)。

葛西：今のことと関連して、今年、「美味しんぼ」の福島のシリーズが社会的にというか、まあたぶん一種の政治キャンペーンみたいに叩かれましたよね。あれについてはどういうふうに思われましたか。[10]

小出：いや、「美味しんぼ」、私のところにも編集部の方が送ってくれて読みましたけど、大変まともな漫画だなと。今の時代でこんなにきっちりと問題を書き切ってくれる漫画って今までないんじゃないかって、ありがたいなと思いました。

鼻血が出たと書いた「美味しんぼ」。出たのは事実なんですよ。福島の人はたくさん鼻血が出たと言っているんです。井戸川(克隆)さんという双葉町の町長、証拠見せて言っているわけだし、私の知り合いだって鼻血出たって大勢言ってますよ。

チェルノブイリの時だってそうでした。ただし、それが被曝と関連があるというような科学的な証明がないということなんです。でも何よりも事実が大切なわけであって、それが現在までの科学で説明できなかったとしても、むしろそれはどういうことなのか、ということを説明する義務が科学のほうにあるのであって、事実を語ってはいけないなんてことはどんな理屈をつけてもありません。ですから私は「美味しんぼ」は別に何も悪くないと思っています。

葛西：先ほど出た「風評被害」ということ、そして「絆」という言説は、震災直後からのキャンペーンですよね。事実を語る「美味しんぼ」は、政治的に作られたこれらの言葉がフィクションであることを見せてしまうから、潰されてしまったと見ているんですけれど。

小出：そうですね。でも、「美味しんぼ」で「福島の真実」を書いた雁屋哲さんは、別に彼が福島の事故を引き起こした犯人でもないわけですよ。福島の事故を起こした犯人はむしろ政府や東電なのであって、その政府(官房長官)の菅(義偉)さんなんかが出てきて、とんでもないと言って文句を言うわけですよね。あなたのほうがとんでもない、あなたがまず刑務所へ行くべきだ、と私は思いましたけど。

犯罪を犯した人間が自分の罪を一切不問にしたまま、事実を言う人をバッシングするという形になっている。その時に問題になっているのが今、葛西さんがおっしゃってくださった「絆」という言葉で。

平野：「絆」という言葉が愛国主義の新しい記号になっちゃっていますね。私は絆という言葉が大嫌いになりました、この事故の後(笑)。

小出：そう、そうなんです。

葛西：あと、「復興」とね。

平野：原子力発電所がなくても十分日本経済はやっていけるということを、小出さんはずっとおっしゃってきていますが、実際、このように止まった後でも困ったことは起こってないし、逆に世界的なレベルから言えばまだこれだけの物資的に過剰な生活が成り立っているという状況を見た時に、それでも再稼働しようとしている現状を、小出さんはどのように思われますか。政府は、何が理由で何のために再稼動を目指していると思われますか。

小出：まずは電力会社が倒産したくないからですね。再稼働して事故が起きたら、電力会社の首脳部が処罰されるかというと、もう、されないということがわかってしまったわけですよ。福島の事故が起きても東京電力の会長、社長以下、誰一人として処罰されない。もうそれが事実として見えているわけですから、電力会社は九州電力にしても関西電力にしても、再稼働してもし事故になったとしても自分たちは一切責任を取らないでいいというメッセージをきっちりと受け取っているたから再稼働しても問題なしと彼らは考えている。

原子力発電所を運転停止して、もうこれから動かさないということになれば、これまで資産だった発電所が不良債権になってしまうわけですから、経営陣としてはやはりそんなのは嫌だと、そういうことだと思います。

▼「運動」を考える

葛西：特にこの三年間、再稼働に関しては、今はもうだいぶ下火になってきてしまいましたが、特に二〇一二年の夏をピークに東京など至るところで、一定の市民運動のようなデモが見られましたよね。それをマスメディアはまともに扱わなかったけれども、そういった市民の一連の政治的な動きについては小出さんはどのようにご覧になっていましたか。

小出：ありがたいですよ。例えば私は高校生の時にベトナム反戦運動というものがあったんですが、私もベ平連のバッチをつけてデモに行ったりしてました。ベ平連のデモは、毎月一回だったように覚えています。国会周辺の金曜デモというのはね、毎週毎週やっていますね。まあ、だんだん人数が減ってきたというのはあるかもしれないけれど、それはベ平連だってどんどん人数が減って最後はなくなっちゃったわけですから、そういう意味では、金曜デモは、民衆の運動としてはよくやっていると私は思います。

事故から四年経とうとしているけれども、あの事故を忘れないでいたいという人たちがデモに来るわけだし、いわゆる庶民の側の運動という意味では頑張っているなと思います。私も出たこともあります。デモに行ってくださる方にはありがたいと思っているのですが、その上であえて言えば、私しかできないこと、私がやるべきことは、デモではないと感じています。私は一人ひとりの人間が、自分の責任で自分の歴史を背負って、自分の個性を生かしてやるべきことをやったほうがいいと信じています。だから私は、この場で私にしかできない仕事をやろうと思っているわけです。そういう意味で言えば、一人ひとりがみんな等しく大切だし、一人ひとりが等しく自分のやるべきことをやるのがいいと思っています。

平野：小出さんは社会的発言をこれだけ続けてこられているし、社会へのインパクトも大きい。小出さんに運動のリーダーになってほしいという話はありますか。

小出：あります。ですから、まあ、政治に出ろというようなことを言ってくる人はたくさんいたし、もうここまで来たんだから、お前、運動のリーダーになってやれとか言う人も昔からの友達の中にも結構いますけれども、一切お断りしています。

平野：このあいだ、夏にお邪魔した時にもそのことをおっしゃっていましたが、小出さんが持たれている価値観みたいなもの、特に小出さんの言う個人主義というもの、つまり、様々な人間が個性というか、多様性を生かしながら社会に関わるべきだということについてもう少しお聞かせください。特に、社会運動に関してですが、小出さんはそれぞれの関わり方（関わらないことも含めて）があっていいと言ってきましたね。これは、ご自分の経験から生まれた立場なのでしょうか。

小出：私が大学の時は、いわゆる七〇年安保とか全共闘運動とか言われた時だったんですけれども、結構、社会的な運動が激しく起きた頃ですし、たくさんの人々がそれぞれ街に出ていったり、様々な政治課題に取り組んだりしたんですよね。大学の友達も含めて周りの人々が様々な形で政治に関わろうとして、もちろん、ご存知かと思いますが、当時はいわゆるセクト、まあ、三派全学連とかね、よく言われたようなセクトが、あとどれくらいセクトがあるんだろうと思うくらいに乱立していた。

それで、それぞれの人間が自分の信条が一番大切だと言って、対抗意識を燃やしながらお前も一緒にやれと一斉に言ってくるわけですよね。で、とどのつまりには、ほとんど私から見れば同じこと言っている連中が、「あいつは悪い」というようなことを言い出して、場合によっては殺し合いまでする。私の青年時代は、そんな時代だったんですよね。

私はその時から、そのようなやり方は間違っていると思ったし、一切のセクトに関わらないとその時から決めたんです。いわゆる原子核工学科という学問を愚かにも専攻してしまった私としてやるべきことは何かと思って、とにかく女川の原子力発電所[11]を潰さなければならないと、建設反対運動に参加しま

図表2　東北電力女川原発の位置と震源地

した。そしてそこに来てくれる人たちはすべて排除しない、と決めていたんです。どのセクトでもいいから排除しないというやり方で私は女川で運動をしていたんです。

平野：女川原発反対運動のことをもう少し詳しくお話ししていただけますか。どういうふうに運動に関わっていったのですか。

小出：一番初めは、一九七〇年一〇月二三日、女川で漁民たちが集まって第一回総決起大会というのを開いたんですよね。まあ、私は大学三年の秋でしたが、そこにビラを作って持って行って原子核工学科の学生として、原子力というのはこういうもんですというビラを持って参加したんですよ。それが始めでしたけれど、でも女川で活動しようと思えば、仙台と女川って結構遠い。まあ、今でも結構不便、あの東北地方の大震災でもう電車すら動いてないけれども、当時でもまあ、私は当然車なんて持ってなかったし、電車を乗り継いで行くわけですけれども、時間がかかったし、仙台に住んでいてはやっぱり活動できないので、女川に住もうと思ってそこで長屋を借りてそこに住んで、仲間で力を貸してくれるというやつはみんなそこに集まってくれたので、ビラを作ってはとぼとぼと集落を歩いて配っていき、一人ひとり説得するというそんなことをやっていた。

平野：そのような説得は、地元の人たちに受け入れられましたか。

小出：いえいえ。でも、受け入れてくれる人もいましたよ。だから、漁村ですから漁師が中心なので、私たちの時間のある時には、漁師の手伝いをしに行きました。牡蠣を剝くとかね、ワカメの根付けだとかね。まあ、漁師と一緒に仕事をしながら、話をしながら、受け入れてくれる漁師ももちろんたくさんいましたけれども、全然話を聞いてくれない、ビラさえ受け取ってくれない人たちだって山ほどいました。

そこで、人々ってみんないろいろな事情の中で日常生活抱えているんだなということを実感しました。だから賛成する人には、その理由があるわけですよね。女川の海って、その時は養殖がすごい成功していて、豊かな海だったんです。それでも、漁師の中でも、これからの時代はもう漁師はダメだと考えている人たちがいた。自分の息子は漁師をやめて街へ出て欲しいと。その一方で、俺は何としてもこの海を守るという漁師もいた。生活というのはそれぞれ様々な歴史を背負ってあるんだなと、その時に気づかされましたね。

平野：特に原発政策というのは、日常生活においてそれまで存在してきた様々な利害関係や意見の違いを利用しながら村や町を分断しながら進める傾向がありますね。そして、そのコミュニティーが物質的・経済的に豊かになるという明るい未来像を浸透させていくことで、原発への警戒心、疑念を払拭していくような構造を持っているわけですよね。だからこそ、原発が持つ負の面、破壊的な面を伝えていくことは、難しかったのではないですか。

小出：私は原子核工学科の学生だったわけで、言って見れば原子力の専門の場にいる人間ですから、その専門の場にいる人間として知ったことは、やはりどんなに時間がかかっても伝えなければいけないと

写真4　田中正造

思っていました。それが、専門家の果たすべき最低限の責任だと。

ですから、話を戻すと、そういう私の歴史から見ると、どこかのセクトや政党に入ってしまうとそうでない連中を排除するという、そういう力学の中に自分を置いてしまうということになるので、政治的な主張やそれをめぐる理論的な論争が主な目的になってしまい、真実を住民の方たちに伝えていくという本来の運動の目的を見失うことになる。だからセクト、あるいはどこどこの運動という中に私自身を埋没させることは決してしないと決めたわけです。

私は私としてやるべきことをやると、そして協力してくれる人とは連帯もすると。でも、これが私の仲間だとかそういう形の囲い込みはしないということにしたのです。

平野：そういった時代の経験というのが一方にあり、小出さんの書いたものや講演などをいろいろと読んだり聞いたりしていると、田中正造（写真4）に対するリスペクト、尊敬が非常に強いという気がするんですが、そのあたりもどこかでつながっているのでしょうか。

小出：はい。正造さんのことを知ったのは、私が学生運動をやっていた頃です。当時は日本で公害がたくさん起きた時代で、水俣なんかは社会的にすごくクローズアップされてきた。私は原子力というものに向き合おうとしたわけですけれども、でも日本というこの国が近代国家として成長していくというか害悪を及ぼして行く途中で、様々な公害というか環境破壊を起こした、ということを否が応でも知る時代でした。でも、目の前で展開している水俣も含めた公害よりずっと前に日本にはすでに公害という出来物があるということを、正造さんを通して私は知ったわけです。ああそうか、日本という この国は、いわゆる明治維新後の脱亜入欧と言うか欧米、西洋に追いつけというような方向性を目指すことで、こういうことを行ってきたんだなということを私自身が学んだわけです。その中で正造さんをはじめ、公害に苦しみ、またそれと闘った人々がどう生きたかということももちろんだんだんわかるようになった。特に正造さんを見て、ああ、こういう生き方ができるんだと思いました。自分もやらなきゃいけないと思いました。残念ながら私には彼のようにには全然できないけれど、でもこういう生き方、すてきだな、とずっと思い続けています。

▼「責任」をめぐって

平野：小出さんのお話や著書の中で「責任」という言葉が何度も繰り返し出てきます。政府の責任、科学者の責任、あるいはそれぞれ個人の責任といった形で。小出さんの中で「責任」というのがとても重要なキーワードの一つなのかなということをいつも感じています。今、僕がお聞きしたいのは、科学者と責任の問題で、科学者というとどうしても技術者として考えられちゃいますよね。でもそうではなくて、科学者の持つ社会的責任という問題があると思うのですが、そのことを小出さんは原子力の研究者として追求されてこられたと思うんですね。それがおそらく小出さんの個性というか、先ほどもおっしゃったように、政治の世界ではなくて、自分ができることを追求していこうとする立場につながっているように感じるのですが、いかがですか。

小出：私は科学の場にいますので、科学者としての責任を取るということですね。ですから政治の側にいる人は政治家として責任を取れということだし、まあ、平野さんにも前にも聞いていただいたことだと思いますが、私は徹底的な個人主義者なんです。誰からも束縛されたくない、自分の人生は自分で決めたい、と思ってきました。だから自分で決めた以上はその決めたことに対する責任は必ず取らなければいけないと。

だから表裏一体なんです。誰からの命令も受けない。自分で選ぶんだからそのことの責任は自分で負うと、それだけです。たまたま私は科学者だから、科学者としての責任を果たさなければいけないと思っている、それだけです。

平野：そういう個人主義に基づいた責任の考え方は、日本の社会では「わがまま」、「自己中心主義」、「協調性がない」と言われてしまうことがありますね。

小出：そうです。日本の国で生きてきた人というのは、個としての自分と向き合いながら、自分で人生を選んでこなかったんだと私は思うんですね。まあ、長い物には巻かれろとかね、寄らば大樹の陰とかね、「空気を読め」とか、「お上」に付き従っていくのが個人の幸せを保証するものだというふうに思ってきたと私は思いますし、学校教育だってそうですよね。少しでもいい学校に行って、少しでもいい会社に入って、少しでも金持ちになって偉くなってと、みんながそれに流されていってしまって。でもね、そんなつまらんことよせよ、と思うんです。

みんな一人ひとり個性があるんだから、その個性を生かして生きるということが大切なことであって、みんなが画一的に「お上」や「社会」に従うということは、私は最低のことだと思っているけれども、でも、この日本という国ではずっとそうだったと思うんです。だから、誰も責任を取らないんです。この社会の中で生きているんだから、もうしょうがないじゃないかと、社会がそうなんだから、みんなその社会のせいにして、しょうがないじゃないかと言って、自分の責任を取ろうとしない。

まあ、圧倒的だったのは戦争ですよね。みんな、自分は悪くない、ただ騙されたんだと、軍部が悪かったんだと言って知らん顔してしまう。原発事故もそうですよね。

私は、まあ、来年の三月で定年で辞めてしまいますけれども、ここの職場に来てから私は最底辺の教員で、私の上にはもちろん準教授、教授というのがいたわけですけれども、たまたま私の職場の特殊性で私は誰からも命令されなかったんです、今日に至るまで。私は最底辺ですから、命令をおろすやつもいなかったわけですから、誰からも命令されない、誰にも命令しないでいいという非常に特殊な立場にいて、私にとってはそれが一番心地よい立場だった。

そうであれば、私は私として自分の個性を生かして、自分らしく生きるということはもともといいと思っているし、それができる立場に私は偶然いられたわけですから、徹底的にそうやって生きようと思ってきました。そのためにまあ、人間ですから間違いも犯すわけで、そういう犯した間違えに関しては、私が選んだもの、私が犯したものだから、その責任は自分で取るしかないという、そういう意味で私にとって責任という言葉はすごく大切なものなのです。

ただ私が私らしく生きるということが、いわゆる私という個人の利益というかね、私だけが儲かればよいとか、他人を利用していい思いをするとか、そういうこととは違うますね。この歴史の流れなのか、そして世界の広がりのなか、今、私が私らしく生きるということがどういうことなのか、というその個人としての判断、自己実現っていうんでしょうか、それが大切だということであって、場合によっては私が私の命を捨てるというそういう行為を取るということだって、それは自己利益と相反することだけれども、そういう選択だってもちろん私なりにしたい、ということです。

平野：日本のエリートと言われる人たちが、全く個性というものを殺しながら出世や地位や名誉のために、あるいは私益のために組織の中に入り込んでいく、また、そういうものを支える教育制度がある、そして競争を通してそういう人間を生み出してきたと言えますね。その結果が、例えば今回の福島原発事故の問題として現れているとも言えますね。

小出：はい、そう思います。おっしゃった通りです。

平野：自分の個性を大切に育みながら生きてこられたならば、自分の判断や行動に責任を持ち、原発といった無責任なエネルギー政策を進める社会になることもなかったし、今回の過ちを回避することも可能だったのかもしれないと。

小出：そのような可能性はあったのかもしれないけれども、残念ながら日本というこの国ではその可能性はすべてことごとく潰されてきて、福島の事故ではっきりとわかったように誰も責任は取らないという、そういう社会になってしまったんです。

▼「騙される」ことの責任

平野：小出さんは、「騙されるほうにも責任」があるとおっしゃってこられましたね。

小出：はい。

平野：騙されるほうも悪いんだと。だから騙されたことへの責任を自覚しなければならない、その責任は取りなさいということですよね。それは、具体的にはどのような責任の取り方をお考えですか。

例えばさっきおっしゃったように、汚染された食べ物は、高齢者の順から、また、原発政策を推進してきた人や企業で働いてきた人からまずは食べる、そのようなことが騙された者の責任の取り方だとお考えですか。それが、福島で農業や酪農や漁業をされてきた方たちや子供・若者たちへの責任の取り方だということですか。

小出：平野さんがおっしゃってくださった通りです。ですから、福島の原子力の暴走をここまで許した、そして福島の事故を引き起こしてしまった責任は、私は日本の大人にはみんなあると思ってます。まず、その認識から始まらないと社会は変わりません。原発の危険性や核廃棄物の汚染性を知っていたかいないかにかかわらず、そのようなエネルギー政策を許し、また恩恵を受けてきたという意味で、程度の差はあれ、大人たちはみんな責任を負っていると考えています。政府は、汚染した食べ物を食べなさいと言っているわけですし、こんな事故を二度と起こさせないためには、原子力を廃絶するのが一番ですから、もちろん、再稼働なんてさせてはいけないし、それぞれの場所でそれぞれの人がそのための努力をしなければならないでしょう。

葛西：僕は政治学、思想史が専門で丸山眞男について勉強することで始めたんで、今の話は責任についてかつて彼が戦争に対して言ってたものが、形を変えながら現代の国家と資本主義のシステムの中で、おそらく、もっとひどい形で繰り返されてると感じました。その指摘そのものだなと。

小出：戦争の時とそっくりだと私は思いますね、原子力の問題は。

平野：どちらも国策として行われてきた政策です。そして、さっきの話にあったように、例えば風評被害をめぐる道徳論にしても、非国民的ないいぐさは、その言説のあり方が戦時下と非常に似てきちゃったなと感じますね。

小出：そうですね。そう思います。

平野：言論の自由も非常に厳しくなってきた、と葛西さんはこの前、おっしゃっていましたね。大学の現場でも言いたいことが言えなくなってきたというようなことをね。

葛西：まあ、そういう雰囲気が出てきていて、一部いろいろなところで過去の戦争犯罪に関する問題について扱っているところがバッシングにあうということがでてきているし、北海道の北星学園大学という私立で講師をされている元朝日新聞の記者植村(隆)さんが以前、雇い止めになりかかって、まあ、一応、今は大丈夫になったらしいですけど、でもそのようなことが起こっているので、人文社会科学系の大学の現場でもそういう雰囲気というのは確実に出てきていますよね。(12) 法律が規制する以前に空気として、言論の自由そのものを規制していく、自主規制というか。

平野：そうですね。社会全体が「空気」からはみ出すことを恐れているような事態が広がりつつありますね。それにも関連しますので、もうちょっと、「騙されるほうにも責任がある」ということを突っ込んでお聞きします。安全神話というものを政府、政治家、電力会社、マスメディアが一緒に作ってきましたね。それで、国民は原発がもたらす大きな負の側面を知る機会を奪われてきてしまった、という議論もあります。小出さんは、奪われることを許してきたことに、一般人の責任の問題を見ているのですか。

小出：そうです。

平野：なるほど。奪われてきた国民にあなたにも責任があるというのは、あまりにも厳しすぎるじゃないかという反論もあると思うのですが、それに対して、小出さんはどのようにお答えになりますか。

小出：さっき、今の原子力は戦争とそっくりだと言いました。戦争の時だってマスコミは、大本営発表だけ流したわけですよね。日本軍は連戦連勝だと言って報道したわけだし、玉砕しちゃった時にはその場から転戦したと言ってマスメディアが流した。日本は天皇がいて神の国だから負けるわけないと聞かされて、学校に行けば天皇陛下のご真影が教室に掛けてあって、校庭には奉安殿があって天皇のものが置いてあって、子供たちはみんな天皇陛下がそこにいると教わってきたわけでしょう。

そういう国であれば、戦争はどんなに不利な状況であっても、いつか勝てるかもしれないと思っても不思議ではない、と私は思います。でも、世界をちゃんと知っていた人たちは、もちろん軍部の中だって、こんなめちゃくちゃな戦争勝てっこないと考えていたわけですよ。でも、誰も言えなかった。で、みんなが大きな流れに流されてずっといったわけですよね。

でも歴史は厳然と流れるわけで、最後はコテンパンにやられるわけです。その時に人々は、あっ、騙されてたんだと、軍部が悪いんだと言ったわけだけれど、でも戦争に抵抗した人はやっぱりいたし、特高警察に虐殺された人だって山ほどいた。その一方で、ごく一般の人々が、戦争を批判した人を非国民というレッテルを貼って村八分にして、一族郎党抹殺したこともあったわけですよ。

ですから単にそこで生きていた人たちが騙された、間違えた情報しか与えられなかったから騙されたと言って済ませてしまうなら、どうせまた騙されることが起きてしまうわけです。騙された者は騙された責任が私はあると思っているんです。その時代を一人ひとりがどうやって生きたのか、どういう情報を与えられたから自分はこうなってしまったのか、ということも含めてやはり自分で検証してそれなりの責任を取るべきだと、私は思ってきました。これを言うとみんなからまた怒られるんだけれど、私は天皇に戦争責任は絶対あると思っているし、それを問わないで済ませてしまったことは、戦後日本にとって不幸なことだったたと思っています。

　今でもね、マスメディアがね、天皇陛下のお言葉とかね、皇族のなんとか様がどうしたとか報道すると、日本人のほとんどが喜んで耳を傾ける。冗談を言うなと。私はまず天皇を処刑でもなんでもしてね、過去の歴史を清算しなければいけなかったと心底思ってますし、そういう発言もしていますけれども、そう発言すると怒られる。天皇を批判するようなことを言ってはいけないと。そうすると反原発運動の足を引っ張ることになると。

平野‥あ、運動している人からも怒られるんですね。

小出‥そうです。それほど根強いんです。天皇の戦争責任を問うということは、タブーです。でも私はさっきから聞いていていただいているように、徹底的な個人主義者で、一人ひとりの生き方については、一人ひとりが責任を取るべきだと心底思っていますので、天皇には責任を取らせたいと思っています。彼は、責任ある立場にいた一人の人間ですから。

　やっぱり、そういう一人ひとりの人間が自分の生き方に対して責任を持てるような社会を作らなければいけないと思うし、騙されたという人たちだって、一人ひとりの人間として責任があるという自覚を持たなければ、騙され続ける。無責任な社会の犠牲になって初めて騙されて生きることの恐ろしさに気づく。それでは、同じ過ちの繰り返しなんですね。戦争中に生きた人もそうだし、原子力政策を進めてきた今の日本、あるいは世界で生きてきた人々も、やはり騙されたなら騙された責任があると思っています。

▼戦後政治と原発政策

平野：戦後の日本のことを話す時に、天皇の責任が問われずに天皇制そのものが残されてしまった大きな原因に、もちろん小出さんもご存知のように、アメリカの存在がありました。その構造は、日本の原発政策においても同じですね。やはりアメリカの存在があった。

小出：そうです、一緒ですよ。アメリカの利益のために天皇も温存されたし、原子力政策もアメリカの利益のために推進された。

葛西：今の話ですが、天皇制が戦後の日米関係の中で形を変えて温存され、新たに制度化され直したということがあると思います。戦後、いわゆる五五年体制と呼ばれるような、四〇年近く続いた、保守と革新という大きな構造的な対立があったと言われています。だから世界観から政治観に至るまでいろいろなものをめぐって、対立構造があったというのが戦後政治史の常識になっています。でも、三・一一後に改めてわかったことは、もう冷戦構造自体は九〇年代に終わっていますけど、原発について、あるいは核については、違った形で、保守と革新どちらも賛成していたという共犯関係の構造ですよね。

小出：そうです。

葛西：それについては小出さん、どのようにお考えなってきましたか。

小出：民主党が政権をとった時に、私はそれまでの自民党よりもっと悪くなると言ったんです。なぜな

図表3　日本の原発

■＝計画中　▲＝建設中　×＝廃止

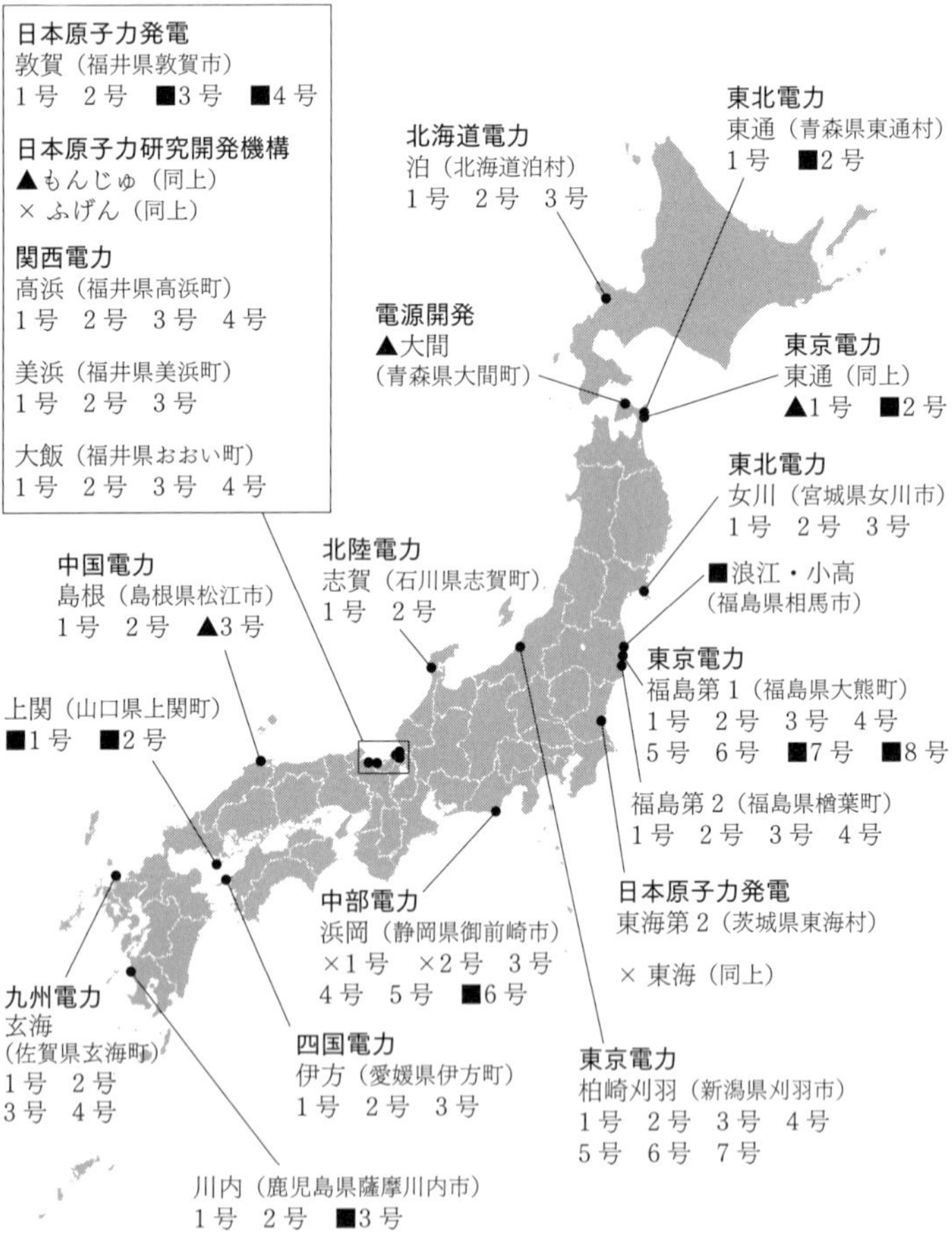

ら、五五年体制が続いていた時は、保守と革新というのがあって、まあそこそこ対立軸もあったし、革新の中では原発反対と言えるような人たちもいたわけですけれども、民主党が政権をとってしまった時に民主党の政権母体は連合（日本労働組合総連合会）だし、連合の主力は電力総連と電機連合なわけですよね。

そうなると、いわゆる保守に対抗したと言って出てきたグループが、まさに原発推進でしか行かれないという、そういうことになってしまうので、政権をとっている民主党が原発推進、もちろん一度は野党に退いた自民党も原発推進、だから日本全体が原発推進に行ってしまうと私は思ったので、民主党が政権をとった時に原子力をめぐる状況はこれからもっと悪くなると、私は発言しました。

葛西：まあ実質的に三・一一以後何度かあった国政選挙、衆議院選挙、参議院選挙では、政党レベルで脱原発を前面に押し出して、大きな勢力を作れてこなかったですね。

小出：もう何にもなくなってしまった。

葛西：以前の社会党も社民党になってほとんど力がなくなってしまったし。

マスメディアについてはどう思われますか。典型的には読売と朝日の関係が戦後のマスメディアにおける冷戦構造のようなものの代表してきたと言われていますね。

しかしそれは、政党と同じで、原子力エネルギー政策に関しては対立構造など存在してこなかった。僕は個人的には、読売・産経はもう論外ですけど、朝日新聞に対してもすごく怒っています。

小出：おっしゃる通りです。読売・産経なんていうのは、もう論外。だけども朝日だって私はまともじゃないと思いますよ。もちろん日本というこの国では、原子力に関してはマスメディアが全部支持していて、朝日だって岸田純之助がいた頃から「Yes, but（原発は容認する、でも安全性に関しては注文をつける）」だったんですよ。ですから、原子力は推進、つまりＹｅｓだと。でも、なんかまあ、不都合があったら文句は言うよ、というそういうズルい立場でずっと来たんです。それはなんか、社会の木鐸である、社会の良識を体現している朝日としてのそういう主張だった。私はそれを汚いと思ったんだけれども、ずっとそうやってきた。

平野：そうですね。朝日は六〇年代に原発の安全性を前提に、原発エネルギー政策の啓蒙運動の役割を買って出ます。七〇年代に公害問題が深刻化すると、開発行為全体に対する疑問の声が国民の間で上がり始め、朝日は、原発は容認するけれど、まだ未解決な技術問題は軽視しませんよ、という立場を取るようになりますね。岸田純之助が「Yes, but」の言葉を使うのは一九七七年でした。朝日も安全神話を広めたという意味では、イケイケドンドンの読売・産経ほどはひどくはないけれど、やはり同罪でした。もちろん、「Yes, but」は、日本のマスメディア全体にも言えることだし、日本学術会議も原子力の開発は「きわめて必要である」という立場を取り続けました。アメリカのスリーマイル島の原発事故があった時も、「原発ＮＯ」と言った新聞もなければ、研究者もいませんでした。日本の原発の安全性を疑うことが、何か非科学的であるような言説が支配していましたし、なおさら核廃棄物の処理を環境汚染や差別の問題として真剣に議論するメディアも、学者もいなかったように思います。

小出：全くその通りです。それが、安全神話をここまで浸透させてしまった元凶です。「原発ありき」が戦後の日本社会を作ってきた。

それで三・一一が起きてしまってから、いろいろなマスコミがここに来てくれたのですが、中には朝日の人もいて、朝日の人が言うには、朝日はこれまでは確かに「Yes, but」で原子力に加担してしまったけれども、方針を転換しましたと。これからは原子力に反対しますと言ったわけですよ。朝日新聞としては、当時、政権をとっていた民主党が、二〇三〇年代に原発ゼロにすると言っていたことに同調するわけです。朝日も要するに二〇三〇年までに原発をゼロにさせるということを、これから社是にします、と言ったんですよ。

私はそれを聞いた時に、ふざけるなと思った。今原発はすべて止まっているんだ、と。二度と動かしてはいけないと言って現地の住民は闘っているんだと。朝日の言っていることは、今止まっているものを再稼動させて、二〇三〇年代にはとにかくフェイドアウトさせますというようなことです。だから、その記者に、朝日は私から見ると徹底的な敵だと言ったわけです。

▼「廃炉」、「移染」、「汚染水処理」の問題

平野：話を福島原発の問題に戻します。福島原発の廃炉の方法についてですが、今だにめどが立っていないということを小出さんもおっしゃってきたし、小出さんと同じような立場に立っている科学者もおっしゃってきているのだけれど、どのような問題が廃炉を難しくしているのかをお話ください。

小出：廃炉って何のことを言うかということですけれども、放射能を基本的に閉じ込めるということができるかという、そのことだと思います。それをやるためには、放射能の本体、つまり溶け落ちた炉心がどんなになってるかを知らないとできないんですね、もちろん。でも、事故から四年経とうとしているわけですけれども、溶けた炉心がどこにどういうふうにあるかしらわからないわけですよ、今だに。

そんな事故って、原子力以外には起きないですよ。どんな巨大な化学工場が爆発したとしたって、まあ、初め火事になったりするかもしれないけれど、何日かする、あるいは何週間かすれば、事故現場に行って調べることができる。どんなふうに壊れたかということも調べられる。場合によっては直すこともできるわけだけれども、原子力発電所の場合には、四年経っても現場に行かれない、たぶん一〇年経っても行かれません。

平野：それは汚染が猛烈だから、誰も近づけないということですね。

小出：そうです。行けば即死ですよ、人間は。即死だし、人間が行かれないからしょうがないからロボットを行かせようとするわけだけども、ロボットというのは放射線にものすごい弱いんですよ。要するに、0か1の命令で動くわけですけれども、放射線が当たって0を1にひっくり返したら、全然違う行動になってしまうわけですから、基本的にロボットは役に立たない。だから行かせても戻って来られなくなるでしょう。もう、これまでも度々そうなっているわけで、なんとか被曝を避けながら、できる限り被曝に強い構造のロボットを使うことに結局はなるだろうと思うけれど、でも容易ではない、それすらが。(13)

だから、どうなっているかを知るまでにも、まだまだ何年もかかるんです。それがわかってから、じゃあ、どういうことができるかという対策を考え始めるわけですけれど、少なくても今現在、日本の国や東京電力の立てているロードマップは、もう、徹底的に楽観的な見通しのロードマップを立てているわけですよ。

溶けちゃった炉心は圧力容器の底を抜いてそして格納容器の床に落ちたけれども、その落ちたところにどっと落ちて、饅頭のように盛り上がって堆積していると。そんなことあるはずがないわけですよ（笑）。

　猛烈な事故が進展しているわけで、水を掛けたって掛けたってどんどん蒸発して吹き飛んでいくという、そういう状況だったわけで、トロトロトロと溶けて饅頭になったわけではなくて、もうそこら中に飛び散っているはずなんですよ。もし、仮に饅頭のようになっていれば、圧力容器の底を全部削って穴を開けて格納容器の床を上から見ることができるだろうし、上に取り出すこともできるだろうと。まあ、水の水面下三〇メートルか四〇メートルの下に、落し物があったと。それを摑み出す、と。それで終わりですというのが国と東京電力のロードマップだけれども、全く、ありえない、そんなことは。だから、それはもうできないんです。

　つまり、現場で何が起きているのかは、わからないのです。今聞いていただいたように、饅頭のようになっているなんてことはないので、私は、そこら中に飛び散っていると思っていますし、場合によっては、格納容器というのはもともと鋼鉄製でできているんですが、その溶けた炉心が鋼鉄に接触してしまって、圧力容器の底だって抜けたように、格納容器の鋼鉄も溶けて抜けているかもしれない。しかし、残念ながらわからない。

平野：もし、そうであったならばどんな対策が可能でしょうか。

小出：まずは、さっきも聞いていただいたように、放射能を環境に拡散させないということ、まあ、いわゆる収束というか、廃炉ということの作業だと思いますので、拡散させないために何ができるかということを最悪のシナリオを考えながらやらなければならないと思っているのです。

溶けた炉心が格納容器をすでに溶かして、もうすでに出ているとすれば、外は地下水が流れていますわけですから、溶けてしまった炉心と地下水が接触するような状況になってしまうと、もう手の打ちようがないんです。とにかく、もう今すでになっているかもしれないのですが、溶けた炉心と地下水が接触しないように、地下にバリアを張らなければいけないということを、私は二〇一一年の五月から言っているんですけれども、いっこうに彼らはやらなかった。

葛西：凍土壁ですね。(14)

小出：最近になって凍土壁と言い始めていますね。凍土壁というのは、例えばトンネルなんかを掘る時に、地下水が工事現場に噴出してきたりするわけですが、それを防ぐためにとにかく凍らせて、水が噴き出してこないようにしようという技術です。かなり長い期間、実績がある技術なのです。

ただし今回の場合には、深さ三〇メートル、長さにすると一・四キロメートルもの壁を造らなければいけません。そんなことはやったことがないわけです。凍らせるためにはずっと冷媒というのを流し続けなければなりません。そのためには冷凍機が動かなければいけないし、ポンプが回らなければいけない。いついかなる時も停電してはいけないことが大前提です。そんなことを何年、何十年と維持できるわけがないわけで、必ずこれは破綻します。そんなことを何百億円もかけてやろうとしている。必ず失敗します。それで失敗した時に、じゃあしょうがないからコンクリートの壁を作りますと言い出すわけですけれども、あまりにも馬鹿げていることを、次々と失敗しながらやっているわけです。

でも、彼らにとってはむしろそれがいいことなんです。凍土壁を作るのに確か鹿島建設だったと思いますが、何百億円かせしめるわけですね。失敗したとしても責任は取らない。次にコンクリートの遮水壁を作ります。またどっかのゼネコンが請け負って何百億か儲けるということをやるわけですから、彼らにとってはどんどん金が儲かるということをやっているわけです。

でも要するに事故を収束させるという意味では、どんどん失敗の方向に行っています。私はとにかく一刻も早く、地下に遮水壁を作らなければいけないと思うし、たぶんさっき聞いていただいたように、デブリを掴み出すということはもうできない。諦めるしかないので、地下は遮水壁で固めて、地上にはやはりチェルノブイリのような石棺を作るしかないだろうと思っています。でもそこまでやるのに何十年とかかる。

葛西：汚染水の問題がだいぶメディアでクローズアップされている中で、小出さんはタンカー移送するべきだという話をされていましたね。

小出：それは二〇一一年の三月にやりました。漏れた汚染水が原発の敷地内にたまり続け、今のように周辺からあふれるのは明白でした。それなら一刻も早く汚染水を漏れない場所に移さないといけない。そこで数万トンの容量があるタンカー移送を提案したのです。新潟県にある世界最大の原発、東京電力柏崎刈羽原発には廃液処理装置があります。柏崎刈羽原発は稼働停止中ですから、そこに運んで廃液処理するべきだと考えました。

葛西：結局、政府は全くそういうことはやらなかった。

小出：やりませんでした。

葛西：地上に臨時のタンクを置き、今度はそこからリークしまくって、あの汚染水についてはどういうふうにしたらいいんでしょう。土地も足りないし、管理もできないし、年々増えていくし。

写真5　汚染水貯蔵タンク

小出：いずれ汚染水タンク（写真5）は破綻してしまうでしょう。できることはなんでもやらなければいけないと思ったし、二〇一一年の三月の段階で一〇万トンの汚染水が溜まっていたわけですから、せめてそれだけでもとにかく移そうと私は提案したわけだけれども、それもやってくれないまま、もうすでに四〇何万トンも溜まってしまって。あの、近い、というか遠くない将来に海に流します。それしか手がない[15]。

葛西：今、少しずつそういう流れになってなってますね。

小出：今、原子力規制委員会が流すということをチョロチョロと言い出してますから[16]。

葛西：漁協とかね関連しているところを少しずつ説得する流れになっています。

小出：はい、そうです。

葛西：あとはちょっと地上に戻って、まだ今日は話題に出てきてないんで、除染というものがずっと行われてきて、あれもかなり大きな産業でもあり、被曝産業でもあるわけですけれども、あの作業というのは意味があると考えられますか。

小出：意味はあります。やらなければいけません。ただし、除染すれば解決する、あるいは人々が住めるかのように政府もメディアも語っていますが、それは間違いだと私は思います。

まず基本的には汚染されているところに、除染をしなければいけないようなところに人々を住まわせてはいけないわけですから、まずはみんなを避難させなければいけない。コミュニティーごと国家の責任で人々を逃すということをやらなければいけない。でも、やらなかったわけですね。

で、除染という言葉を使っているわけですけれども、除染て「汚れを除く」と書くけれども、放射能は消せないわけですから、言葉の本来の意味で言えば除染はできないんです。ただし人々がそこに捨てられてしまっている限りは、人々の被曝を少しでも減らすということは、私は何としても必要だと思っていますので、人々が生活している場所にある汚れを、そこから遠ざける、移動させるという、私は「移染」と呼んでおりますけど、それは必要だと思います。

でもそれをやっても放射能を消したわけではないし、そこらじゅうの山も何も全部汚れているわけですから、また人々の生活の場に汚染が来ますので、またそうしたら移動させなければいけない。そして移動というのは、消したんではなく移動させただけですから、それをなんとかしなければいけないという仕事が待っているわけですね。

今、日本の国は集めたものをそれぞれの県、あるいは自治体のどこかに中間貯蔵施設あるいは最終処分場なるのものを作って、そこに埋めなさいと言っている。中間貯蔵施設で抵抗している自治体もあるし、まあ、県単位で言えばもうしょうがないというような流れでどんどん追い込まれているわけですけれども、私は移染は必要だと思うけれども、それを住民が引き受けてはならない、と言っています。

もともと、さっきも聞いていただいたように、汚染の正体は、福島第一原子力発電所の原子炉の中にあったれっきとした東京電力の所有物なんです。それを今、住民が苦労して集めているわけですけれど、集めたものは東京電力に返せばいいんです。さっき葛西さん言ってくださったけれど、彼らは「無主物」（所有者のないもの）だとか言うけれども、ふざけたことを言うなと。お前らのもんだと言って、東京電力に返すというのが、私は論理の帰結だと思いますので、住民が引き受けずに東京電力に返す。一番良いのは福島第一原子力発電所に返すのが良いんですけれども、それはできません。今、あの現場は放射能を相手に下請け労働者が苦闘している戦場ですから、その場所に放射能を返すということはできないと私は思います。

私の一番やりたいのは、東京電力の本社ビルを放射能で埋め尽くすということなのですが、なかなかそれを言うと、みなさん笑うだけでね（笑）。

次の案があって、福島第二原子力発電所というのが、第一の南一五キロくらいのところにあって、広大な敷地があるんですよ。だから、まずはそこに返す、集めたものは。たぶんかなりのものはそれで足りると思うんですけれども、どうしても足りないというのなら、東京電力の柏崎刈羽原子力発電所に持っていくと。あそこ世界最大の原子力発電所でそれこそ広大な敷地があります。ですから、そこを核のゴミ捨て場にするというのが、私はいいだろうと思っています。

このあいだ私、柏崎に呼ばれてその話をしてきて、柏崎に人たちから嫌がられた（笑）、と思いますけれども。まあ、私は平野さんにはずっと聞いていただいていますけれども、徹底的な個人主義者で、それぞれの責任をとにかく取るということが、一番大切なことだと思っていますので、今回の事故に関しての何よりも責任のある東京電力が、自分の責任をきちんと取るということが大切だと思っていますので、福島第二がダメだというなら柏崎刈羽でやるしかないと私は思っています。

写真6　除染作業

平野：除染のために国家予算は、一兆円を超えてますよね。
小出：はい。
平野：二〇一二年と一三年の夏にインタビューのために飯館村に行ってきました。
小出：そうですか。
平野：その時に、防護服で身を包み、除染作業（写真6）をされている作業員の方がたくさんいらして、本当に異様な、こう、車で月面を走っているような感じでした。もちろん住民は誰もいなかったし、作業員の方と大型のトラックだけしか見当たりません。人が住めなくなるというのは、こういうことかと実感しました。
　作業自体も少し見せてもらったんですが、本当に遅々として進まないというか、要するにこうして（小さなブラシで掃除している感じ）やってるんですね。
小出：効果的なやり方と、効果のないやり方ってあると思います。例えば、除染を始めた頃は高圧洗浄水をだーとぶっ掛けて除染するということをやっていたのですけれども、あんなのダメですよね。やったってそこら中、ただ流れてしまうだけなんですから、むしろ汚染を拡散してしまうことになる。
　私の知り合いたちは、それはダメだからと言って、屋根なら屋根、壁なら壁に、水で払い落とすのではなくて、汚染を剝ぎ取れるようなもので覆って剝ぎ取って、それを畳んで集めるというやり方がいいと言って、たぶんそうだと私は思います。ただ手間暇かかるでしょうね。
　効果的なやり方と、効果的でないやり方はもちろんあると思いますけれども、まあ、要するに、基本的には放射線物質は消せないんだから、移動させるわけですね。だから、私は除染ではなく、移染と呼んでいます。移動させやすいやり方はどうなのかということを、考えてやるしかない。
平野：それが効果的であるということの意味ですね。
小出：そうですね。だから、今のようなやり方でできることは、本当、微々たるものですよ。でも、微々たるものでも私はやっぱりやらなければならない。人がその近辺に住んでいる限りは、やらなければならないと思っています。
　ですから、そんなことは、除染ビジネスで、またゼネコンを儲けさせるだけだという批判はもちろんあると思うけれども、私は、捨てられた人々がその地域にいる限りは、やらなければいけないと思います。
平野：移染作業員が、日本の中の貧富の差の構造を反映していることは報道されてきましたが、移染の過程をもうちょっと平等にすべきではないか、と。それこそ、東電の職員や原発を推進してきた政治家にやっていただくとか。
小出：言ってますよ、私は。国会議員はみんな行けとかね。国会を福島に移せとかね、言っていますけれど、そんなのは、何の効果もない。私がいくら言っても彼らは何もやろうとしないわけだし、せめてその労働者に、きちっとした賃金を回すべきだと思うけれども、でも、今の働いている労働者は、八次、九次、一〇次というような下請けをやって、東電の元請けに出す賃金の何分の一か、というものしか受け取れないような構造になっているわけですよね。まあ、今の日本社会の縮図ですよね。根本的にそれをひっくり返さなきゃいけないいんですけれども、そのためには、また元に戻ってしまうけれども、政権を転覆するしかないけれども、あまりにもそれが難しいという状況になっている。

▼「これからの人へ」

平野：『一〇〇年後の人々へ』というご著書について。[17] 本の内容をさらに広げてお聞きします。今、若い命を守っていかなければならない状況にあって、若い世代の方たちに向けて、こういうことだけは大事にして生きていって欲しいということは何ですか。

小出：みんなが同じ目標に向かって走る競争社会、画一的な社会が日本をダメにしました。競争が日本を強くしたとみんな思っているけれど、競争をポジティブに考えることは、近代社会の病です。本来画一的な尺度で比較できない様々な個性を一直線に並べて、「さー誰が勝つか競争しなさい」というのは、個性を殺します。人はみんな違うし、それを偏差値のようなもので差別化するなんて馬鹿な話はない。お前はあっちに行きたいんなら、俺はこっちに行くと言える社会が、本当は一番いい社会だと思う。だからお互いにそれを認め合い、尊重し合えばいい。

平野：それって、ご自分の経験からきてる価値観ですか。つまり、小出さんの本を読ませていただいた時に、「若い時に僕は優等生でした」、とおっしゃっていますね（笑）。

小出：（笑）そうですね。

平野：非常に勉強も一生懸命やったし、なんでも一生懸命やった。そして、その延長として原子力の研究にも、これからの新しいエネルギー、安くて、みんなが使えるようなエネルギーだから、これはいいじゃないかと信じて入ってみた。

小出：そうです。

平野：ところが気がついてみたら、これはとんでもないことだったと。そういう深い個人的な歴史というか、個人的な挫折の経験（先ほどお話しされた、騙されたほうにも責任があるということにもつながりますが）が、今の個人主義的な、というか一人ひとりを大事にするという生き方につながっていったのでしょうか。

小出：そうだと思います。ですから、まあ、私は若い時、一〇代後半に原子力に愚かにも夢を抱いてしまって、自分の人生をそこにかけたんです。それが間違えていたということに、まあ、そんなに時間が経たないうちに気がついた。

平野：それは大学院の時ですか。

小出：大学の三年生の時です。

平野：三年生の時に。

小出：はい、学部の後半の時にそれに気がついて、まあ、あまりにも愚かだった自分を呪ったけれども、それだけでは済まない。その間違えた選択をした自分は、自分の選択に落とし前をつけるしかない、と思って生きてきました。
　でも、私は少なくとも大きな原子力発電所の事故が起きる前に、とにかく原子力を廃絶したいと思って、かれこれ四十何年生きてきたわけですけれども、私の願いは結局かなうことなく、事故が起きてしまったわけですから。言ってみれば、私の人生は無に帰した。私が本当にやろうとしたことは、結局否定されてしまったわけですから。本当に、自分が生きてきたことって何なのかなと、今でも時々思います。
　でもまあ、これ以外の選択の仕方がなかったので、受け入れるしかありません。そしてただ本当に、私の生きてきた意味自身が失われてはしまったけれども、でもさっきも聞いていただいたように、私は誰かに命令されてこのように生きたわけではないし、誰に命令したわけでもなくて、自分の人生をやりたいように生きてきたから、ありがたい人生だったと。結局願いは届かなかったけれども、まあ、歴史ってそんなものだろうと。願いが届くなんてことはまずほとんどの人にはないんだろうし、私の場合も結局は否定されてしまったけれども、でも自分がやりたいように生きたという意味では、ありがたい人生だったと思います。
平野：ある意味で、田中正造の生き方だってそうですよね。
小出：そうです。だから、私が正造さんに惹かれたのはそこです。
平野：あの人の人生もある意味で敗北でしたね。願いが全くかなわなかったという意味で。
小出：決定的な敗北です。
平野：しかし、それは自分を誤魔化すことなく、真実と向き合い続けたことの証でもありますよね。だから、田中正造の生き方は今の時代の人間にも語りかけ、想起され続けるのでしょうね。

小出：そうです。

平野・葛西：今日は長い時間に渡って、貴重なお話を伺えました。ありがとうございました。

注

1 セシウム137は、人体全域に集積すると言われ、物理学的半減期(崩壊によって放射能を出す能力が半減するのにかかる時間)は約三〇年、実効(有効)半減期(体内の放射性物質が放出や崩壊によって半分になる時間)は約九〇日。ストロチウム九〇は、骨に集積すると言われ、物理学的半減期は約二九年、実効半減期は約二〇年。今年、海への大量放出が決まった汚染水に含まれていると言われるトリチウムは、物理学的半減期は約一二年、実効半減期は一〇日と言われているが、染色体異常を起こすことや、母乳を通して子どもに残留することが動物実験で報告されており、発癌の可能性は高いと言われている。トリチウムは、水に溶け込むために分離することが困難で、原発から近いほど濃度が高く、それに食物連鎖で次々、生物濃縮を起こし、内部被曝を生じさせるとされてきた。
　実際、日本国内でも、全国一トリチウムの放出量が多い玄海原発での調査・研究により、玄海原発の稼働後に玄海町と唐津市での白血病の有意な増加が確認されている。同じ原発立地自治体でもトリチウム高放出の加圧水型原子炉と低放出の沸騰水型原子炉の原発立地自治体の住民の間には白血病死亡率に統計学的有意差があることなどから、玄海町における白血病死亡率の上昇は玄海原発から放出されるトリチウムの関与が強く示唆されている。北海道の泊原発周辺でも稼働後に癌死亡率の増加が観察されている。泊村と隣町の岩内町の癌死亡率は泊原発が稼働する前は道内一八〇市町村の中で二二番目と七二番目でしたが、原発稼働後は道内で一位が泊村、二位が岩内町になった。

2 旧ソ連は一九四九〜八九年の四〇年間に、核実験の約六割を占める約四五六回の核実験をカザフスタンにあるセミパラチンスク実験場の地上や地下で繰り返した。一五〇キロ圏内に放射性降下物が降り注ぎ、地区の人口九割に当たる約一三〇万人が影響を受けた。そのうち、六万人が死亡したと言われている。この事実はソ連崩壊まで伏せられていた。アメリカは一九四八年から一九五八年にかけて、マーシャル諸島のビキニ環礁とエニウェクト環礁で六七回の原子爆弾と水素爆弾（一九五二年以降）の実験を行い、風下にある島々の多くの先住民族が被曝した。広島型の原爆の七〇〇〇発分に当たると言われている。異常出産、流産、死産や先天性障害を持った子どもたちが生まれた。甲状腺癌も多発。一九五二年に英国が西オーストラリアと南オーストラリアで核実験を行う。この地域及び近隣地域には先住民（アボリジニ）が住んでいたために、強制移住させられる。しかし、この地域は、先住民にとって神聖な場所であり、生活を営むのに必要不可欠であったため、移住を拒否したものもいた。残った人たちのほとんどは被曝し、亡くなっていった。この実験はイギリスとオーストラリアのリーダーたちによって秘密裏に行われた。

3　東京大学の関村直人教授は二〇一一年三月一二日のＮＨＫニュースに出演し、福島原発第三号機が爆発したことに関して、「爆破弁」を作動させて一気に圧力を脱いただけだと説明した。

4　二〇一一年五月二三日、参議院行政監視委員の参考人として、政府のそれまでの原子力政策について意見を述べた。

5　東日本大震災以降の放送で、原子力発電所にかんする問題を積極的に報道。二〇一三年三月には、一連の報道活動に対して、財団法人坂田記念ジャーナリズム振興財団から第一九回坂田記念ジャーナリズム賞の特別賞が贈られたが、毎日ラジオ放送は、二〇一二年一〇月の番組改編を機に、当番組を終了することを決定していた。詳細は、『ラジオは真実を報道できるか―市民が支える「ラジオフォーラム」の挑戦』（ラジオフォーラム、小出裕章著、岩波書店）を参照。

6　村上達也氏とのインタビューは第1章を参照。

7　米大統領のアイゼンハワーが一九五三年一二月八日に国連総会で行ったスピーチ。冷戦下で激化する核兵器開発と拡散を阻止し、核技術を管理するための国際的組織の設立を提唱。一九五七年に国際原子力機関ＩＡＥＡが創設された。その一方で、このスピーチは、一九四九年に旧ソ連が核実験に成功したことを受けて、軍事的覇権を失ったアメリカが、核エネルギーの分野での独占を目指すことを意図していたとも評されている。

8 原爆傷害調査委員会は、一九四六年に、広島・長崎の原爆被爆者における放射線の医学的・生物学的晩発影響の長期的調査を米国学士院―学術会議(NAS-NRC)が行うべきであるとするハリー・トルーマン大統領令を受けて結成された。その後、アメリカ衛生局、アメリカ国立癌研究所、アメリカ国立心肺血液研究所からも資金提供があった。施設は、広島市の比治山の山頂に作られた。ABCCは、調査が目的であったため、被爆者の治療には一切あたることはなかった。そのために、健康診断を受けた被爆者たちの多くが、原爆の効果と人体への影響を調査するための研究材料として使われたと証言している。

9 『被ばく列島――放射線医療と原子炉』小出裕章、西尾正道著(角川書店 二〇一四年)。

10 『ビックコミックスピリッツ』二〇一四年二二・二三合併号に掲載された「美味しんぼ第六〇四話 福島の真実その二二」で、登場人物が福島第一原子力発電所に取材に行った後、疲労感を覚えたり、原因不明の鼻血を出したりするなど体調不良を訴え、実際の前福島双葉町長である井戸川克隆が「福島では同じ症状の人が大勢いますよ。言わないだけです」と語る場面が描かれた。これに対して読者、双葉町や福島県から「風評被害を助長する内容ではないか」との批判が寄せられ、国会の審議にまで発展し、当時の環境大臣の石原伸晃は二〇一四年五月九日に「美味しんぼ」の描写によって風評被害を生むようなことはあってはならないと述べた。これによって『ビックコミックスピリッツ』の編集部は、福島の真実編を終了することを余儀なくされた。

11 宮城県牡鹿郡女川町と石巻市にまたがって立地する原子力発電所。一九八三年に発送電するまで、多くの反対運動が起こった。

12 植村隆は朝日新聞記者、北星学園大学の非常勤講師を歴任。現在、株式会社金曜日(週刊金曜日発行元)代表取締役社長。朝日新聞時代に書いた韓国人元慰安婦金学順の証言に関する二件の記事が問題とされ、右傾メディアや言論人から非難を浴びる。ネット右翼からの攻撃も続き、朝日新聞社退社後に決まっていた大学での就職は取り消しになった。その後、北星学園が植村を講師として迎え入れた。

13　実際、二〇一七年から、幾度もロボットによるデブリの取り出しに失敗している。

14　凍土壁は、山側からの地下水を事故で原子炉内に溶け落ちた核燃料（デブリ）など高濃度の放射性物質が残る建屋に入れさせないようにするために造られた。一～四号機周囲（全長一・五キロ）の地中に打ち込まれた約一六〇〇本の凍結管（長さ三〇メートル）に、零下三〇度の冷却液を循環させて周辺の土を凍らせている。一六年三月から凍結を始め、二年近くで全面凍結。凍らせる電気代など毎年の維持費は導入当初で十数億円かかり、東電が負担している。凍土壁の維持費は、消費者が東電に支払う電気代を通じて賄われる。二〇一九年一二月～二一年一月、凍結管の計五カ所で冷却液が漏れるトラブルが続いた。

15　日本政府は二〇二一年四月に処理水の海洋放出方針を決定。近隣諸国や地元の漁業関係者はこれに反対し続けてきた。政府は二〇二三年一月一三日に、東京電力福島第一原発での「処理水」について、今年中に一〇〇万トン以上を海に放出する方針を示した。政府や東京電力は、ほとんどの放射性物質の濃度を国の基準より低く薄める「処理」を済ませた水だと説明している。原発から出る汚染水に含まれるほとんどの放射性物質はALPS処理で取り除かれるものの、東電によると、残るトリチウムの濃度は国の基準を超えている（トリチウムに関しては注1を参照）。専門家によると、トリチウムを水から分離して取り除くのはきわめて難しく、人間に危険を及ぼすのは人体に大量に取り込まれた場合だという。

16　二〇二三年八月二四日の一三時ごろから、東京電力が福島第一原発敷地内に貯留されている「ALPS処理汚染水」の海洋放出を開始。放出は今後三〇年程度続くとされている。

17　二〇一四年、集英社から出版された。

03

絶望と冷静な怒り

──「この絶望的な情景を私たちは認識する必要があると思うんです。これが、この国がしていることなのだと。それは、怒りや悲しみを深くするし、熟成させると思うんです。そこから私は、展望が生まれると」

原発事故被害者団体連絡会共同代表 **武藤類子**氏 二〇一五年八月二六日、福島県三春町にて

武藤類子氏は、一九五三年、福島県生まれ。福島県三春町在住。二〇年間の養護学校教員などを経て、二〇〇三年から独立型ソーラーシステムを手作りし、山の恵みを提供する里山喫茶「燦《きらら》」を経営するが、二〇一一年の原発事故により廃業を余儀なくされた。三春町は避難指示区域ではなかったが、放射能で汚染され、行政が除染事業を行う。しかし、山は対象外であったため、畑での野菜栽培は難しい。山菜やクワの実、みそやパンに加工したり、カレーの具材にしたりしたドングリなど山の幸も食べることはできなくなった。山から調達する薪もストーブで燃やせない。廃業せざるをえなかった。

チェルノブイリ原発事故をきっかけに、長年脱原発運動に取り組み、二〇一二年から一四七一六人からなる福島原発告訴団の団長として国と東京電力の責任を追及してきた。検察は告訴に対し二度の不起訴処分を言い渡したが、市民で構成する検察審査会が二度にわたる強制起訴の決定を下し、検察庁が不起訴処分にしたことを間違いであるとした。しかし、二〇一九年九月、検察審査会の議決で強制起訴された東電旧経営陣三人の一審・東京地裁判決は無罪となり、原告団は控訴を要求したが、二〇二三年一月、東京高裁は控訴を棄却した。現在、最高裁への上告を検討中。

原発事故被害者団体連絡会（ひだんれん）共同代表以外に、三・一一甲状腺がん子供基金副代理理事を務める。主な著書に『福島からあなたへ』『10年後の福島からあなたへ』（ともに大月書店）『どんぐりの森から――原発のない世界を求めて』(緑風出版)などがある。インタビューは二〇一五年八月二六日と一二月一九日に三春町で行った。

▼「福島原発告訴団」の結成

平野：今日はインタビューのためにお時間をとっていただきありがとうございます。武藤さんは現在東京電力を相手に訴訟を起こしている「福島原発告訴団」の団長をなされています。数日前に、やっと裁判が行われることが決定しました。まず、「福島原発告訴団」が、結成された経緯をお話いただけますか。

武藤：「福島原発告訴団」のことですけれども、これはですね、私はチェルノブイリの原発事故があるまで全く原発のことについて何も知らなかったんですけれども、まあ、その後に原発ってやっぱり怖いな、と思って反対運動に入っていったんですね。「脱原発福島ネットワーク」という小さなグループが福島県内にありまして、それが細々とやってきました。その仲間たちが原発事故の後に集まる機会がありまして、反対運動をしてきた私たちとしてこれから何をやっていくべきか、合宿を二回くらい重ねて話し合ったんです。それは非常にその、何て言うかな、原発事故の後に子供のいる若い人たちは、みんな県外に避難をしていくわけですが、避難していった人たちが、みんなバラバラになっていく中で何かつながる必要があるって実感して「告訴団」をやることに決めたんです。

実は、ちょっと話が長くなるんですが、二〇一〇年に福島ではプルサーマル計画というのが持ち上がったんですね。[1] それは二回目のプルサーマル計画だったんです。最初は二〇〇〇年に持ち上がりました。その時に日本で初めてのMOX燃料を使うプルサーマル計画は福島の原発で行われるはずだったんですね。当時の知事は佐藤栄佐久さんだったんですが、その時に東電の大規模な事故隠し、データ改ざんが発覚したんですね。[2] それで佐藤栄佐久さんが一年間かけてエネルギー検討会というのをやって、本当にMOXをやるべきか、原発行政はどうあるべきかを徹底して研究したんですね。それで賛成派も反対派も呼んで一年間かけていろいろな議論をしたんです。それを私たちも傍聴に行ったりしていたんですけれども、結局二〇〇六年ぐらいにプルサーマル計画はやめる、と白紙撤回したんです。しかし、それをやったら、同じ年に彼ははめられたというか、要するに贈収賄かなんかで捕まってしまって、最高裁で有罪にされてしまう〈無形の賄賂〉と呼ばれた事件が起きました。最高裁の判決は、二〇一二年一〇月、つまり原発事故の後になって出たんですね。結局、国の原発政策に反対した彼は、政治的に抹殺されてしまったんです。[3]

　プルサーマルはずっとやらなかったんですが、二〇一〇年に再浮上して、二〇〇六年に知事になった佐藤雄平さんが結局やることに決めてしまうんです。その時にまあ、私たちもプルサーマル反対を今まで長年やってきて、中年になってきてね、これは若い人たちとともにやらなくてはいけないという思いがすごくあった。それで、アースデイとかが盛んになってきた時代だったので、[4] 若い人に呼びかけて、たくさん脱原発運動の仲間が増えました。

　その後にたまたま福島第一原発の一号機が二〇一一年三月二六日に運転から四〇年を迎えるということになりました。もともと原発って寿命が二〇年と最初に私は聞いていたんですけどね、それがだんだん三〇年になって、それが四〇年になって、さらにそれを延長するということになったんです。[5]（原発の）度重なる事故、安全性に対する不安、あふれる使用済燃料、行き場のない核のごみという実態を考えて、それはどうしても止めたいということで、「ハイロ（廃炉）アクション」というのを立ち上げたわけです。それは、私たちの世代よりもちょっと若い、子育て世代の人たちが運営したほうがいいということで、私たちはサポートに回りました。その若い人たちが今京都にいる宇野朗子《さえこ》さんたちなんです。

二〇一一年の三月二六日に大きなイベントをやるはずだったんですけれども、その二週間前に事故が起きてしまった。それでみんな避難していなくなった。その三月二六日を迎える時に宇野さんが京都から、その時は九州にいたのかな、避難していった各地で一斉記者会見をやりましょうよ、ということを呼びかけてくれたんですね。自分たちの窮状をここで訴えましょう、ということで声明文をみんなで書いて発表したんですね。で、その時に避難している人たちが今どうしているかということがだんだんわかってきたわけです。じゃ、一回みんなで集まりましょう、ということでその年の七月に集まってハイロアクションのイベントを小さい規模でやったんです。その後、秋にもう一回合宿をやろう、ということになりました。それで合宿をやって、その後、また翌年、一二年の一月にまた合宿をやりました。そこで何をやるべきか、ということを考えて、一つには責任追及をきちんとしよう、もう一つは原爆の時に被曝手帳[6]というものが発行されたのですが、それと同じものを作ってもらおうということになった。原爆が落ちてから被爆者手帳が発行されるまで一二年かかったけれど、今回はもっと早く作らなければならない、特にチェルノブイリ法に習ったものを作りたいと思いました。チェルノブイリ法[7]に倣ったものを作りたい、というその二つを柱にしたんですね。まあ、私たちは二〇人くらいしかいなくて、何もできはしなかったんですけれど、その二つの方向性で始まりました。

そして、二〇一二年の一月に河合(弘之)弁護士のところに相談に行ったんですね。河合さんは最初は責任追及は難かしいんじゃないか、と言ったらしいですが、そのうち作家の広瀬隆さんとルポライターの明石昇二郎さんが、保田行雄弁護士とともに東電を刑事告発して本を出されたんですよ。[8] その三人を呼んで学習会をしました。それで、私たちも刑事告訴、告発ができないだろうか、ということで学習会をしたんですね。それが二〇一二年の二月かな。その時一〇〇人くらい人が集まって、やっぱりやろうやろうというふうに気運が高まってきたんです。それで告訴団を二〇一二年三月に結成しました。

平野：そのころは、まだまだ事故による混乱が収まらず、賠償なども行われていない時期でしたよね。

武藤：そうです。約一年経っていましたが、結局、被害者たちの置かれている現状というのは非常に大変だったわけですね。おっしゃる通り、その頃賠償ももちろん進んでいないし、先も全く見えない状況にあるということ。そして、この事故は、隠蔽されたものが非常にたくさんあったし、事故そのものが矮小化されていったし、放射線量の基準値は変えられていったし、本当にひどいことばかりが目に付いていくんですね。そうこうしているうちに、すでに大飯原発の再稼動の話が持ち上がったんです。[9] それで、これはいったい何なんだと思って。それでやっぱり責任をきちんと追及しないからこういうことになっていくんじゃないかと思いました。それが告訴ということが出てきた背景ですね。そのような形で生まれて行ったのが「福島原発告訴団」でしたね。

▼「東電」の体質

平野：よくわかりました。先ほどのプルサーマルのお話でも出ましたが、福島の原発は、二〇一一年の震災事故以前から様々な問題を抱えていましたよね。例えば、一九八九年に、第二原発の三号機で原子炉に冷却水を送り込む再循環ポンプが破損し、二年近く運転が停止されるという大事故が起こりました。武藤さんは一九八八年にすでに「脱原発福島ネットワーク」というグループを結成され、二〇年にわたって事故の原因究明や再発防止を東電に求めてきました。その当時から東電の対応はどのようなものでしたか。

武藤：三号機原子炉再循環ポンプの破損が一九八九年の暮れに起きて、それからお正月にかけて一週間ぐらい警報が鳴り続けていたんですね。最初は何が何だかわからなかったんですが、まあ、大変な事故で再循環ポンプ破断、ギロチン破断と言われた、一歩間違えれば大変なことになるという事故だったわけですよね。これが起きた時に、東京のほうから消費者として反対運動をしてくださる方がたくさん来てくれました。非常に運動が盛り上がっていきました。

その時の東電というのは、一週間警報がなっていたのを隠していた。やはりこの事故でも最初から隠蔽体質があったわけですね。実は、歯車が削れてしまって、原子炉の中にいっぱい落ちて入ってしまい、それを取り出さなければいけなかったんです。で、回収作業を何度もくり返すんですけれど、最後にどうしても何グラムか回収しきれないものがあったんですね。回収しきれないままに再稼動をするということになった。

その再稼動の時にも再稼動に賛成か反対かの住民投票をやったり、個別訪問をしてやっぱり再稼動は危ないんじゃないかとか、みんなにチラシを配ったりして、いろんなことをやったんですね。女性たちだけでハンガーストライキをやったり、あとテント張ってそれこそオキュパイのようなことをやった人もいました。結局再稼動されてしまいましたが。

その時から私たちは月一回のペースで東電交渉というのを始めました。福島第一と第二から広報の人が来て質問に答えたりとか、私たちの要望書を渡したりとか、そういうことをずっとやってきたんですね。それは今回の原発事故が起きるまでずっと続きました、二〇年間。そして二年半の空白があって、事故後に再開してね、今、また続けているんです。思うことは、東京電力っていう組織は、体質が本当に変わらないなということですね(笑)。今も東電との交渉は三時間ぐらいかけてするんですけれど、本当に気分悪くなって帰ってくるんですよ、毎月一回。

平野：交渉中の東電の対応はどのようなものなのですか。

武藤：あのね、非常にその、まあ、慇懃無礼というかね、いやー本当に申しわけありません、という感じなんだけれども、こちらが詰問するような形になると、逆ギレするの。

平野：逆ギレですすか。

武藤：怒るんです。

平野：痛いところをつかれるとキレるみたいな感じですか。

武藤：そうそうそう。「なんでキレるわけ？」と思うんですけれど、基本的に彼らは自分たちは加害者だという意識はないですね。被害者だと思っているんじゃないかな。

平野：なぜ被害者？

武藤：はい。もちろん事故を起こしたのは東電だという認識はあると思いますよ。でも、津波によってこんなことになっちゃって、必死に自分たちは今やっているのに、なんでこんな文句を言われるんだ、みたいに感じるんじゃないかと思うのね。

平野：それは、対応している人間がそうなのか、それとも東電全体のあり方を反映しているのでしょうか。

武藤：内部事情はわからないけれど、やっぱり全体的に蔓延している雰囲気のような気がしないでもないですね。もちろん、中にはそうじゃない人もいると思うけれども。広報の人たちを責めてもしょうがないよねって思うんで、ちゃんと上の人に言ってるんですかと聞くと、言ってますと言うのね。私が感じるのは、東電が全体として、自分たちのやってることは間違ってないっていう前提を持っているということですね。最高技術やきちんとした見識を持ってやっているのは自分たちだから、一般市民にはわからないだろう、みたいなそういう横柄さを感じます。もちろん、表立ってそう言ってるわけじゃないですけどね。

平野：なるほどね。言い換えれば、市民たちがこういう問題提起をするのは、無知なゆえだろうと。一方で、私たちは専門家だし、最先端の技術を使っている人間なんだと。仕方ないからあなたたちに付き合っているんだという態度に思えてしまうということですか。

武藤：そうですね。そんな気がしますね。例えばその、今回莫大な予算を使って、アイリッド（IRID）っていうのができて、ロボットの開発とかいっぱいしているわけですね。[10] 例えば、何億円も使ったロボットが中に入って半周したら止まっちゃったとかね。私たちからしたら、「えっ！」て思うじゃないですか。「なんで！」ってね（笑）。[11] そして、「あれってあんまりですよね」って言うと、「いや、あれは想定内なんです。あの部分を撮影することができればそれで目的を達成することができたから、いいんです」って言うんですね(笑)。その感覚がわからないというか。科学技術ってそういうものなのって思っちゃうんだけれども。それもやっぱりたくさんの研究開発費、税金を使って作られているわけですよね。だから最高水準の技術を開発する人たちは何をやってもいいと思っているのかなと。本人や研究者がそう思っているわけではないかもしれないけれど、何ていう言葉で表現したらいいのかわからないけれど、なんか上から目線みたいな感じですね。

平野：市民の感覚と技術者の感覚、科学者あるいは組織、そして国の感覚が完全にズレていますよね。

武藤：全く違うと思いますね、本当にね。

平野：そのズレを問題とも思わない。ズレがあって当たり前で、それを問題にするのは、君らが無知だからだという目線で片付けられちゃう。

武藤：そういう雰囲気を常に感じるわけですね。交渉していると、時々みんなあまりにも頭にきて、「ちょっとひどい！」って言って「私たちは被害者ですよ！　あなたたち加害者ですよ！　それわかってるんですか！」って言いたくなってしまう人もいるわけですよね。それで、そういうふうな態度に出ると「ああ、すみません」ていう感じになるんだけれども。基本的にやっぱり加害者であるという強い自覚を持っていないと思いますね。

平野：東電に加害者であるという意識を持ってもらうためにも、加害者、被害者の区別をきちんとつけることは必要であると武藤さんはお考えになるのですね。

武藤：そうですね。

▼原発という差別構造

平野：武藤さんのような方が頑張って、そのようなことを追求していかない限り、彼らはおそらく加害者であるという意識を持つことはないし、なおさら事故の責任を直視しようという自覚も生まれない。

武藤：それはないと思いますね。そこを追及しないとおそらく企業のあり方とか、科学技術のあり方とか、そういうことに対する反省が生まれることはないと思いますね。こういう技術者や科学者の態度は、「発展」や「利益」のためなら何かを犠牲にしながらやってもいいという認識だと思うんですよね。原発って何かを犠牲にしなければできない発電方法じゃないですか。ウランの採掘、原発の危険性、核燃料廃棄物の処理、それらすべて大きな犠牲の上に成り立っていますよね。だからこそ、発展や経済効果のために犠牲は仕方がないという考えで本当にいいの、ってもう一回問い直す必要を感じるんですよね。それは、結局、人権の問題ですから。

平野：なるほど。武藤さんからすると原発は、今おっしゃったように、発展主義、あるいは経済至上主義、つまり社会が経済的に発展していってどんどん物質的に豊かになることがいいんだ、そのためには犠牲は仕方ないという発展思考の行き着く先、それが最も歪んだ形で現れているような、そういうものに感じられるわけですか。

武藤：そうですね、原発というものが象徴するものはね。さらに必要不可欠な犠牲という発想には、犠牲にされている方たちへの差別構造があるわけですね。今回の事故ではっきりしたことは、それで差別をされている人たちは、企業や大都市に住む人たちの利益のために常にとてつもない危険に晒されながら生活してきたという構造的な問題ですよね。でも、この問題は安全神話とお金の力によって目に見えなくされてきたし、事故が起こって被害者になっても被害意識を持ちづらくされていると思うんです。被害者であるということは、それを自覚するということをあえてしないと、自分たちが非常に理不尽なことを被っているということを感じられない、自覚できなくされてしまう。そこが一つ大きな問題かなと思うんですね。

だって、このまま泣き寝入りさせられて本当にいいのっていうふうに叫びたくなるんです。誰もが自分の生活とか暮らしを一番重要だと考えているし、そこに取られるエネルギーや時間の問題もあるし、守りたい大切なことがあるのは当然ですよね。でもね、それだけに埋没してしまうと、この社会の構造の中で常に差別されていたりとか、搾取されていたりとか、理不尽な目にあったりとか、それを自覚することが難しくなっちゃう。まず自覚しなければ差別の構造を変えていくことは難しいんじゃないかなと思うんですね。大切な暮らしだって気がついたら奪われていることになる。だから被害者であるということを自覚することは非常に重要なんです。被害者であることを自覚していくと、やっぱり自分の加害性というものも見えてくる。それが私自身も問われることと思います。

平野：本当にそうですね。ここで二つ、もうちょっと突っ込んでお聞きしたいと思います。ご著書『福島からあなたへ』[12]で、「私たちはもの言わぬ国民にされてきました。怒りを封じ込められた市民にされてきました」と書かれ、また『福島からあなたへ』の元となった「さよなら原発五万人集会」のスピーチでも同じことを言われました[13]。この自覚を持つことの難しさという問題は、以前教育の現場におられた武藤さんから見て、日本の教育の問題に関わっていると思われますか。つまり、さっきおっしゃった自分が被害者である、理不尽な状況に置かれているだということに気づかないということは、なおさら怒りの声も上げない、正義の声を上げることもできないという事態を生んでしまっているわけですよね。そして、もう一つ。その五万人集会のスピーチでおっしゃっていることですが、そこに集まったみなさんに「できうることは、誰かが決めたことに従うのではなく、一人ひとりが、本当に本当に本気で、自分の頭で考え、確かに目を見開き、自分ができることを決断し、行動することだと思うのです。一人ひとりにその力があることを思い出しましょう。私たちは誰でも変わる勇気を持っています。奪われた自信をと取り戻しましょう」と訴えかけられている。武藤さんはこのことの大切さを実感しながらこれまでの二〇年間運動をされてきたと思うんですね。それは運動していく中で国家や資本の大きな論理、または社会規範のようなものによって差別されたり、犠牲者になっていく人たちが沈黙させられていくことをずっと見てこられたからなのかな、と思ったんですが、どうなんでしょうか。

▼教育の問題

武藤：そうですね。一番目のご質問から答えますね。私、以前は障害を持った人たちの学校で教員をやっていたこともあって、障害を持つ人たちとの関わりというのは、自分にとって非常に大きかったと思うんですね。障害があるゆえに抑圧されているというのは社会の中に歴然とあるけれども、例えば知的な障害を持っている人たちは、そのことを指摘して自分たちで変えていく、というのも非常に難しい立場に置かれている。もちろん、果敢に闘ってこられた方たちももちろんたくさんいらっしゃいますけれども。

それと私、学校の教員として障害者の人たちに出会った時に、自分はやっぱり学校の中の権力者なんだと思ったんです。ものすごい権力者なんですよね、教室の中でね（笑）。もちろん子供たちと一緒にいることは面白かったし、子供から学ぶこともたくさんあったし、手に負えないことや私の手にあまることなどいっぱいありましたけれど、でも、学校の教員であるということは、非常に権力を持って、それこそ上から目線で見ているという、その矛盾をいつもいつも感じていて。私、頭が良くないからちゃんとした言葉で表せないんだけれど、なんなんだろうこの構造は、とずっと思ってきたことですよね。だから教育なんていうのは一面素晴らしいものもあるんだけれども、学校の成り立ちというものを考えるとね、やっぱりその国に都合の良い人を作るとか、社会に都合の良い市民を作っていくというか、そういう一面もあるわけじゃないですか。

平野：そうですよね、特に義務教育なんかそう感じますね。

武藤：そうですよね。だから一歩間違えると、みんな戦争に引きずり込まれていった歴史とかね。そういうものを考えると怖いものでもあるなと、やりながらいつも思ってたんですね。で、教員の仕事を辞めてしまうわけなんですけれど。それだけの理由だけではないですけれど、それも一つの理由でした。私の中では自分が引き裂かれるみたいな、学校という組織にいてね。でもちょっと言葉にうまく表せないのであんまりこういうことって今までお話ししたことなかったんです。

平野：とても重要な視点だと思います。僕も教育の現場にいるんで、それはすごくわかるんです。理想的には、あくまでも対等な人間として、それぞれの学生の個性を尊重しながら向き合っていきたいんですけれども、まあ、教育という言葉があるように、学校という制度の前提は、こちらが学生たちを教え諭して育てるというものですよね。だから構造そのものがやっぱりすごく一方的な権力構造だと思うのです。生徒は知っていない、教師は知っているという前提の上に成り立っているのが教育の現場です。それは日本に限らず程度の差はあれどこに行っても同じことだと思うんですね。私が住んでいるアメリカも含めて。

武藤：だからやっぱり注意深くなくちゃいけない、と思うんですよね。学校がないほうが良いと思っているわけではないんです。教育機関というのは意味のある部分もあると思っているんですけれども、それはうんと注意深くやらないと教える側のものたちが人権意識とかいろいろな意識を持った上でやっていかないと大変危険な場所だなと感じます。

平野：全く同感です。教育はなんのために誰のためにあるのかという問題ですね。そして、そこで成立する人間関係は、各人の個性や差異といったものが尊重され、解放され、のびのびとざまざまな方向に伸びていくものであってほしいのですが、実際はそうではありません。逆に、偏差値や画一的な規範によって、個性を締め付け、抑圧し、差異を抹消していくようなものになっています。成功や出世、偏差値の名のもとに行われてきた教育は、今ある規範やその上に成り立つ差別構造・差別意識を強化するばかりで、それを乗り越え、そこから自由になる可能性を奪っていますよね。

僕は日本を離れてもう二〇年以上になるんですけれども、やっぱり日本のことを外から見ていて、福島、戦争法案、沖縄、歴史修正主義、そして新自由主義経済がもたらした格差などの矛盾が炸裂しそうで日本の市民たちがきわめて難しい状況に追い込まれているのに、なぜもっとみんなで声を上げないのか、反対運動が社会的な力にならないのかと思ってきました。戦争法案の成立の危機に直面した今になってやっと、デモが全国に広がりを見せ始めましたけど、もうちょっと早く、特にこの福島の原発事故の深刻さを考えれば、政治的イデオロギーの立場を超えて命の問題なのだと、命が生活が子供の未来がこれだけの形で脅かされている、犠牲になっているという現実に対しての危機感というか怒りがなぜ一つの運動として結集し、爆発しないんだろうかということを、歯痒く思って見てきました。

もちろん、原発事故後には首相官邸前でのデモが大きなうねりとなって、すべての原発を停止させることに成功しましたけれど、原発は再稼働され、自民党を勝たせてしまい、その成功も束の間で終わってしまった。その後は反原発の運動は全国規模で持続できずに勢いを失っていった。で、武藤さんのスピーチを読ませていただいてね、あ、やっぱり戦後教育の問題が大きいのかなと。つまり、自分で考えて批判力を高めるとか、主権者としての当事者意識を持ち、理不尽な現実に対して声を上げ続けるとかが骨抜きにされてきてしまったのかなと。

武藤：そうですねぇ。戦後の教育、特に高度経済成長以降は自分で考えるな、というメッセージだったわけですよね。ただ、偏差値に従って競争させ、それによって人間の優劣を決定してしまうような教育をしてきてしまった。人の思考力や想像力って数値化できませんからね。それがすっかり教育の現場から抜け落ちてきてしまった。学校もメディアも社会もみんなそうだったような気がします。特に先回りして、こうであらねばならないという常識のようなものを子供たちに植え付けてしまう。また、大人たちもそれを必死に守ろうとする。

平野：同感です。だから、自分が被害者であっても、そのような自覚を持てず、大きな声で社会に向けて問題提起をすることが難しい。社会的な「空気」と呼ばれる「常識」の重みがのしかかって問題が見えていても、見ぬふりをしてしまう。そして日常の喧騒に埋没することで、自分で感じ考えるということを放棄してしまう。

前の話に戻したいのですが、東電とか政府のエリートたちが上から目線というか見下すというか、やっぱり君らと僕らは違うんだよ、という姿勢を維持し続けている理由の一つに、「国策」という大義名分的な論理とそれが持ってしまう力があるように思いますがいかがですか。「国益」のためであればどんなにお金を使ってもいいんだと。自分は専門家で技術者で国を創る立場の人間であって、君たちはそれを信じて付いてくればいいんだというような、エリート主義的な権力関係が「国策」いう発想の根底にある。エリートたちはそれが別に悪いとも思っていないことは、今話している教育の問題、特に差別の構造につながっていると思うのですが。

武藤：そうですね。やっぱり、そういうことはあると思いますね。「国策」という言葉が持つ大義名分というのは本当にありますよね。だからさっき言ったような研究開発費というのであれば、国がどんどんお金出しちゃうというかね。まあ、原発もいざとなれば国が守ってくれるという発想は間違いなくあると思います。だから何やってもいいと言うか、そういう感覚というのはあったように思います。ねぇ、「国策」って何なんだろう、本当に。

いや、言われてみて国策であるということが差別構造の大きな要因になっているのは確かですね。

平野：こういう事故を起こしても、「国策」だから責任を追及されず許されてしまう、ということなのかなとも思います。つまり、法的責任が問われない例外的な状況を正当化するのが「国策」なのだと思うのですが。

武藤：そうですねぇ。実際やっぱり告訴とかやってもね、「国策」であるからこそ検察は起訴しなかったんだと思うんですね。検察は国の機関ですからね。だから国とか国益を守るという名目、大義名分で、がっちり組まれている一つの体制みたいなものというのを訴訟を起こしてみて強く感じますよね。

平野：「国策」って本当に反民主的で差別の構造を内在させていると言えますね。これは国の発展のためにやっているのだから君たちは犠牲になっても仕方がない、特に過疎地に住み、経済的に豊かでない町、村に住む住人たちは仕方がないのだという理屈が生まれてきてしまう。

武藤：そうですね。国っていうもの自体が何なんだろうと考えた時に、国家というものですよね。本来だったら人がいて一つの自治体なり、大きくだんだん国というのは下から作り上げられるというのが民主主義の理想ではあるけれども、現実的にはそうではなくて国家とか国体というのもが市民、住民から遊離して存在しているわけですよね。そして私たちは、国家が必要な時に動員されるという駒のようにいる、ちっぽけな存在。一方で、大企業は常に優遇され守られている。国家ってそういうものであるという、その構造がこの原発訴訟を通していろいろ見えてきます。

平野：武藤さんの力強いスピーチの言葉や訴訟という行為はこの構造を見事に可視化させていると思います。国家の本当の有り様を露呈したようなところがあったんじゃないかなと僕は思っています。日本は民主主義だと言うけれど、実は国家や大企業の大きな論理によって動いている。民主主義とは名前ばかりだ、つまり、近代国家というのは民主主義という建前の上に成り立っているけれど、その建前は現実と根本的に矛盾するものだと言えるかもしれませんね。庶民が自分たちの権利や生活の安全を確保する努力をしていかない限り、それらは国益や発展、経済成長の名の下にいつでも容易に踏みにじられる可能性があります。

武藤：確かにそうかもしれません。

平野：例えば、武藤さんの一五万人集会のスピーチに「(事故から)半年という月日の中で、しだいに鮮明になってきたことは、真実は隠されるのだ。国は国民を守らないのだ。事故は未だに終わらないのだ。福島県民は核の実験材料にされるのだ。莫大な放射性のゴミは残されるのだ。大きな犠牲の上になお、原発を推進しようとする勢力があるのだ。私たちは棄てられるのだ」というくだりがありました。これは残念ながら大変正確な予言にもなってしまったような気がします。事故から四年経っちゃいましたが、今でもこの事態は変わっていないように思われますが。

武藤：変わらないですね。まさにこの通りになっていってしまったというか、愕然とした思いがちょっとあって。だって、私、なんでこんなことをあの時に書いたのかなって。でもそれは感じていたんですね、すでに、この時にね。いや、本当にそうなんです。実はそういうふうに時々思って、ああ、あんなこと書かなきゃ良かったたって、思うけれども。でも本当にこの通りになっていったわけですよね。そうなんですねぇ。今はもっとひどいというか。如実にね、これが具体的に現れてきたっていうのが、四年後の現状認識ですね。

平野：この問題がさらに深まってしまった。

武藤：そうですね。目に見えて現れてきてますね、今ね。いや、全くこの通りですよね。自分で読み返してね。

▼加害者としての自分

平野：さっき、被害者として加害者の責任を追及していく中で、自分の加害性も見えてくるっていうことおっしゃったでしょう。で、あのスピーチを始まる時にまず謝罪から始まっていますよね、若い世代に対して。それは、この自分の加害性ということにつながっているのですか。

武藤：あれはね、核のゴミが残るってことですよね。私たちが生きている間には放射能はなくならないし、それを片付けることだってできないし、もう何百年も、下手したら何千何万年も残るものを押し付けて、私たちは死んでいくわけじゃないですか。そのことがたまらなかったんですね。

平野：なるほど。武藤さんはチェルノブイリの時以来、反核、反原発運動をずっとやってこられた。でも、その運動をやってこられたにもかかわらず、核のゴミを生み出す結果になってしまったことに対して、若い世代に謝罪する責任を感じたということですか。見方を変えれば、「だから私は反対してきたでしょ」とご自分の長年の取り組みの正当性を主張することもできたわけですよね。

武藤：まあ、そうですね。そうなんだけれど、でも、現実は、やっぱり原発を止められなかった。結局ね、原発の反対運動っていうのが広がらなかったんですね。みんなの問題であるのに、一部の人の問題になってしまっていたというかね。もちろん参加者はたくさんいるし、問題は多岐に渡っているし、日本中に反対している人たちももちろんいたんだけれど、本当の意味で市民運動として広がっていかなかったんですよね。核の問題をめぐる認識というのも広がっていかなかったし、何がまずかったということはまだ私も考えられないけれど、でも、現実的にこんな状況になってしまった、ということにまず打ちのめされたのが第一でしたね。事故が起きて、えぇ！っていう感じだったんですよ。嘘でしょう、みたいな感じで。

今、若い人たちが原発事故がなくてもいろいろな場所や形で追い詰められていてね、なかなか自分のことも好きになれずにね、自信もないからこそね、若い人たちは自分の世界に引きこもったり、いろいろな犯罪を起こしてしまったりする。そういうひどい状況の中にあって、さらに原発事故が起きて被曝をしたという事実をね、若い人たちがどういうふうに受け止めて生きていくんだろうと思ったんですよ。それを跳ね返せるだけの何かを彼らが摑むことができるんだろうかとか、そういうことをすごく思いましたね。特に被曝した若者たちは、ますます自暴自棄になっていくんじゃないかとかね、いっぱいいじめられるだろうとか、いっぱい傷つけられるだろうとか、自分に自信を持つことができなくなるだろうか、そして自己否定感に満ち満ちていくだろうとかね。そういう想像がわぁって生まれたわけですね。だからそれを思うと堪らなく、謝らないわけにはいかないみたいな気持ちになっちゃって。被曝によって負わせてしまった精神的負担というのが、ものすごく大きいものになるんじゃないかと思ったんですね。それを跳ね返していけるだけの力っていうのが、持てない世代かなって思ったんですね。

まあ、ただね、わからないです。本質的にはそうではないかもしれない。というのは、今、若い人たちがどんどん出てきてね。この間、あのシールズのリーダーの一人、奥田(愛基)君という人にね、たまたま鎌倉の公園であったんですね。[14] そして、彼とちょっとお話する機会があってね。で、彼なんか見ていても、やっぱり私たちにはない想像力、フットワークもセンスもあるわけですよ。そういうふうに思うと、私たちとはたぶん感覚は違うけれども全く新しいやり方で、乗り越えていけるのかも、という思いがちょっとするんですよね。若い人たちと実際話したりするとね。そういう人たちばかりではないかもしれないけれど。そこに希望を持ちたいと思うし、だから自分のこと大好きでいてねって言いたいです、彼らにね。

平野：確かに反戦争法案運動は、若い学生を中心に大変もりあがってきています。その一方で、福島に取り残されている人たち、また移住を余儀なくされた人たちが直面する問題、放射能汚染と被曝の問題などはなかなか社会に共有されていないのが現実ですよね。

武藤：確かにその通りだと思います。福島の問題はもう収束した、またしつつあるというメッセージを政府も企業もメディアも一体になって送っています。残念ながら、放射能の問題というのは、ものすごく見えにくくされているというのが現実ですよね。だって見えないし臭わないし、すぐに結果が現れない。でも戦争というのは差し迫って自分に降りかかってくるものだから、非常に見えやすいというのはあると思うんですね。でも、原発とか放射能の問題とかは、見えにくくされているからこそ、想像力というかね、それがすごく必要なのかなって思います。自分の問題に引き寄せるという点においてはね。放射能汚染と被曝は、非常に怖いことだし、深刻な問題である。その事実はもちろんあるので、そこから目を背けてほしいとは思わないんですね。だからといって恐怖に駆られてやる反対運動であってほしくもない。そうじゃないものを自分たちは選ぶという、そういう創造的な運動になっていってほしいと思います。

▼運動

平野：恐怖に突き動かされて進む運動であってほしくないというのは、もうちょっと説明していただけますか。

武藤：うーん、あの、もちろんね、放射能って非常に怖いんだけれども、恐怖とか怒りだけだとね、何て言うんだろう、それは自分の中であんまり見たくない感情じゃないですか、人って。怒りって、ある意味で、まあ、正しい怒りと言ったら言い方おかしいけれど、怒りってすごく必要なことではあるんだけれど、怒りも恐怖もその感情にまみれていると非常に辛いわけじゃないですか。そして、それを見続けているというのは辛いし、ほかの人が怒り続けているのを見るのも辛いですよね。私は、とっても怒っている人とか、攻撃的にいろいろなことを言う人を見るのが辛いタイプなんですね。自分でも怒りにまかせてものを言えないんです。すごく辛辣な言葉が並んでいたとしても、感情に任せて怒りをぶつけるというのがすごく苦手なタイプなんですね。それはまあ、いい面も悪い面もあるわけですが、それだけじゃない、私は、そこに身を任せている辛さを持続できないんです。だからこそ冷静になりたいなってすごく思うし。

平野：なるほど。

武藤：スピーチの中で福島の人たちを「静かに怒りを燃やす東北の鬼です」と表現したのですが、この「静かに」っていうこの部分ね、これはやはりたくさんの意味を込めていて、もちろん怒りはすごく重要で怒らなきゃならないんだけれど、やっぱりその、冷静な怒りでありたいという想いだったんですね。

でも、静かに怒っているんですよ、とか今いろいろ言われるんだけれど。そういう意味じゃなくって(笑)、まあ、みんな受け取り方はそれぞれだからいいや、と思っているんだけれど(笑)。あの、そうなんです、冷静でありたいって思うことと、その事実をやっぱりすごく見つめたいという思いと。まあ、絶望もね、絶望としてきちんと絶望したいと思うんですよ、私。でも、そこをきちんと見ることから次の道を見出していきたいな、とすごく思うので。

平野：絶望は絶望として冷静に受け止めたい。で、そうでなければ次のステップは見えてこないし、希望も見出していけない、ということですか。

武藤：うーん、そうですねぇ。確かに人は希望がなければ生きられませんよね。でも、この絶望的な情景を私たちは認識する必要があると思うんです。これが、この国がしていることなのだと。それは、怒りや悲しみを深くするし、熟成させると思うんです。そこから私は、展望が生まれると。まあ、人によって違うと思うけれど、私の場合はね、そういう、何と言うかな(笑)、まずは事実を知りたい人なんですよ。

平野：なるほど。絶望的現状も含めてきちんと現実を把握したい。

武藤：ええ、そうなんですね。

平野：感情的な勢いに任せて行動したり発言するのではなくて、きちんと認識したい、判断をしたいということですね。

武藤：そうですね。もちろんすごく感情だって持っているし、怒りも悲しみもあるんだけれど、でも、とにかく知らないことがあるのが嫌だっていうかね(笑)。それが自分の中のすごく強い欲望なんですけれどね。
でも本当に全部の真実なんて知りえないし、今はね、いろんなことって頭にもうそんなに入らないですよね。あまりにも情報がものすごくてね。だからちょっと辛い作業ではあるんだけれども。でもまあ、知らなくてもいい情報もいっぱいあるから、そこからどうやって取捨選択できるか、という能力かなと思いますね。
だからきちんと知った上でやりたいというかね。

平野：運動をリードする立場におられるわけで、冷静さというか、きちんと事実を把握した上で発言していくなり、行動していくなりということはとても重要だ、と今までの経験から感じますか。

武藤：うーん、そうですね。あの、感情をあらわにして言う、という場面も本当に大事だということはわかるんですね。ただ、事実正しくない、すごくセンセーショナルな部分だけを取り上げて発信し続けていくとね、やっぱりそこに飛びついてくる人たちもたくさんいるわけね。でも、そういうあり方には、事実とちょっと違っていたりとか、おおげさに表現してしまったりとかいろいろな問題が一杯あるわけですよね。で、そういうことっていうのは、たいてい、足元をすくわれていくと思うんですよね。一方でね、隠されている事実もたくさんあるから、実はそういう些細な、「もしかしてガセかな」と思われることも実は真実だったりする場合もあるんです。やはりそのへんの見極めってすごく重要だとは考えているのね。やっぱりその、なんていうか、踊らされていくっていうのが嫌なのかもしれないですね。

▼健康被害と御用学者

平野：先ほどおっしゃったように、自分で考え自分できちんと判断していくことの能力の大切さ、というか、他人から言われて、簡単にあーそうか、と流されないということでしょうか。センセーショナルな言葉って、思考を促すのではなく、動員する作用がありますよね。それに対する違和感がある。

武藤：そうですね。だからできればいろいろなことをちゃんと調べてから話したい、とか思うんですね。健康被害に関してもすごく懸念を持っているし、もしかしてこれってそうかな、みたいなことって、もうすでにね、実はいろいろと出てきているんですね。でも、まだ話せる段階じゃないかなっていうのものちょっとあったりする。

平野：それは、三春町、このあたりでも起こっていることですか。

武藤：そうなんです。それがね、私、原発事故による健康被害に関して懸念はあるけれども、実際はわからないという立場でずっときたんです。でも、やっぱり今年ぐらいになってから、私の周りでも二〇代、三〇代、四〇代、五〇代ぐらいの方々が亡くなっていくわけですね。

平野：そうですか。

武藤：ええ。今年、八人か九人、自分の知っている範囲の中で亡くなっているんですね。で、突然死の人がその中で半分ぐらいなんですよ。まあ、心筋梗塞とかね。実際に動態調査なんかで見ると、福島県の心臓疾患者の順位というのは日本で一番になっちゃったんです。二〇一一年前までは五位ぐらいだったのが。心臓疾患多かったんですよ、実際。だけど二〇一一年以降一位になっちゃったっていうのがあって。やっぱり何か関係あるかな、みたいな、ちょっと考えざるえない状況になってきてはいるかなと思います。

平野：事故直後に福島に来て安全神話を擁護したいわゆる「御用学者」の人たちの責任をどのように思われますか。最初の告訴の時には彼ら（山下俊一、神谷研二、高村昇）も被告人のなかに入っていたわけですよね。

武藤：はい。

平野：彼らがここに来て、事故が起こっても安全だと、「一〇〇ミリシーベルトは大丈夫。毎時一〇マイクロシーベルト以下なら外で遊んでも大丈夫」と被曝安全神話を広めていきましたよね。そして健康についての不安の声が上がると、心配しすぎると本当に被曝しちゃいますよ、という全く非合理的で無責任きわまりない精神論をぶったでしょ。それがもたらした福島市民に対する効果というものはどういうものだったんでしょうか。

武藤：いや、もう、すごかったんです。やっぱりね、絶大なる安心を与える効果というのはありましたね。それでね、あの人たちが出てきた、というのは二〇一一年の三月なんですよ。すでに三月の終わりに、いわき市で講演やってますね。

その後、飯館村とか福島市とか伊達市とか線量の高いところを回っていくんですね。私、五月の三日に二本松市というところで、山下俊一さん（当時長崎大学）の講演を聴いたんです。その時にすでに体調がちょっとおかしいんじゃないという人が何人かいたんですよ。それでいろいろなメーリングリストがまわってきて、体調が変だと思う人は黄色いものを身につけていきましょうというメッセージがきたんですね。それで私も黄色いバンダナかなんか付けて行ったんですね。

その時、五月三日に二本松に住んでいる、鎌中ひとみさんの『小さき声のカノン』(15)という映画に出てくる佐々木るりさんという方の連れ合いの佐々木道範さんが山下さんに質問したんですね。あなたはご自分のお孫さんを連れてきてここの二本松市の保育園の砂場で遊ばせられますかと。そしたら彼が、もちろん遊ばせられます、連れてきますよ、と言ったんですよね。で、「えぇ!!」とその時に思って。いや、孫は連れてこないでほしいなとその時は思ってね(笑)。で、黄色いものを身に付けてきた人たちが次々にいろいろな質問をしていって、最後にね、ものすごい満場の拍手で彼は送られていく。私の知り合いが、たまたま私の隣に座ったんですよ。その知り合いは、教員をされていましたが「素晴らしい」と言っていました。でもね、最後に彼が言った言葉というのはね、こうだったんです。私、今でも覚えているけど、みんないろいろ彼に対して批判的な意見が出てきて、彼は最後にブチって切れちゃったんです。そして、「私は日本人だ。日本の国が決めたことは守るんだ」って捨て台詞を言ったんですよ。それを聞いても多くの人は「素晴らしい」って言ったんですね。そして、三月、まだ私、避難中の時でしたが、福島県でいろいろな講演をして毎日ラジオにも出てくるし、テレビにも何回も出てくる。福島の市政だよりにね、山下さんの言葉を引いたQ&Aが出て、長崎で被爆した被爆二世で、チェルノブイリに行った立派なお医者さんなんだと紹介されていた。そうやって信用を得たんですね、彼は。今はだいぶ目が覚めた人がいるかもしれないけれど、やっぱり、みんなすごく信用したと思います。

平野：なるほどね。とっても不安だからこそ、どうしても聞きたい言葉を言ってくれる人に傾いてしまう。

武藤：そうなんですね。だからね、本当は許し難いんです、私、この三人に関しては。非常に許し難いし、だからこそ告訴したけれど、やっぱり案の定、放射能と病気の因果関係というのは立証するのは非常に難しいし、だから健康被害に関してはもっとデータが集まって、きちんと罪が問える準備がすごく必要だなと思ったんですね。でもその間に時効というのが来るかもしれないという、その兼ね合いが難しいと思っていますね。どうしたらいいんだろうと思って。

平野：きちんとしたデータによって、健康状態と放射能の因果関係が証明できれば、もう一度、御用学者の責任は問いたいと。

武藤：問いたいです、問いたいです、もちろん。すごく問いたいです。だってその後にも山下さんは福島県立医大の副学長になって、今、未来創造センターのセンター長とかになっているわけですよね。で、高村さんも神谷さんも重要な立場に立って活躍をしているわけです。みんな福島県の健康調査とか、こういった放射能に関する施設とか復興に関わることに直接関与しているんですよね。それを思うとやっぱりなんとか罪を問いたいと思います。ただ、私たちだけではもう無理なので、もっとたくさん告訴団がね、それとやっぱり医学関係の人たちなどがこの三人の告発をしてくれないだろうかと思うんですけどね。

平野：そうですね。確かに専門家の人たちが、自分たちの知識をもとに彼の発言をきちんと精査すれば、社会の反応も違ってきますね。

武藤：そうですよね。

▼無責任体質と情報操作

平野：福島をめぐる汚染の問題を見た時、行政、学者、企業の「無責任体質」というものがとてもはっきりと浮き彫りになりました。

武藤：汚染水の問題一つとってもその通りです。[16] この問題は今非常に深刻になっていまして、どんどんタンクに溜まり続けているわけなんですけれども、もともと溶け落ちた燃料を冷やすために水を入れているのと、それから、第一原発は地面を削って二〇メートルも掘り下げているので、地下水がどんどん流れてくる。その地下水はもともとは汲み上げてはいたのですが、井戸が壊れて汲み上げられないために中に入ってきている。で、その対策はいずれ必要になるということは東電はもちろんわかっていたのですけれども、二〇一一年の五月ぐらいにスラリー壁という粘土で全部を囲むということをやろうとしていたんです。けれども、それがまあ、一〇〇〇億円のお金がかかるということがわかって、先送りにした。まあ、それがたぶんこういう今の事態を引き起こす原因の一つになっているのではないか、ということで、私たちは、対応が悪かったんじゃないかということで、汚染水に関する告発というのもしているんですね。

まあ、外洋には出ていないと言って、安倍首相がコントロールされてるとかブロックされてると言いますが、実はどんどん外に流れている。[17] これは（写真を見せながら）雨水が排水路を通って外に出たという例ですね。それが発覚したんです。しかし、東電も政府もそれに対してひどい釈明をしました。なんとも誰も責任は自分にないという態度でした。無責任体質そのものです。

写真1　バリゲードと警察

平野：無責任体質というものが最も顕著に現れているものの一つに、帰還政策があると思うのですが、いかがですか。

武藤：帰還政策は二〇一一年の終わり頃からどんどんどんどん進められているけれども、その一環としていろいろなことがあるけれども、帰還区域を解除していくわけですね。その一つとして去年（二〇一四年）の九月ですね、国道六号線も開通して、原発の一番近いところで原発から一・五キロ。子供ずれの家族でも通れるようになりましたが、車の中からでも四から七マイクロシーベルトあるそうです。

平野：車の中で。

武藤：はい、車の中で。まあ、降りればもっと高くなるそうです。

平野：ここを通る時には降りてはいけない、窓も開けてはいけないということで開通させたのですか。

武藤：そうですね。これも全部このような（と写真を見せながら）バリケードができていて、ところどころに警察官が立っていて監視をしているんです。その警察官はみんな被曝をしながらいるわけですね。それと同時に今年（二〇一五年）の三月に常磐自動車道が全線開通になって。これ（自動車道の地図を見せながら）、できてなかったんですよ、事故前はこの間が。まだ工事が進んでなくて。で、事故後に工事をして通したんです。それで、今日の放射線とかいう掲示板があって五・五マイクロとか出ているんですね。そしてね、こちらがポスターなんですけれども。開通する前に、サービスエリアにあったポスターを友達が取ってきてくれたんです（写真2）。「つながる想い、つながる笑顔」。そして子供が車の窓から顔を出してニコニコ笑っているという、恐ろしい戦時中のね、爆弾ぐらいは手で受けよというような、そんな感じのプロパガンダですね。こういうことが今、福島とか被災地で起きている出来事なんです。

あとね、こういうものが福島県中にばら撒かれているんです。「なすびのギモン」という、郵便局や病院や図書館などいろいろなところに置いてあって。これはね、健康についていろいろなことが書いてあって、漫画になっているので子供が読めるようになっています。このなすびという人は福島県出身のお笑いタレントなのね。その人がモデルになって、もう一人は高村昇さん、福島県健康リスク管理アドバイザーと言って山下さんと一緒に三人で入ってきた人の一人です。それでこの人が答えているわけですね。この「なすびのギモン」中には真実もたくさん書いてあるんですけれども、放射線は細胞を傷つけます、傷つけるんだけれども、回復すると書いてあるんですね。

写真2　つながる想い、つながる笑顔

回復するものもちろんあるんだけれども。回復しないものもあるし、間違った回復の仕方をするものがあるわけですね。でもそこが書いてないんですね。これは一個しか傷ついてないけれども、両方傷ついてしまうと修復しない、ということも書いてないわけですね。つまり、一〇の真実の中に一の嘘を紛れ込ませる、という非常に巧妙な冊子が環境省から出ている。

平野：間違って修復してしまうと癌になるわけですね。これは環境省が出しているんですか。

武藤：はい。で、福島市の除染プラザというところに行くと、環境省が出しているこのような冊子がいろいろたくさんあるんですね。そういうものが今、あちこちに無償で配られています。

▼運動と女性の力

平野：ここで少し話を変えますね。運動をやられてきた時に、いつも武藤さんが繰り返してきたのが、女性の持つ力、というか女性だからこそできる運動のあり方ですね。それについてもう少し説明していただけますか。

武藤：はい。これは何ていうか、すごく感覚的な話なんでね。告訴をした時にね、最初の被告訴人は三三人いたんですけれども、女性はその中でたった一人だったんですね。文科省の方が一人だったんですね。それを一つ考えてもやっぱり原発社会というものを形作ってきたのはほとんど男性が多かったということだと思うんですね。で、それは、歴史の中で男性たちが国を作る立場を担ってきたというかね、それはまあ長くあったわけなんですけれども、ある意味ね、戦後、特に経済成長の中で最前線にいたのは男性たちだと思うんですね。男性は、企業のため、国のために戦わされてきたということが非常にあったと思います。そういう競争にどっぷりとつかってきた人たちの視点というのはね、社会が違う価値観を持って転換していかなければいけない時に、なかなか難しいというか、彼らは、すり減ってしまっているんじゃないかなと思うことが多いです。

まあ女性たちもこういう社会を一緒に作ってきたという側面はもちろんあるわけですけれども、でも、まだ残された余力みたいなものが女性にはあったりして。そういう意味で、女性たちの中に今まで作ってきた社会の価値観とは違う価値観があるのかなって思うんですね。言葉にしてみればそういうことなんです。私、初期の福島の脱原発運動とか、その後六ヶ所村の運動に深く関わってきたんですけれども、その時に、女の人たちとやる時が非常に多くて、彼女たちと一緒にやるのは非常に楽だったんですね。

平野：楽なんですね。

武藤：そう、楽なんです(笑)。

平野：それは共感できるものがある、わかり合えるものがあるということですか。

武藤：そうですね。わかり合えるっていうのもね、「ねえ、ちょっとこれどう思う」「これやっちゃう」「うん、そうだね」みたいなそういう雰囲気の中で運動が進んでいくという感じがすごく楽チンだったんですね。確かにね、細かい文章を書かなければならないとかいろいろなことがあるわけなんですけれども。それはまあ、やりますけれども、大枠のところであんまりネガティブな議論みたいなものがなくてですね。共感するところで進めていけるという感じがすごく良かったんですね。

平野：なるほど。具体的にどういうことをめぐって共感できるとお思いですか。

武藤：だから、言葉に置き換えられないんだけれども(笑)、例えばね、そのなんて言うかなぁ(笑)。

平野：申しわけありません、なんか無理に言葉にさせようとしていて（笑）。

武藤：なんて言うかなぁ（笑）。もう、楽チンとしか言いようがないんだけれども、まあ根底にその大事なものというのは自分のまわりのもの、日常のものなんですよ、まずは。

平野：あぁ、日常の感覚とか感性ですね。国家とか組合とかそういう大きな論理をめぐる感覚ではなく、日常に根ざした生活者としての感性のようなものですか。

武藤：そう、まあ、それがひいては宇宙とかね、地球とかね、生命とかね、そういうものに割と直接結びついちゃっているというかね。だから面倒臭いこと言わなくても、あ、これ大事よねって思ったら大事だという感覚ですかね。そういうところが良かったというかね。

平野：なるほどね。逆に男の人たちと運動をする時、あるいは男の人を相手に交渉する時、これはダメだなと（笑）、それこそ共感できない、面倒臭いと、楽チンの反対は面倒臭いですか、そういう瞬間って多いですか。

武藤：うーん、そうじゃない男性の方もたくさんいるし、そうじゃない男性の人とやろうと務めているので（笑）。でもね、やっぱり面倒臭いと感じることはありますよね。具体的にそうですね、なんだろうねぇ。なんかその、力関係の誇示みたいなっていうのかな。あれはちょっと悲しい感じがしちゃいますね。自分が賛成できないと、相手をやっつけないと気が済まないとかね（笑）。なんて言うんだろう。「違うよね」で済むことをなんでそこまで言うのかな、みたいなこととかね。あと、誰がそれをやるかですごく揉めるとかね（笑）。面倒臭いとかね、思ったりするんですよね、そんな力関係や立場の違いをめぐって争うことは。

平野：それって、自分の「正しさ」を誇示したいというエゴみたいなものですか。

武藤：まあ、そうでうすね。まあ、自分の正しさを主張する時にね、正しさを主張するのはいいんですよ。でも、相手をやっつけながら主張しないと、自分の正しさを言えないみたいな。だから一緒にやりたいんだけれど、やっている周りの女の人たちの不備を指摘をすることによって助けているつもりの人とかね、いるんですよね。でも、それで一緒にやることの可能性を潰しちゃう。違った価値観と共存することが苦手な感じですね。

平野：それで運動を分断しちゃうんですね。つながるよりもね。

武藤：そうですね。だからちょっと言い方を変えればいいのになって、見てると思うんだけれども。なんかそういう面倒臭さとかありますよね。あと、まあ政党とかね、既成団体というものは女性の中にもあるけれどもね。でもやっぱり組合運動とかね、男の人が前面的に出てきてというのがあったりすると、なんとなく絶対この旗（主義主張）を降ろさないとかね。運動が自己顕示の場になっちゃって（笑）。

平野：やっぱりそういう自己顕示欲をかなり背負っている男性は多いんですか。

武藤：うーん、まあそうですね。割と若い世代はそうでもないし、同じ世代でもそうでもない人もいるんですけどね。一生懸命一つの組織でやってきた人とかは、やっぱりそこから抜けられないというか。それも悲しい。その人のせいだけではないと思うんだけれども、そういうところがありますかねぇ。

平野：さっきおっしゃった、戦後、特に高度経済成長以降、男というのはそれこそ「戦士」として公務員でも企業でもがむしゃらに働くことに生きる価値を見出してきてしまったようなところがあるんでしょうね。それが労働組合や反体制の運動であっても、そういうものを背負ってきた、引きずってきたみたいなのがある。だから、発想や人間関係が自由にならないみたいな。柔軟で多角的な、また常識とは違う発想や価値観を持つことができなかった。

武藤：そうですねぇ。気の毒だなと思えばそうなんですよねぇ。まあ、私たちはちょうど学生時代（一九七〇年代）がウーマンリブと言われた時代でね。[18] フェミニストなんて言葉は最近の言葉ですけれども、まあ、そういう感覚も多少あって。それがなんたるものかというものもあまりわからない、そういう雰囲気の中にいただけなんだけれどでも、基本的にやっぱり、なんて言うんだろう、平等意識というか、女って面白いし力強いし賢いよね、っていうような感覚が自分の中にすごくあって。

平野：それは若い頃、例えば大学に行かれていた頃に強く持たれた感覚なのですか。

武藤：そうですね。大学の時にたまたま仲良くなった女性とアパートの部屋をシェアーして暮らしていたんですよ。その時にいっぱい女の人たちが遊びに来て、なんか毎日女の人だけがいっぱいいるような、そういう感覚。まあ、自分も彼氏とかいたんだけれども、その女の人たちと一緒にいるほうが面白かったんですよね、楽しかったたっていうかね。

で、みんなね、まあ、今でもそうですけれども、女の人って家事ってほとんどちゃんとできるじゃないですか。今はできる男性もいますけれど。例えば今の連れ合いなんか私よりもずっと家事の能力に長けてますけれども、そういうものを持った上で付き合っているとすごく楽なんですよ。例えば、宴会一つやるにしても、みんな自分たちで役割分担を誰々が何々をするなんて決めなくても、ほどよくやるんですよね。誰か作ったから、じゃあ、私は片付けやろうとかね。自然にそうなっていくっていうかね。それが男の人とかがいると、なんかこう、自然にスムーズにいかないみたいな感じっていうかね。そのまあ、時代もあったんですけれども、今はそうではないかもしれないけどね。
だから六ヶ所村で女たちのキャンプっていうのをやった時も、すごく男の人たちから大ブーイングだったんですよ、なんで女だけでやるんだって(笑)。そして、六ヶ所のおじいちゃんたちに、女のキャンプって言ったら、じゃ、本当のキャンプはいつやるんだって言われて。いや、これ本当のキャンプだって(笑)。

平野：(笑)若い世代はちょっと変わったかもしれないけれど、基本的に男性女性の性別による分業体制みたいなものが、戦後社会を築いてきました。まあ、男は外に出て闘う、お金持って帰ってくるみたいな。で、女性は家事・洗濯のような日常的なことをやるみたいなね。そういう日常の生存能力、あるいは生活力というか、自分で自分の生活を営むみたいなことを、男の人たちはしないできてしまった。会社・組織人間として生きるだけで、生活者としての知恵、経験が欠如してきてしまったように思えます。だから価値観も行動も大きな組織、社会の「常識」のようなものに縛られているのかもしれませんね。アメリカに長く住んでいると、日本社会における男性のそのような面がとても突出して見えてきます。アメリカでは、男性が子育て、炊事、洗濯、お掃除、ゴミ捨てなどすべてパートナーと一緒にやるのが普通ですから。もちろん、アメリカもウーマンリブのような運動を通して、変わっていったわけですけれど。

武藤：そうですね。日本社会では、本当にそのような生活力が奪われちゃったんですよね。で、そういう人たちがドーンと運動なんかに入ってくるとややっこしくなっちゃう(笑)。なんかね、面倒臭そうみたいなね。わざわざお願いして、これやってね、みたいなのも面倒臭いじゃないですか(笑)。そんな教育なんかしてる暇ないわ、みたいなね（笑）。いやー、でもね、やっぱりそういう問題を乗り越えているであろうと思う反原発の運動なんかでも、事故前何十年かやってきている間の中でもね、いろいろ細かいところって感じることがいっぱいあって。例えばね、一つの集会やるにしても、やっぱり司会は女の人がいいね、とか言われると、私たちとしては、はぁーとか思うわけね。それから、声明文とか女の人がいいでしょう、とかね。でも閉会の言葉は男だとかね（笑）。なんか、そういう、たぶん全く意識していないところでの問題というかね、なんか、常に感じてきたというか。

平野：なるほど。

武藤：あと、学校の教員なんか給料とか平等ですから、あんまり差別的なことってないかと思うと、そうでもなくってね。学校の校務分掌ってあるでしょう、学校の先生たちが分担してやる仕事ね。例えば研究部とか、教務部とかあるんだけれど、給食部、保健部とかね。女の人が部長になるのは保健部と給食部なの。必ずそうなんですよ。どこの学校に行ってもそうだったんですよ。で、一つのクラスの中でも会計を担当するのは、二人の担任がいたら女性の担任が会計をやるとかね。なんでこうなっているんだろう、というのが不思議でね。え〜、この世界も全然ダメじゃん、みたいなね、すごく思いましたね。

平野：やっぱりそういう分業体制を支えてきた差別構造がものすごく無意識のところまで来ちゃってて。特にややっこしいのは、自称進歩的な男の人が実はそういうことを体現しちゃうみたいな状況ですか（笑）。

武藤：そう、そう、そう、そうですね（笑）。

平野：そういうところもいろいろ含めて、やっぱり女性が気軽にできる、女性だからこそ意思疎通しながらやれる、みたいな共感性みたいなものがあるっていうことですね。

武藤：そうですね。ただね、それはやっぱり、若い世代に対しても同じことが言えて、まぁ、私たちの世代の何か無意識の差別構造を彼らは感じているかもしれないし。やっぱり違うものたちが違う形で何かをやっていくということは大事なことですよね。そこで、別に批判することではないとしても、あぁ、こんなやり方もあるのね、みたいなことでみんな学んでいけばいいわけだし。

でも絶対越えられないものなんかもあってね（笑）。例えばね、官邸前の若い人たちがね、すごいラップでね、「安倍なんとかはなんとかだ！」って言うじゃない（笑）。あれは私たちにはとてもじゃないけれど、絶対あそこにはいけません（笑）。あれはできません。あのリズム感がないのよ、私たちには（笑）。でも、それがやっぱり次々とあとから来た人が先を乗り越えていく、そういうものなのかなって思うんです。だからそれはそれでいいことだな、って私はすごく思うんです。

平野：そうですね。確かに新しい表現の形を自分たちで作っているから。前の世代とは違ったような形を。

武藤：そう、それでいいと思うんですよ。そこに面白さとか感じますよね。

▼言葉の罠

平野：また少しトピックを変えます。「復興」、「風評被害」、それから、「頑張れ」とか「絆」みたいな言葉、まあ、今でもあちこち見られるし、震災後は特に飛び交ったでしょう。そういうものが社会的に持ってしまった意味とか影響をどう考えていますか。

武藤：そうですよね。「絆」「頑張れ」「復興」「風評被害」って。例えばその、風評被害についてこんなエピソードがあって。先月ね、水俣に行ったんですよ。そしたら、水俣の中学生が福島に来たんだそうです。そしてそこで放射能の勉強したって言うのね。その結果、福島の食べ物は安全だということがわかった。しかし、風評被害で全然売れないということもわかった。だから、福島の食材を水俣に送って、水俣の小中学校の給食を福島の食材でやろうと中学生が提案した。「風評被害」という言葉から、そういうものすごい大変なことが起きちゃう。びっくり仰天したんです。

もちろん福島の食べ物でも安全なものはあるけれども、わざわざ送って、安全な食べ物のある水俣でやらなくてもいいことなんじゃないかなって思うし、必ずしもすべて安全のものが来るわけじゃないし。風評被害というのは全くないことに対して違う噂が立てられていくことによって被害が起きる、ということなんだけれども、福島の場合は風評被害ではないわけですよね。実際に放射能の入っているものがあるわけだからね。なんでこんなことが起きるんだろうと思うと本当に愕然としちゃったんですね。

その提案は、今、空輸のお金がかかるからといって、足踏みしている状態なんだそうです。ぜひとも潰れてほしいと思っているんだけれど。

なんかね、本当にね、「絆」もそうだけど、人々の、ある意味純粋な同情心とか親切心とか、まあ、純粋じゃない場合もあるけれども、そういうところに上手くつけ込んでいったんですよね、この言葉たちはね。つけ込まれたというかね。

「復興」と言うけれども、私は復興というのは人々が本当に安心できることとか、生活がきちんと再建されるとかね。そういうことが復興なのであって、形状記憶合金のように元に戻るということが復興だとは思わないわけですね。だから復興というのは非常にすり替えられた言葉だと思うし、「絆」っていうのも、瓦礫を福島だけに押し付けるのは気の毒だから別のところでも引き受けようとかね。あの瓦礫の格差問題もね、非常にね、絆っていう言葉を悪用してね、悪質な議論だったと思いますよ。だから、こういった言葉は、すごく容易に人々を動かすけれども、現実というかね、それに伴わない、こういった言葉は非常に罪が重いと思います。

平野：さっきおっしゃった、事実のきちんとした把握なしに感情に訴えるような言葉を使っていってしまうことの危うさの問題ですよね。だからこそ武藤さんはそのあたりを非常に意識して運動もやられているのかなと、話をお聞きしながら思ったんですけれども。

武藤：ええ、そうですね。例えばこういったものが実は分断を生む、ということにもなりかねないわけですよね。だからたくさんの罠があるんですよね、この福島の中にはね。だからそこに落ち込まないようにしたいなぁと思うんですね。

平野：一つの罠がさっきおっしゃった転倒してしまった道徳心というか道義心のようなものですね。「がんばれ福島」と応援歌をおくったり、福島の食材を「風評被害の犠牲」として進んで消費したりすることは、日本人として当たり前でしょ、といった履き違えた考えですね。現代の国民道徳論といっていいかもしれない。ほかにどんな罠がありますか、分断を進めてしまうような罠というのは。

武藤：うーん、やっぱり区域を分けたこととかね。特定避難勧奨地点っていうのを作ったわけですよね。道路一つ挟んでこっちは指定され、こっちは指定されなかったとかですね。

あとは例えば賠償金の問題なんかも非常に大きいですね。昨日もね、農協に勤めている本当に善良な方なんですけど、夜遅くに来て、警戒区域の人たちはすごいお金いっぱいもらってるんだってね、って言う話をするわけね。そしていっぱいもらって毎日パチンコやって、美味いもの食べて、でも、もともと原発から恩恵を受けていた人たちなのにって。うーん、でもね、あの人たちは家も何もなくなったんだよねって言っても、被害にあった人は不当に「いい思いしている」っていう考えになってしまう。そうやって、お金の問題によって分断されていくわけですよね。

例えば、この三春のあたりに住んでいる人は八万円もらえたわけね(笑)。ところが会津若松の人たちは四万円しかもらえなかった。そうやって細かく賠償額とか賠償できる地域を区切っていくというのも分断の一つの罠になるわけです。でも、それを不公平と言うのはその人に言うんじゃなくて、国とか東電に言えば良い話であって、自分たちももっと損害を被っているのであれば裁判を起こすなり、そういうことに訴えればいい。怒りや不満の向かっていくところを間違ってしまうのね。

平野：なるほど。だからもっとお金もらっている人に対して嫉妬心みたいなものを持つようになって、今まで友達として、あるいは隣人として話していたのに、ここに線が引っ張られちゃったから、もう話せなくなっちゃったとか、そういうケースが多いのですね。

武藤：うん、そうそうそう。そういうのもありますよね。

あとはやっぱり放射能のことに関して、これも受け取る者の問題ではあるんだけれども、安全プロパガンダがどんどん入ってくる。でも、私、本当はみんな、不安は多かれ少なかれ、心の中ではあると思うんですよ。特に子供のいる人たちなんかは、子供の将来とか未来世代に対する健康被害の不安は絶対あると思うのね。だけど、「安全です」って言われれば、安全のほうに行きたいわけじゃないですか。

で、もう、このこと考えるのは嫌だ、面倒臭いし、疲れるし、辛い。そうなると、やっぱり心配だなって思っている人たちが邪魔になっちゃうわけですね。非常に嫌なことを言う人たちになっちゃうわけですよね。

復興を一生懸命やっている第一次産業の人たちが、今売れないものをまた売れるようにしたい、と一生懸命努力していると、また放射能を心配している人たちが邪魔な存在になっていくわけですよね。そうやって、やっぱり分断されていってしまうんですね。そこも、きちんとした賠償制度とか、代替地を用意して、もう一回新しい土地で農業を復興することができるとかね。そういうことがあれば、そんな罠に落ち込まなくて済んだかもしれないんです。

でも、そういう意図的な分断と、人が本来持っている、なんか自分よりちょっといい思いしている人に対するやっかみとかね(笑)、そういう自分の中にある不安や弱さみたいなものがすごく結びついちゃうというかね。それを利用して「安全神話」を広げていくみたいな感じはありますね。それは非常に巧妙で計画的で、あのチェルノブイリなんかにすごく学んだやり方を展開しているんじゃないかなって思います。

平野：なるほど。分断して統治するというね。

武藤：ええ、得意なやり方なんだと思うんだけれども。

私、ルワンダという国に友達がいるんですけれども、彼女は、内戦[19]の前に日本に来ていて、日本語を私が教えてたんです。その人がルワンダに一度帰るのですが、内戦で日本にまた逃げてきたんですね。で、ルワンダの内戦の話をよくよく聞いたら、あれは民族紛争だってずっと言われているけれども決してそうではなくって、身分制度の問題だってことがわかったんです。で、ベルギーが支配している時に、それまで共生していたツチ族とフツ族を分断していったんです。ツチ族をフツ族よりも教育や職業において優遇する政策を取って、身分証などを作って差別化を図った。こうして、少数派のツチ族を重用し、対立構造を作ることで、人口の大半を占めていたフツ族を効率的に植民地統治した。彼らの批判や不満がベルギー政府やベルギーからの植民者に向かわないために用いたんですね。なるほどその分断と統治というのは結びついているんだな、とその時よくわかって。ああ、世界どこでも同じことをやっているんじゃないかなって思いました。

平野：世界のあらゆる植民地支配体制は現地の人々をお金や優遇政策を使って分断し、統治してきましたね。彼らが恐れたのは、現地の人々が連帯し、団結することです。

武藤：そうですね。やっぱり人類ってお金に簡単に翻弄される（笑）。原発政策も植民地政策も似たところがありますよね。悲しいですけれど。

平野：東海村の元村長の村上達也さんは、東海村は日本の原発産業の植民地だと言ってきましたね。

武藤：福島も同じです。

▼刑事裁判

平野：今回の刑事裁判が始まるにあたって一つの大きな目標というのは、さっきからおっしゃっているように、この国や企業の無責任体質というものにある程度、終止符を打ちたいということでしょうか。

武藤：それはありますよね。終止符なんて打てるかわからないけど、やっぱり無責任体質なんだ、っていうことが明らかにされるっていうことですよね。

平野：原発政策というものがいかに無責任の状態で来たのかということを明らかにすることがまず第一。

武藤：ええ、そうです。福島原発の抱えた問題にこんなにたくさんの提言や勧告のようなことがあったにもかかわらず、やるべきことをやらなかったわけですよね。やろうと思えばやれたのに、やらなかった。それがこんな事態を招いてきたということですよね。何かやって間違ったら責任取らなくちゃいけないんだっていう、当たり前のことをやっぱり当たり前にしたいんですね。

平野：そうですね。例えばほかの企業がそれこそ公害問題を起こしたりすれば、当然刑事責任を問われるし、強制捜査が入るわけですよね。でもなぜか原発政策に関してはそういうことが起こらないっていう、原子力産業に関しては不思議な治外法権みたいな世界が存在するでしょう。

武藤：そうですね。それも国策のなせる技なのかもしれないですけれども、そんなことは許されないですよね(笑)。

平野：法治国家を名乗る社会では、罪を犯した人間はきちんと裁かれます。そういう当たり前のことを実現したいということですよね。ただ、原発事故が戦争と共通する点は、法は、時として立法者である国家によって一時停止されてしまうことがありますよね。そういう無法状態が例外的に起こりうることを前提として存在しているのが、ちょっと矛盾して聞こえますけれど、法治国家だと思うんです。「国策」とは結局、そのような例外状態を当たり前のものにしてしまうマジックワードなのだと思います。国策において、加害者は裁かれないし、被害者は放置される。今回の原発事故の棄民政策はそこからきているように思えます。アメリカのマンハッタン計画で原爆を製造したワシントン州にあるハンフォードという町で起こった放射能汚染被害も全く同じでした。その地域に住んでいた先住民や農家の方たちは、癌で命を落とし、子供たちにも大きな障害をもたらした。でも、彼らはそのまま放置され続けましたね。

武藤：本当にそうですよね。法律って、なんか万人に適用するようで、意図的に操られているように私の経験から実感します。でもね、仮にもね、法治国家と言うならばね、そして民主主義社会と言うならば、やっぱり、その人たちが責任を負うことだけはしないと人権が擁護されなくなっちゃうでしょう。平野さんの言う例外状態を許してはいけないという意識が、大事なんじゃないかな。そして、東京電力や日本政府の法的責任を追及するだけじゃ、十分でないと思ってるんです。やっぱり、私たち一人ひとりにも、責任があったって思うんです。それはさっき言ったようなね、一つの文明社会みたいなようなものを便利に謳歌してきたということがありますよね。それこそコンセントの向こうに何があるかということをあまりにも想像してこなかったじゃないですか。想像力の欠如です。私たち自身の加害性です。

平野：おっしゃる通りですね。

武藤：原発で犠牲になってるものが何かということも、みんなわからなかったわけだし。そういうことにも同時に気づいていく、っていうことも大事かなと思うんですね。

平野：そのためには、武藤さんが仲間と続けてこられた勉強会とか、例えば自立的な教育というもの、それこそ国とか公のものに頼らずに、自分たちで知りたいことを勉強会を通して知っていくとか、そういう地道な市民運動みたいなものがもっともっと必要なのかもしれませんね。

武藤：そうですね。

▼非暴力

平野：時間もなくなっちゃったんで、もう少しお聞きしたいんですが、非暴力の話をしていただけますか。なぜ非暴力を運動の原理としているのですか。

武藤：そうですね。あのね、「非暴力直接行動」っていう概念を最初に知ったのは、阿木幸男さんという方が、何だったかな、非暴力なんとかという本を書いてらっしゃる方なんですが（『非暴力トレーニング——社会を自分をひらくために』野草社、一九八四年）、その方が非暴力トレーニングっていうのをやってたんですよ。それは今からもう三〇年近く前なんですけど。あっ、それこそ一九八八年の「原発を止めよう一万人行動」の反対運動をやっている時[20]、非暴力トレーニングっていうのがあるからちょっとやってみないということを言われてね。横浜のほうに非暴力団て言う人たちがいたのね。で、その非暴力団という人たちがインストラクターをやってくれて、みんなで非暴力トレーニングなるものをやってみたんです。

それはいったい何だろうと思って行ったら、最初にみんなで仲良くなるようなゲームとかやるんだけれど、そして、ゲリラシアターというのを教えてくれたんですね。ゲリラシアターというのはみんなでいろいろな寸劇を作って、街の真ん中に行ってその寸劇をやって、さぁーと帰ってくるっていうやつなんですね。

「獏原人村」っていう川内村に昔からのヒッピーのコミューンみたいなところがあって、そこで合宿をやった時にみんなでゲリラシアターのトレーニングをやったのね。富岡町が近いんですね。で、そこ

写真3　グリーンナム・コモンの抗議

には福島第二原発があるでしょう。そこに東電のサービスセンターもあったんです。原発宣伝のための建物なのね。それは綺麗なお城みたいな形になっていて、子供なんかが行きながら、原発の中の制御棒がどうなっているとか学べる場所があったり、体内の放射線がどのくらいあるか調べることもできたりと、そんな原発推進のための施設ですね。そのPR館に行ってその中で突然、反原発の歌を歌いながら、ちょっとした劇をやって戻ってくるという計画を作るんですね。それで行って、実際にゲリラシアターをやったんですよ。それがものすごく面白かったんですね（笑）。へぇー、こんなやり方ってあるんだなぁって思ったのが最初でした。

その後に六ヶ所村に行った時なんですけれど、イギリスのグリーンナム・コモンという米軍基地で、女性たちが一九年間キャンプして、基地を閉鎖に追い込むんですが、その時の様子を撮った映画を近藤和子さんという女性が見せてくれました。「キャリーグリーナムホーム」(21)っていう映画だったんですね。それが非常に面白くって、女の人たちが基地を取り囲む。非暴力抗議ですね。

どういうものかというと、基地にゲートがあるんですね。それでみんなで抗議に行くと守衛さんたちが中に入れないようにゲートを閉めちゃうわけ。で、閉めちゃうんだったらそこに鍵をかけちゃおうって、大きな鍵をね、ガチャンと、こんな南京錠みたいなのを守衛の人が見てないうちにかけちゃうのね。そして、朝になって守衛の人がびっくりして、鍵を取ろうとしても取れないのね。で、結局はゲートをバンバンやって倒しちゃうわけです。入れないようにしているゲートを結局自分たちが壊しちゃう、そういう行動があったんです。

それを観てとっても面白くて、なるほどと思って、非暴力というのは単に暴力を使わないということだけじゃなくて、知恵を使って、自分の体を使って、そしてユーモアがあるっていうね、それがすごく面白かったです。それで、そういうことを私はやりたいなぁって思ったんです。

私、あんまり喋るのとか得意じゃなくて、文章書くのもすごく苦手なんです、実は。書かなくていいなら書きたくないし、喋らなくていいなら喋りたくないんですよね。でも、非暴力直接行動というのは、黙って自分がそこに居るっていうことで一つの行動になるわけです。一つの抗議にもなるし。これはいいなって思ったんですね。

それで六ヶ所村で女たちでキャンプをやって、非暴力直接行動でやろうねっていうことになりました。放射性物質が入ってくる時に、道路に寝転がってトラックを止めるということだったんです。それを計画する時にもね、非暴力の行動っていうのは、単に一つの行動じゃなくて、それをやる仲間との関係をどう作るかとか、自分の生き方をどういうふうに見つめ直すかとか、いろんな要素があるんだなって思ったんですね。それでキャンプをする中で、お互いに自分の歴史を聴き合う時間とか、自分の辛さを聴き合う時間を作ったりとか、あと、歌で合図する時の歌をみんなで作るとか、海岸に行って歌をみんなで練習するとか、あとは常に日常的にご飯を作って、食べて、片付けてとかね。それをみんなでうまく回していくこととか。そういうことをやったんですね。それがすごく楽しくて、自分に合っていて。

しかも直接行動だから、限界はもちろんあってね。私たちはトラックを五〇分しか止められなかったけれども、それでも五〇分でもトラックは止まったという、一つの、まあ、自分たちの中に何かやったという思いはあったわけですね。全体から見ればそれは何にもならなかったかもしれないけれど、私たちは無力ではなくて、何かしら自分で行動することによって、何かちょっとでも違う状況を作り出すことができるんだっていうそういう感覚を持てたというのはすごく良かったと思うんですね。

だからそういう意味で非暴力直接運動というのは非常にいい手段だと思ったんです。もちろん、これだけではダメなんですよ。これだけで何も解決はしないかもしれない。でも、非暴力直接行動があって、裁判があって、まあいろいろなデモがあって、政府との交渉があって、政策提言があったり選挙で物申す議員を作ることがあったり、そういういろいろなことが必要で、自分が得意の分野にそれぞれが関わっていけばいいんじゃないかなって思っているんですね。

平野：なるほどねぇ。武藤さんの話を聞いていて、生きることや表現することの楽しみ方を知っていて、それを大事にしている方だなとつくづく感じます。これだけ前に立って闘うって、結構辛いじゃないですか。とても大変なことだと思います。さっきの話にもあったように、怒りだけでは潰れちゃうし、怖さ、恐怖心じゃ持続できない。そういう中でも、人生を楽しむというか、ユーモアをいつも持ちながら、人との関係を大切に作り上げていくというか。それが柔軟に、自然にできてしまう人なのかなとか思いながら拝聴しました。

武藤：（笑）。うん、やっぱり楽しいことがなければ、大変ですよね、大変すぎるしね（笑）。そして、人間って、たぶんね、どんな状況の中にいても、綺麗なものとか、楽しいこととか、美味しい瞬間とかね、そういうものを感じられるものってあるような気がするんですね。たぶんお腹も空くだろうし、どんな過酷な状況の中にいたとしてもね。だから喜んだり、楽しんだりすることを自分たちで作っていく必要があるかなって思っているんですね。

原発事故が起きてすぐの時は、本当に打ちのめされて。私、音楽が大好きでね、自分では何も楽器とかはできないんだけれど、とにかく大好きで。特にギターの音が大好きで、毎朝起きたら何を聞こうかなって、CDを選んでコーヒーを飲みながら聴くっていう日課だったんだけれども、それが全くできなくなったんですね。音楽聴くのが嫌だったんです。聴けないというか（言葉に詰まる）。

平野：あぁ、どれくらい続きましたか、そうした状態は。

武藤：一年半か二年ぐらいは続きましたね。

平野：そんなに続きましたか。

武藤：えぇ、それがとっても辛くて、心を開くことができなかった。でも、だんだんに聴けるようになって。でも、毎年ね、在日の人なんだけれど、イ・ジョンミ（李政美）[22]さんという歌手がいるんですけれども、彼女が福島に来てくれて、福島の女たちのためにと言って歌ってくれたことがあって。それがまあ、きっかけだったかなと思うんですけれども。それからだんだんに音楽が聴けるような気持ちになってきたんです。

でもやっぱりそういう、なんて言うのかな、まあ、芸術と言ってしまったら広すぎるけれど、運動の中にもね、感性とかね、芸術とかね、そういうことはとても必要だと思っています。例えばみんなで歌を歌うこととか、あと、今日のデモにはどんな服を着て行こうとか、どんなカラフルなプラカードを作ろうとかね。そんな些細な楽しみ方はとても大切なんですね。

六ヶ所村にずっと何年も前にいた時にも、高レベルの核廃棄物を乗せて、なんとかビンテージという船が来たのね。柵がずっと港の脇にあって、そこに本当にカラフルのリボンをみんなで結んだことがあったりして。あとはその、六ヶ所村の再処理工場の核燃サイクルのところにね、三重に塀があるんですよ。最初フェンスがあって、コンクリートの棒がいっぱい、そしてその中にまたフェンスがあって。その空間の中にね、花の種を仕込んだ泥だんごを投げたんですね。そして次の年に行ったらそこに花がいっぱい咲いていたということがあってね。やっぱりそういうのってね、いいと思いませんか。

平野：素敵ですねぇ。素敵なゲリラ攻撃です(笑)。

武藤：やっぱり、そういう、まあ芸術って言えるのかどうかわからないけれど、そういうのってとっても大事だと私は思っているんですよね。

平野：そうですね。そういうところに花を咲かせることで、感性に直接訴えながら、核廃棄物につきまとう死と破壊のイメージをあぶり出す効果をもっていますね。美しい花は核施設がそこにあること自体、とても不自然で暴力的であることを浮き彫りにしてしまいますね。

武藤：そうですよね。それは私が考えたんじゃなくて、別の方が考えてやろうということになってね。とってもいいなって思ったのね。

写真4　燦（きらら）

ただやっぱり原発事故が起きて、福島の原発サイトに行って直接行動というのは本当にできなくなってしまった。郡山とか福島とかでもしたりするけれども、それでもみんなマスクしてね。ある意味でやっぱり健康を損ねながらやるわけですよね、みんなね。そこまでやっていいのなっていう思いはいつもある。

あと東京で、二〇一一年の秋に女たち一〇〇人で経産省取り囲もうということで行った時には、みんなで色とりどりの毛糸を編んでね、ロープを作ってずっと囲んだりしたのね。例えば、私が踊りを踊りながらそこを回るとかね、そういうこともやっていけたらいいなと思っています。まあ、皮肉なことに、あそこの周りも、実は、線量がかなり高かったということが後でわかったんですよね。

▼燦《きらら》

平野：「燦《きらら》」（写真4）のことをお伺いしたいのですが。なぜどのように始められたのかですか。

武藤：はい、「燦」を始める前に、原発の反対運動を始めて、自分の暮らしってどうなんだろうと省みることが多々あったんですね。そして、こんな暮らしをしていていいのかなとか、いろいろ考えているうちに、山の開墾を始めようと思ったんですね。

私、和光大学で勉強していたんですけれども、その時代ってちょうどヒッピームーブメントの時代でね。今までの便利な社会みたいなものに抗っていく、カウンター的な文化を創ろうみたいな運動ですね。私は、そういうものをちょっと横目で見ながら来たんだけれども、原発反対運動に加わってから、そんな運動が目指していたことにちょっと近づいた感じがしています。自分たちで家を建てたり、電気はなるべく使わない、エネルギーを大切にしようという、そういう暮らしをしている人たちと知り合って、私もそういう暮らしをしてみたいなってすごく思ったんです。

で、たまたま父が死んだ時に相続した山があって。何もない雑木の山だったんですけれども、当時の連れ合いとそこをちょっと開墾してみようかという話になったんですね。それで、鍬一本で開墾を始めて、だんだんに小さい土地ができてきて、小屋を建てて、ここは何も余計なものは持ち込まないようにして暮らしたいと思って、ランプと薪ストーブだけで電気もなかったんです。

で、そんなふうな暮らしを何年かして、それが面白くてたまらなくて。そのうち勤めていた学校もちょっと嫌になっちゃってね、辞めようかなって。まあ、いろいろ経緯があって辞めて、それでこれから何をしようかなって思ったんですよ。それで、家に居ながらにしてできる仕事は何かなって思って。じゃあ、喫茶店とかお店かなって思って、開墾した山の一番下のところを整地してね、退職金で今の「燦」という建物を建ててもらいました。

そのお店をやりながら、エネルギーの問題をどうしようかとか学習会をしようとか、あと、原発のことに関して、何かお知らせするコーナーを作ってみようとか考え始めたのね。あと、いろいろな音楽をやる人たちのライブを企画しながら、ちょっと現代文明についてみんなで語ろうとか、そんなことを思って、そういうものを発信できる場所として「燦」を作ったんですね。

▼現代文明

平野：素敵なお話ですね。では、最後になりますが、「現代文明」についてちょっと語っていただけますか。

武藤：(笑)現代文明について語れるもの何もないですけれども、やっぱり、私が生まれて、何歳ぐらいだろう、初めてテレビの存在を知ったのは、小学生ぐらいだったんじゃないかな、小学校に入る前後ぐらいかな。要するにテレビも冷蔵庫も洗濯機も何もなかったんですよ、私の小さい頃っていうのはね。

今、六二歳ですけれども、わずか六〇年の間に私たちの生活は激変したわけですよね。確かに本当に便利にはなったんです。でも、最近感じるのは、夏の暑さなんか、こんなに暑かったかなっていうことです。確かにクーラーとか何もなかったから、暑いっていう感覚はあったけれども、こんなに不快な夏じゃなかったような気がするんですね。なんでこんなんなっちゃんだろうって思うんですよね。

その間に、髪乾かすドライヤーとかね、常にお湯が沸いているポットとかね、いろんなものが発明されてくるわけですね。そして、電気の需要量というのはすごく多くなったと思うんですよね。でも、どんどんどんどん、みんな便利だなって思って買っていたけれども、本当に必要で欲しいものを買ってたんだろうかという思いになったんですね。で、それはそのさっき言ったように、何年か先の流行色、一〇年先の流行色がもう決まっているってこととか、電通が作ってる「消費のための十か条」とかね、消費社会の構造が少しずつ見えてきた[23]。そうやってだんだん目覚めてくるわけね（笑）。だから、ある意味で本当に必要なものでなくても、私たちは「便利さ」という理由でいろいろ買わされて、使わされてきた。まあ、新幹線も便利だなって思うけれども、じゃぁリニアまで必要かなって言えばどうかなって思ったりとかね。新幹線がなくても本当は旅はできていたわけですよね、時間さえかければ。でも、一度使ってしまうとやっぱりまた乗るわけですよね。そして、そこで余った時間を人は別のことに使うという。人はどんどん忙しくなっていく。構造的には、忙しくさせられているのね。本当は必要でないのにね。それを立ち止まって考えたり、反省したりすることもできないようにね。え、本当にこれでいいのって思っちゃって。

写真5　絵本『ちいさいおうち』バージニア・リー・バートン作・画、石井桃子訳、岩波書店

『ちいさいおうち』っていう本があって[24]、私の家に一番先にあった絵本なんですね。私の姉が初めて買ってもらった本なんです。田舎にあった小さいおうちの周りがどんどんどんどん変わっていく、変異をしていくっていうお話だったんですけれど、最後は小さいおうちはまた田舎に連れていかれて幸せになるんだけれども、ふと気がつくとあの物語は都市の問題が置き去りなんですよね。

「ちいさいおうち」は戻っていったけれど、じゃ、都市ってもっともっとそのままいってしまうのか、っていう問いが残されている本だな、ってあとから大人になって思ったんですけれども。

平野：なるほど。確かにそうですね。いや実は僕もあの本を、娘が小さい時にいつも一緒に読んでいました。確かに「ちいさいおうち」は田舎に引っ越してもう一度幸せになるんだけれど、都市の問題が置き去りにされたっていう視点から、考えなかったです。今言われて、初めて、あっそうか、そういう見方あるんだって気付かされました。で、そこに原発の問題を当てはめて考えてみた時に、ものすごくリアルになりますよね。

武藤：はいはい。

平野：あの都市がさらに拡大して物質的繁栄をし、それを持続させるために田舎に引っ越して幸せだったはずの家の近くに原発が建てられてしまう。それが戦後日本が経験してきたことですから。

武藤：そうなんです。だからまさにそれは私の暮らしだったと思ったんです。そこで私は、ある意味、理想的にね、自然エネルギーを取り込んで、ソーラー発電したりとかね、太陽熱のいろいろなものを作ったり、山からもらう食材をいただいたりとか、畑を作ったりとかね、そんなふうに生活をしていた。本当に自分でできる限り、原発やそれが作り出す電力から距離を置いた生活を創り上げたはずだったのに、実は、原発が四五キロ先にあったわけですよ。で、東京の繁栄を支えるために作られたその原発が、私の創り上げた生活を破壊してしまったんですよね。あの物語から見ると現代文明の問題がはっきり見えてきてしまうんですね。

平野：よくわかります。ちょっとひねくれて見れば、現代には、ああいう「ちいさいおうち」が逃げられた安全な場所がもうどこにもないということですよね。地球のどんなところに逃げたって、汚染、あるいは被曝の可能性から完全に自由な場所はもうどこにもない。そういう文明を私たち人間は創っちゃったんでしょうね。

武藤：そうですね。だからそれは本当に福島の問題ではなくて、地球に生きる人の一人ひとりの問題だと私も思ってきました。

平野：そうですね。アメリカから福島の問題を見ていると、よく学生や同僚から聞かれることがあります。カリフォルニアは安全ですかと。実際あれだけ海に汚染水を流しているんだから、間違いなく西海岸にも来ているし、ここのあたりの魚も全く安全だとはもう言えない状況になっているよねって答えます。ある専門家に言わせるとね、カリフォルニアの海のほうが北海道や九州、また日本海よりも危ないということです。そして、冷戦時代にアメリカやソ連がどれだけ核廃棄物を海に捨て、核実験を繰り返す中で空中に放射能をばら撒いたのかという話をちょっとすると、若い学生たちはさらにショックを受けます。それによって地球がどれだけ汚染されたのかと。だからそういう意識というか自覚を世界に広げていく意味でも、武藤さんの闘いは、すごく大切だと個人的に思っていますし、感謝しています。

武藤：福島の被害の現状みたいなものは何を意味するかっていうことをやっぱり知ってほしいと思うんですよね。だから本当にたくさんの教訓があると思うんですよね。環境問題でもあるし、社会の差別構造の問題でもあるし、人々の心の中の問題でもあるし、生き方の問題でもある。

いっぱいの意味があるから、そこからいろいろなことをみんなが学ばなくちゃならない、人類そのものが学ばなくちゃならないと。そしてね、今回の原発事故って、チェルノブイリもそうだけれど、私たち、人類以外の命を巻き込んだんですよね。それはものすごい罪だって思うんですよね。罪というかものすごい大変な事態だって思うんですよね。

私たちは人類は現代文明から恩恵を受けてきたけれども、なんにも関係ない生き物たちが被曝したんですよね。それもやっぱりね、非常に大きな問題として考えていかなきゃいけないなって思います。現代文明のもう一つの問題は、人間中心の世界を徹底して築いてきてしまったということだと思うのね。

平野：おっしゃる通りですね。二年前に飯館村に行った時、酪農をされている方が馬とか牛とかをやっぱり家族の一員だから見捨てられないと頑張っておられる姿を見ました。動物は人間の言葉を持っていないから、訴えることもできないし、被曝して奇病にかかって死んでいくしかない、もし生き残れば国から、殺せと言われていると悩んでおられた。時々見かける野生の動物にも、変なことが起こってると彼らは言っていました。

武藤：そうですね。本当に迷惑千万だったと思いますよ。イノシシとかにしてみれば、なにこれって感じでしょうね(笑)。

平野：そうですよね(笑)、人類の欲望や都合のせいで、あまりにも一方的に自分たちの生活や命が危険にさらされているわけですから。

武藤：なんでね、自分たちの種がこんな目にあうんだ、とやっぱり思うと思うんですけど(笑)。思わないかもしれないけれど、それは人間が思わなくちゃいけないことですよね。やってしまった側がね。加害性ってそんなところにもあると思っています。

平野：大変大切な問題で、もっとお聞きしたいのですが、残念ながら時間切れです。今日はどうもありがとうございました。

注

1 プルサーマル計画とは、ウラン燃料のリサイクルを目的としている。原子力発電で使い終わった燃料の中に残るウランやプルトニウムを燃料として再利用することを目指す。こうして取り出された燃料をMOX燃料と言う。二〇一〇年八月、東京電力が計画していた福島第一原子力発電所三号機でのプルサーマル導入を、佐藤栄佐久から福島県知事を後任した佐藤雄平が正式に受け入れた。しかし、二〇一一年三月一一日の原発事故により、計画は中止された。その後、日本でプルサーマルを実施したのは、伊方原発(愛媛県)三号機、高浜原発(福井県)三、四号機、玄海原発(佐賀県)三号機の四基である。プルサーマルは安全性、実用性、そして経済的側面からもその必要性が疑問視されている。

2 二〇〇二年、経済産業省の原子力安全・保安院は、東電トラブル隠しを調査し概要をまとめた。それによると、トラブルは全体で二九件。このうち、国の検査官の目をごまかすきわめて悪質な隠蔽工作は二件。いずれも福島第一原発で行われていた。第一原発の一号機では、一九九四年頃、緊急炉心冷却システム(ECCS)系の機器「炉心スプレースパージャ」のパイプに損傷の兆候が見つかった。ところが同社は、検査官から事実を隠すため、金属部品を取り付け、さらに周辺に色を塗っていたという。もう一つは、二号機での工作であった。一九九四年、シュラウド(炉心隔壁)の溶接部でひび割れが見つかった。東電はこのことを国に報告したが、別の溶接部にあった無数のひび割れについては隠していた。しかも一九九八年度に、「予防保全」として新品に交換した際、検査官の目をごまかすため、シュラウドのひび割れ部分に金属板を立てかけたという。隠蔽は部品の交換費用が巨額になるという理由で行われたのだが、これらの損傷にもかかわらず原発はフル稼働していた。

3 佐藤栄佐久氏の原子力ムラとの闘いについては、インタビュー「原子力帝国との死闘」(海渡雄一編『反原発へのいやがらせ全記録——原子力ムラの品性を嗤う』明石書房、二〇一四年)を参照。

4　一九七〇年アメリカのG・ネルソン上院議員が、四月二二日を〝地球の日〟であると宣言、アースデイが誕生した。学生運動・市民運動が盛んなこの時期に、アースデイを通して環境の抱える問題に対して人々に関心を持ってもらおうと提唱し、当時全米学生自治会長をしていたデニス・ヘイズ氏による、全米への呼びかけへとつながった。そうして、一九七〇年の最初のアースデイは、延べ二〇〇〇万人以上の人々が何らかの形で、地球への関心を表現するアメリカ史上最大のユニークで多彩なイベントとなった。

5　原子力規制委員会は二〇二二年一二月二一日、原発の六〇年を超える長期運転を可能にする完全規制の見直しを承認した。

6　被爆者手帳は、「被爆者」と認定された人に一九五七年から発行されている。「被爆者」に該当する人は、病気やけがなどで医者にかかりたいとき、この手帳を健康保険の被保険者証とともに、都道府県知事が指定した医療機関等にもっていけば、無料で診察、治療、投薬、入院等がうけられる。

7　「チェルノブイリ法」は、原発事故の五年後に制定された。年間の追加被曝線量が推定一ミリシーベルトを超える地域を「汚染地域」と定め、二〇〇万人以上の住民を被災者と認定、「移住の権利」をはじめとするさまざまな支援を国の責任で行うとしている。移住先の仕事や住居の斡旋、安全な食料を買う費用の支給、年金の増額、無料の健康診断など、手厚い補償内容を定めた。国家の加害責任を明記し、予防原則に計り、生存権を保障した、放射能災害に関する世界で最初の人権法と言われている。

8　広瀬隆、保田行雄、明石昇二郎編著『福島原発事故の「犯罪」を裁く—東京電力&役人&御用学者の刑事告発と賠償金請求の仕方!』宝島社、二〇一一年。

9　福井県大飯郡おおい街にある関西電力の原子力発電所。関西電力が保有する原子力発電所としては最大規模。施設周辺は若狭湾に面する。同発電所の三・四号機は東日本大震災をきっかけに日本国内の全原発が停止して以降、再稼働した最初の原発となった。再稼働は枝野幸男経産相の要請のもと、二〇一二年六月に正式に決定され、三・四号機とも、翌月に再稼働された。

10　IRIDは国際廃炉研究開発機構(International Research Institute for Nuclear Decommissioning)。二〇一三年

八月に、東京電力福島第一原子力発電所の廃炉を目的として設立された団体。会員は日本原子力開発機構や北海道電力、東北電力、東京電力ホールディングス、中部電力、関西電力、北陸電力、中国電力、四国電力、級数電力などの電力会社を始め、原子炉のプラントメーカーである日立、東芝、三菱など一八法人からなる。

11 本書第2章の小出裕章氏のインタビューを参照。

12 『福島からあなたへ』は大月書店から二〇一二年に出版された。

13 二〇一一年九月一九日に東京都新宿にある明治公園で行われた「さようなら原発五万人集会」。鎌田慧、大江健三郎、内橋克人、落合恵子、澤地久枝、FoEドイツ代表、山本太郎などが参加。実際は六万人が集まったと言われている。

14 「自由と民主主義に基づく政治」を標榜して活動する学生有志団体。特定秘密保護法や集団的自衛権、憲法改正といった右傾化する政治動向を危惧し、現政権に対抗しうる野党勢力の終結し、ひいては市民が積極的に取り組む政治文化の創出、などを目標に掲げてデモ活動や街宣などのアクションを行う団体。

15 本書第4章を参照。二〇一五年に発表されたドキュメンタリー映画。放射能汚染から子供たちを守ために立ち上がる母親たちを描いた。

16 日本政府は二〇二一年四月に処理水の海洋放出方針を決定。近隣諸国や地元の漁業関係者はこれに反対し続けてきた。政府は二〇二三年一月一三日に、東京電力福島第一原発での「処理水」について、今年中に一〇〇万トン以上を海に放出する方針を示した。政府や東京電力は、ほとんどの放射性物質の濃度を国の基準より低く薄める「処理」を済ませた水だと説明している。原発から出る汚染水に含まれるほとんどの放射性物質はALPS処理で取り除かれるものの、東電によると、残るトリチウムの濃度は国の基準を超えている(トリチウムに関しては第2章注1を参照)。専門家によると、トリチウムを水から分離して取り除くのはきわめて難しく、人間に危険を及ぼすのは人体に大量に取り込まれた場合だと言う。

17 二〇一三年九月、首相だった安倍晋三は東京五輪招致に向けた国際オリンピック委員会(IOC)総会の場で、第一原発の状況は「アンダーコントロール」と語った。それを受けて、二〇二一年四月に、当時の菅義偉首相は処理水の「トリチウム濃度が国内規制基準の四〇分の一以下で、国際原子力機関（IAEA）も評価しており、そこは全く矛盾しない」と述べている。これに対して、福島の漁業関係者や住民は反対の声を上げ続けている。

18 ウーマンリブは、一九六〇年代後半から七〇年代前半にかけてアメリカからスタートし、世界的に展開された女性による女性解放運動「ウィメンズ・リベレーション（Women's Liberation）」を略したもの。当時の女性たちは、社会の風潮や男性からみた「女性像」「女性のあるべき姿」からの開放を訴え、私的領域における人工中絶を決定する権利、性暴力の撤廃、労働の男女間平等など、日常に潜む性差別撤廃を目指した運動であった。

19 一九九〇年から、ルワンダ大虐殺が起きた一九九四年にかけて、ルワンダ国内ではツチ族とフツ族による内戦が続いた。一九九三年八月にアルーシャ協定と呼ばれる和平協定が結ばれたものの、フツ急進派による統治は不安定な状況が続き、一九九四年四月六日にフツ系であったハビャリマナ大統領が暗殺されたことで、緊張状態にあった両民族の関係はさらに悪化する。

この出来事をきっかけに、暴徒と化したフツ族の民兵によりツチ族の虐殺が始まり、しかもその矛先はツチ族だけではなくフツ族の穏健派にまでおよんだ。

このジェノサイドによる犠牲者は、一説には一〇〇万人にも上ると言われている。ツチ族の多くが虐殺されるか周辺国へ難民として逃れていった。

20 一九八六年四月のチェルノブイリ原発事故後に、日本の原発反対運動が大きく高揚した。一九八八年四月の「原発とめよう！一万人行動」には二万人が集まり、銀座をパレードした。集会では高木仁三郎氏らから「脱原発法制定運動」が提案され、請願署名と超党派の議員立法によって脱原発法の制定を目指すことになる。一九八八年一〇月には脱原発法制定に向けて一〇〇万人署名運動が提起され、一九八九年一二月「脱原発法全国ネットワーク」が結成された。三五〇万筆の署名が国会に提出され、社会党の小沢克介、五島正規議員らの脱原発法私案なども公表されたが、国会提出に至らず、脱原発法制定は実現されなかった。

21 『Carry Greenham Home』という一九八三年に公開されたドキュメンタリー映画。非暴力直接行動、メディアとの交流、警察との衝突、キャンプ周辺の生活など、キャンプの人々が関わるさまざまな活動が描かれている。

22　東京・葛飾生まれの在日コリアン二世。小学校から高校まで民族学校に通い、国立音大に進む。在学中から朝鮮民謡を新しくアレンジするほか、フォークソング、フォルクローレなども歌い始める。ドラマ・映画の挿入歌等を手がける傍ら、様々なミュージシャンとの共演、ソロライブ活動を続ける。

23　大手広告代理店・電通が社員に教えこむ訓示。別名〝戦略十訓〟。①もっと使わせろ、②捨てさせろ、③無駄遣いさせろ、④季節を忘れさせろ、⑤贈り物をさせろ、⑥組み合わせで買わせろ、⑦きっかけを投じろ、⑧流行遅れにさせろ、⑨気安く買わせろ、⑩混乱をつくり出せ。

24　バージニア・リー・バートン(Virginia Lee Burton)作の『ちいさいおうち』(The Little House)(日本語訳は一九五四年に岩波書店より刊行)。

04

福島、メディア、民主主義

――「人は異質な誰かと対話することで、すごくインスパイヤーされるし、自分の中に未知の声を発見する」

ドキュメンタリー映画監督　**鎌仲ひとみ**氏　二〇一五年一〇月四日、カリフォルニア大学ロサンゼルス校にて

鎌仲ひとみ氏はドキュメンタリー映画監督。一九五八年に富山県に生まれ、早稲田大学第二文学部卒業。大学時代からドキュメンタリー映画作家を目指し、卒業後、「グループ現代」「岩波映画」などの契約助監督を経る。一九九一年に文化庁芸術海外派遣助成金を受け、カナダ国立映画製作所で研鑽を積む。その後、ニューヨークでメディア・アクティビスト集団「ペーパータイガーテレビ」に参加。一九九五年の一月に起きた阪神淡路大震災を契機に日本に戻り、ボランティアとして働きながら、NHK及び「現代グループ」での映像を制作。鎌仲氏の最初の核問題をめぐるドキュメンタリー『ヒバクシャ――世界の終わりに』（二〇〇三年）は、地球環境映像祭アースビジョン賞、文化庁映画賞文化記録映画優秀賞ほか、多数の賞を受賞した。このドキュメンタリーは、米国ワシントン州のハンフォード・サイト、湾岸戦争で米軍が使用した劣化ウラン弾から放出された放射能で被曝したイラクの子供たち、広島・長崎のヒバクシャを比較することで核汚染の時空的な広がりとその構造を明らかにし、日常の平穏や幸せを奪われてきた人々の声を伝える。『ヒバクシャ』はその後、青森県の六ヶ所村で核燃料再処理工場建設をめぐって二分する村民たちの苦悩と協働を描いた『六ヶ所ラプソディー』（二〇〇六年）、山口県上関町で進む新たな原子力発電所の計画に対して長年反対してきた祝島の人々の取り組みを伝える『ミツバチの羽音と地球の回転』（二〇一〇年）とともに鎌仲三部作と言われる。鎌仲氏は二〇一五年に福島原発事故後に避難か残留かの難しい

選択に悩む福島住民を描き、保養の可能性を提示した『小さき声のカノン――選択する人々』を発表。鎌仲氏の作品は、一貫して、人々の視線に寄り添いながら、エネルギー政策の構造的転換の必要性、また市民参加型民主主義の可能性を探ってきた。

インタビューは、私の勤務先であるカリフォルニア大学ロサンゼルス校で二〇一五年に『小さき声のカノン』の上映会を開催した時と、同年冬に東京でお会いした時の二度にわたって行われた。戦後、原子力発電所の安全神話を普及させるのに大きな役割を果たしてきたマスメディア、そして、福島原発事故後もそのような歴史を顧みることなく核汚染の現状を分析的に報道していなかったメディアの問題を考えるために、独自にドキュメンタリー上映会を行いながら観客と対話を繰り返してきた鎌仲氏に民主主義におけるメディアの役割と責任についてお伺いした。

▼三・一一以後に映画を作ることの意味

平野：今日は、インタビューに応じていただいてありがとうございます。鎌仲さんは、原子力発電や被曝の問題をずっと追ってこられました。鎌仲三部作と言われる『ヒバクシャ』(二〇〇三年、写真1)、『六ヶ所村ラプソディー』(二〇〇六年、写真2)、『ミツバチの羽音と地球の回転』(二〇一〇年、写真3)は三・一一以前、最新作『小さき声のカノン』(二〇一五年、写真4)は三・一一以後に取られたドキュメン

写真1　映画『ヒバクシャ――世界の終わりに』のポスター

写真2　映画『六ヶ所村ラプソディー』のポスター

写真3　映画『ミツバチの羽音と地球の回転』のポスター

写真4　映画『小さき声のカノン』のポスター

タリーです。福島原発事故は鎌仲さんの映画制作に対する姿勢、また考え方を変えましたか。

鎌仲：まず核をめぐる三部作を作ってきたという根底にあるモーチベーションは、被曝を減らしたいということです。人類が核を使えば使うほど、まあ、核の利用を平和利用と言ったり戦争の抑止力と言ったりするけれども、地球全体はすごく汚染されてきたわけじゃないですか。

だからその汚染が暮らしの中にどんどん広がってきて、未来世代が最初に犠牲になっているというのを私は『ヒバクシャ』制作中にイラクで知ったから、方向転換しないと人類は自分で自分の首を締めていくということになるし、私自身が未来を断ち切られ亡くなっていく子供たちにすごく会ったので、何かできることをしようというところから始まったんですよね。

それで、何ができるかとか、どうやったら現状を変えることができるか、考え、対話し、映像を撮っていたら映画を三本作っていた。まず現状をどう捉えるかということを探っていく中で、目の前に立ちはだかっているプロパガンダ的な情報操作であったり、経済的利益に翻弄されて原発を押し付けられて生活基盤の選択肢を奪われたり、あるいは情報が届いていなかったりという現実がよく見えてきた。あるいは自分たち自身が民主主義の主権者であるという意識が希薄だから、『ミツバチの羽音と地球の回転』で取り上げた祝島（図表1）の例ですが、反原発の運動は持続的に行われてきましたが、中国電力とか政府、つまり権力を持った人たちに抵抗できないと思い込んでいる人たちが多い。そうやって、いろいろな課題がはっきりしてきて、その一つひとつを描きながらポジティブな解決方法を提案していきたいなと思っていた。

でも三・一一で最悪の原発事故が起きて、現実のほうが先行してしまったから、もう間に合わなかっ

図表1　山口県 祝島 原発建設予定地

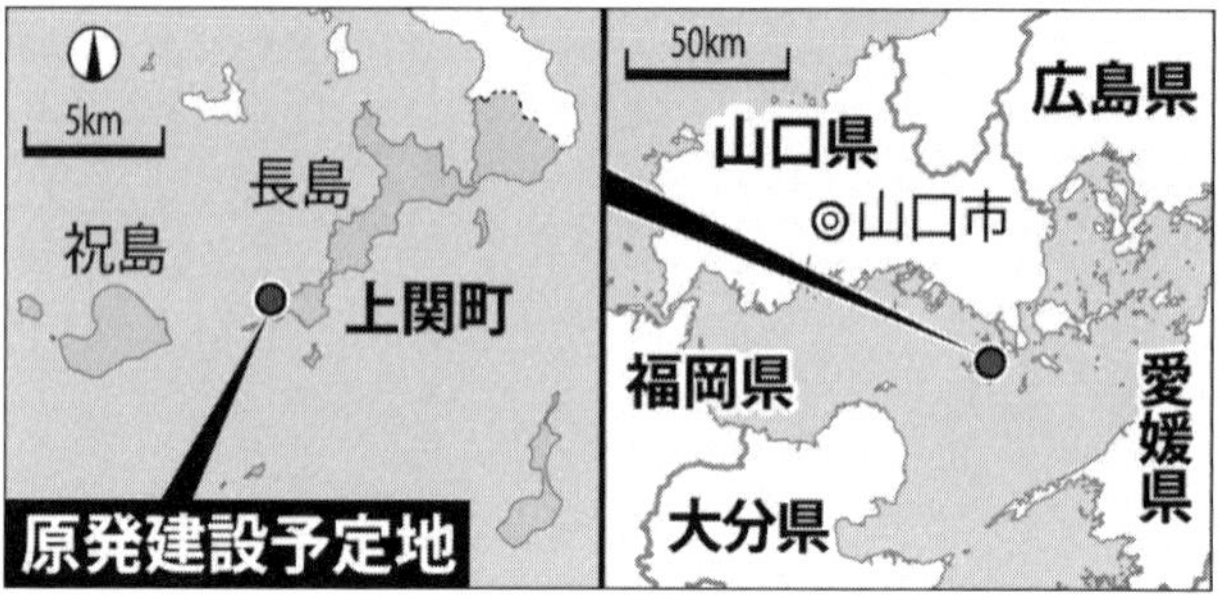

たなっていう無力感に苛まれちゃったんだよね。

平野：間に合わないというのは、自分が今まで作ってきた作品が、起こってしまった事故に対して、ある意味で何もできなかったということですか。

鎌仲：うん、そうそう。だって誰も被曝させたくないと思っていたのに、三・一一の事故によってものすごく大量に被曝したわけでしょう。今も、被曝し続けているしこれからもずっとし続けるわけだし。一番汚染されている福島を中心に見ると、また震災前の安全神話という同じパターンのプロパガンダが席巻していて、みんなリスクに気づかないままに自分を放射線に晒している状態が続いている。

ある程度時間がたてば被害が顕在化していくので、危機感も生まれて焦燥するんだけれど、私はテレビのようなマスメディアを使わないので、いっぺんにその人たちに現状を届けるわけにはいかないじゃない。

だから何をやってもこれはダメかも知れないなって。何をしたらいいんだろうかなって思ったんだけれど、やっぱり事実を知らなきゃダメだという結論に至った。

記録されない事実は存在しないと同じでしょう。結局いろいろなことを記録して、こういうことが行われてきたんだということを把握しない

写真5　上関での反原発デー県民集会（2023年）

と、すべて忘却され、過去も現在も未来もある特定の人にとって都合がいいように書き換えられてしまう。戦争をめぐる記憶なんて一番そういう問題をはらんでいるでしょう。

それで事実に基づいたすごくメッセージ性の高いものを作ろうと思ったんですよね。だから『内部被曝を生き抜く』という作品を先に作ったの。映画の前にツールとして被曝のリテラシーを上げることを目的に作ったんです。

映画制作に関しては、みんなすごく答えを要求しているような気がしてならないのね。「じゃ、どうすればいいのよ」みたいな感じで、すごくインスタントなファーストフード的な簡易な答えを求めているような気がした。特に震災三・一一以降は。

私自身も、すぐに役に立たないんだったら無駄なんじゃないかな、というふうに思ってしまって、すごい無力感があった。それでも、一人でも二人でもきちんとした事実を丁寧に伝えていくことが一番大事かなと思い直すようになって『内部被曝を生き抜く』を作った。

福島のような危機的な状況に直面していると、世界が瞬時に改善に向かうとかそういう奇跡が起これば、それに越したことはないなどと思ってしまう。ただ自分がどういうふうに今の現実に対して何ができるのかと、それが結果としてすぐに役に立たなくても、できることから地道にやっていくしかないんじゃないかなっていうふうに思えたので。

平野：話を聞いていて二つポイントが浮かび上がってきたように思います。一つは権力を握っている者、まあお金でも政治でもいいんだけれど、そういう人たちは、自分にとって都合が悪い記録を残さないことによって生き延びていくわけですよね。だからそういう記録を残さないような形で、ことを進めていきたいという権力者への抗い、それへの抵抗として、彼らにとって不都合な真実をきちんと記録していくことを決心された。

もう一つは、震災、特に原発事故が起きた後、政府はすぐにプロパガンダを始めるわけですよね。まず福島をはじめとして被曝の可能性に対する新たな安全神話みたいなものをね。だからそれに対抗する形で記録を残すということは、すぐには浸透しないけれど、政府が流すプロパガンダとは違う事実や視点を流通させていくことができる。それは、事実が隠蔽され、人権が踏みにじられるという緊急事態に対して行動をとるという政治的介入の意味を持っていた、ということでしょうか。

つまり、鎌仲さんはドキュメンタリー制作を通して第一に歴史への介入(記録、記憶をきちんと残す)、第二に現状への介入(政府と電力会社、そしてマスコミのプロパガンダに抗う)を行った。もしそういう動きがなかったら、安全神話が完全に勝利してしまう。

鎌仲：まあ、実際はほとんどの人が安全神話に飛びついているし。彼ら(政府、東電、メディア)の力のほうが圧倒的に強いから。

平野：確かに。政府はいつも簡単な解決策があるような話ぶりをするわけでしょう。「除染すればお家に帰れますよ」とか、「被曝は心配する必要がありません」とかね。みんな、「ほんとかなー」という懐疑を持ちながらも、やっぱりひどい現実に向き合うことがとっても辛いから、その安全神話に飛びつきたいわけですよね。それに対して鎌仲さんは、いや、現状に向き合うことは辛いけれど、まず何が起こっているかちゃんと把握しようよって、その理解から始めなければいけないというメッセージを送りたかった。

鎌仲：そうだね。でもそれすらほとんどの人がまだできてないから。そういう意味で、ドキュメンタリ映画というオルタナティブなメディアを使って人とつながっていこうとする時に、今一番苦労しているのは、どう持続させるかということ。お金の面でも、ネットワークという面でも。

東京大学の学食で「福島プレート」というか、「浪江町ディッシュ」、とか言うものを一食五〇〇円で出している。福島のお米と野菜中心のランチで女子大生にものすごい人気で瞬く間に完売して、それを食べた学生たちは、「だって政府の言っている数値以内なんだから安全なんでしょ」って言うわけ。だからそっちのほうが安心して食べられるということを言っていて。原子力発電を維持したい体制側は徹底して事故の卑小化をやっているなという感じなのよね。

そのような意識を持っている人々に、どのように映像を通して語られていない、知られていない事実を伝えていけるのか。そのための資金は確保できるのか。

平野：内部被曝の可能性をヘルシーなイメージに作り変えて学生に売り込むというその戦略は、エゲツないですね。それは、道徳観の悪用ですし、現実から目を背けさせることですね。しかも、福島の食品を消費することで、私も復興を応援しているのだという道徳観を満足させる。

鎌仲：三・一一以降、日本の中の言説もすごく変質したような気がする。嘘をそれは嘘だよねってわかっているのに、その嘘を受け入れてしまっているような心理状態が生まれた。

平野：どっか嘘くさいなと思いながらも、聞きたいこと、安心させてくれることに飛びついちゃうわけですよ。それを英語では「living in denial」と言うのですが、あまりにも辛く、ひどい真実に直面した時に、それに向き合うことが難しいから、それがあたかもなかったかのように振る舞う心理状況を指す言葉です。震災後に流布した「復興」「絆」「がんばれ福島」などの言葉は、そのような心理状況から生まれ、またそのような心理状況を利用しながら、物事をきちんと考えられない事態を生み出している感じがします。

鎌仲：そうそう。

平野：だから、すぐに嘘でもいいから安心する答えを出してくれる人に理屈なしに飛びついてしまう。

鎌仲：それは、もうゲームをやっている感覚とすごく重なって、反射神経で生きていくというか。コンテクストの中で、歴史とか、なぜこうなったのかとか、因果関係を振り返ったりとか、この後どうなるのかなとか、そういう時の流れ、時間の経緯の中で物事を考えるのではなくて、目の前の瞬間しかないような生き方が蔓延している。

そのような刹那的な雰囲気の中、今の日本の安倍（晋三）政権は、与党が圧倒的多数なので、やりたいことは何でもできちゃう。これまで戦後七〇年できなかったことを一気にやってしまおうという。それをわかっている人たちが見ると、「ああ、どうしたらいいんだろう、もうやばいよ」と思いながらもやっぱりそこにズルズル引きずられていくというか。
例えば武器輸出三原則が緩和されて日本は武器を売ってもいいと。もう三菱は戦車をどんどんと作ってどんどんと売ってもいいというような状況になっていることに気づいている日本人はほとんどいない。為政者は自分たちのやりたいことは進めているんだけれども、結局はそのことをブラックボックス化していて国民はそれを知らないで生きている。それで、本当に自分たちに火の粉が降りかかってきた時にはもう遅いっていうことを知らずに。なんか結構まずい状態に入ってきていると私は見ているの。

平野：鎌仲さんのお友達(NOddIN)が作ったアニメーション『戦争のつくりかた』(二〇一五年)の話になっちゃいますよね。(1)

鎌仲：そのような雰囲気あるいは時の流れに巻き込まれないようにするために、どういうふうにやっていったらいいのかというのが一つの課題なんだよね。
だから、三・一一後に映画の作り方が変わったかと聞かれたら、根本的なところでは変わってないんだと思う。マスメディアの流していく情報に対して、私の映画はやっぱりコンテクストを持って物事の文脈全体を理解すること、その中で自分はどこにいるんだ、ということを理解することを目指している。それによってしか問題解決はない。だから、映画というスタイルは私にとってすごく重要なんですよ。すごく必要なんだよね。

平野：実は歴史的に物事を考えるということは、同じことだと思います。コンテクストの全体性の中で今置かれている自分たちの時代状況を考えること、その位相をきちんと思考すること、それが歴史的な考え方だと思うんです。鎌仲さんがやっているドキュメンタリーの作り方に共通しています。

つまり、みんな焦っちゃって足をすくわれそうな時だからこそ、持続可能なものの見方というか、全体像を失わないような発想というのはもっと必要になってきているのかなということですね。

鎌仲：そう。そして、ドキュメンタリー映画は、きっと歴史も同じだと思うけれど、自分の置かれている立場の意味、社会的な意味を考えさせる媒体だと思うんだよね。三・一一以前は、自分たち（日本や他の「先進国」に住む人々）がなぜこの豊かさの中に居られるのかということを問うこと、それは、他の世界を貧しくさせながら自分たちは豊かでいるということの加害性というか、豊かな社会に生きているということは、ある意味で私たち一人ひとりが加害者なんだという、そういう現実に気づくことに焦点をおいていた。私が『ヒバクシャ』で発したかったメッセージの一つはそれだった。

平野：『ヒバクシャ』はある意味で、南北問題の弊害を取り扱っている映画でもありますよね。

鎌仲：そうなんですよね。踏みにじられていく人たちはずっと踏みにじられて。それは構造的な問題なんだよね。たんなる偶然ではなくて。

平野：それは不均衡で非対称的な世界構造ですね。

鎌仲：そう、そうなんですよね。非対称性。パリで一二〇何人殺されたら世界中の元首がね、「先進国」のメディアが一斉に「大悲劇」として注目する。でも六〇万人のイラク人の子供がアメリカやNATOの爆撃、また内戦の犠牲になってもニュースにもならない。とてつもない非対称性が世界にできちゃっているわけでしょう。その歪みを理解しないとなぜテロが生まれてきているのかも理解できない。

平野：全くその通りだと思います。

鎌仲：その世界の歪みに、自分が歪ませる重石として参加しているんだったら歪みを戻していく、ねじれを戻していく側に一人ひとりが気づいて戻ってくるということがとても大切なんだと思う。これは、福島と東京の関係性にある歪み、また都市と地方のそれと無関係ではないんだよね。

平野：その関係性や構造性を思考していく、ということはすごく大事なことですよね。『ヒバクシャ』はそれに大変成功していると思います。

鎌仲：そういうふうに見てもらえると本当に嬉しい。

▼情報コントロール：国家と原発産業

平野：『ヒバクシャ』は、原子力産業は日本でも、アメリカでも、旧ソ連でもかなり周到に核のリスクについての情報のコントロールを行っている現状を伝えています。特に、事故が起きたあとに起こる被曝の現状については、隠蔽のシステムができ上がっている感じを受けました。

鎌仲：そうですね。チェルノブイリが起きた時に、ものすごく被害が広がりました。[2] 被曝が恐ろしいものだというイメージが、チェルノブイリからかなりの量で発信された。国際的に原子力を推進したい人にとってみると、チェルノブイリは完全な失敗です。

つまり、被曝の状況について作品もたくさん作られたし、障害を持った子供が生まれるとか、次世代にも確実に被曝が継承され影響も出てくるということが、はっきりと見えてきた。チェルノブイリと聞いただけでみんな原発事故というようなイメージを世界中に構築してしまったわけです。

あれを反省して、情報のコントロールを徹底させていったような気がします。

平野：それは、国際的にということですよね。IAEA（国際原子力機関）なども含めて。[3]

鎌仲：そうです。ＩＡＥＡって日本とすごく密接に結びついているので、ＩＡＥＡの中枢と日本で原子力を進めたい人たちはしっかりとつながっています。だって世界中の原子力産業の中での日本のポジションはすごく重要ですから。

もともとは、まず東芝が二〇〇六年にアメリカのウェスティングハウス（Westinghouse Electric Corporation）を買収しているし、三菱重工がフランスのアレバ（ＡＲＥＶＡ）を買い支えているし、そういう意味では今や世界中の原子力の中枢は日本に移ったと言ってもいいくらいです。アレバはフィンダンドのオルキルオトの原発建設で大失敗をして大赤字を出して、経済的に逼迫しているところを三菱重工が支えているわけですから。

ただ、平野さんもご存知のように、原子力のリスクや被曝にかんする情報コントロールのルーツは原爆投下以降の政策に関わってくることを忘れてはいけないと思うんです。つまり歴史的に見て継続性があるんですよね。広島・長崎に原爆を落とした直後から、あるいは原爆を開発しているそのプロセスの中でも、被曝を過小評価する、被害を隠蔽するということは大々的にずっと行われてきたわけですから。

平野：三・一一で日本政府があれだけ迅速に山下俊一のような学者を福島に送り込み、住民に向けて何度も講演をさせ、またその講演に随行していた新聞社とかラジオ局とかテレビ局が、その講演をそのまま何の批判もせずに垂れ流したことも、やはり情報コントロールの一環と見ていいのでしょうか。

鎌仲：はい、私はそう見てます。やっぱり山下俊一という特異なキャラクターが重要な意味を持っています。つまり彼が世界的なチェルノブイリの研究者で、彼を論破できる人は少ないということです。だって彼が一番大規模な疫学調査をチェルノブイリで敢行しているわけですから。ただその五億円もかかった調査の費用は笹川財団から出ています。

政府も東電もそういうことはよくわかっているわけですよ。しかも彼は甲状腺学会のトップで、もうこれ以上の人はいないだろうという人を送り込み、的確に布陣をはった。そしてそれをメディアが垂れ流すという流れ。福島原発事故の直後から続いている基本的な情報流通の構造はそこでできた。

平野：しかし、山下さんのような研究者は、そのような安全神話の情報を作り上げ、流通させるということの意味、つまり真実を隠蔽することの重大さをわかっているはずですよね。

鎌仲：はい、そうだと思います。おそらく、山下さんたち御用学者は、政府や産業界が持っているコラテラル・ダメージ(副次的な被害、あるいは政治的にやむをえない犠牲)的な考え方に賛同してしまったのだと思います。彼の悪名高い「私は日本人だ。日本の国が決めたことは守るんだ」という発言は、そのことを示唆しているのだと私は見ています。つまり放射能汚染と被曝を全く意図してなかった付随的な不幸な事件として片付ける。特に、避難させたりすることによって、コミュニティーが崩壊したり、あるいは社会にパニックが起こるというような全体的なダメージを考えれば、そのように処置するのが妥当だろうという発想です。

平野：事故を構造的な問題としてではなく、つまり刑事上の責任が生まれる業務上過失致死としてではなく、偶然がもたらした致し方ない付随的な出来事として処理する。それによって、より大きな利益とそれを生み出してきた構造を護持するということですね。金銭的利益もそうだけれど、国が混乱に陥らないためにも福島や隣接県に住む人たちは犠牲になってもらわなければならないという発想ですね。

鎌仲：そうです。その発想は、原爆を落として二〇万人ぐらいの人が死んでしまうかもしれないけれど、アメリカ人が一〇〇万人死ぬよりいいじゃないか、ということをアメリカが言ってきたこととも重なってくる。つまり、広島と長崎の犠牲者は戦争を終わらせるために致し方ない捨て石、コラレラル・ダメージとして片付けられた。

平野：僕は、戦争体制と原発体制の構造的な類似性はそこにあると思ってきました。あるいは、近代国家は、独裁国でも民主主義国家であっても程度の差はあれ、犠牲が出ても国と産業が栄えればそれは必要悪なんだという発想を常に内在させてきたとおもうんですね。必要であれば国民に犠牲を強いるような構造が、実はいわゆる「繁栄」や「国益」を生み出し維持する構造の必要条件として常に機能している。産業の繁栄や国益のためには、犠牲は仕方がないのだという発想を英語では「national sacrifice zone」と言うのですが、そのような発想がいわゆる民主主義社会の中でも機能してきた。そして、犠牲になる人々は、ほとんど社会的・経済的な弱者です。

彼らには人権の保護はあてはまらないような、法律がそこで一時停止してしまうような例外状態の構造が、戦争にも原発にも用意されている。原子力産業が起す事故に対して、刑事責任が問われないのもまさにそれが理由だし、国家が国のために死ぬことを人々に求めても、また、人々が国家の名の下に他者を殺しても、殺人罪に問われることはありません。それどころか、そのようにして死んでいった人々、あるいは戦った人々は、国民の英雄として美化され称えられる。『ヒバクシャ』はそのようなむき出しの暴力を作動させる構造がグローバルなスケールで展開されていることを見事に描いている。

鎌仲：本当にその通りだね。私はそこまではっきり概念化して言えなかったけれど、それを常に感じながら映画を作ってきたと思う。原子力に厄介なリスクがあるということを承知しながらも、それでも原子力の持っているチャームというか魅力というものに惹かれて推し進めていく人たちの中には、自分がそういうことをするための大義名分というか大きな理由が必要なんだよね。ドキュメンタリー制作に関わっているとすごくそれを感じるんですよね。

平野：『ヒバクシャ』で描かれるハンフォードのケースを観ていて感じたのは、アメリカは「これによって我々はソビエトに勝った」と。「自由世界を守った」という大義名分を信じて疑わない。

鎌仲：そう、そう。

平野：それからもう一つは、科学者としてデータを見れば、実際、体や健康にそんなに害を与えているはずはないんだと言い切り、科学知の優越性を主張する態度。でもその一方で、多くの住民が癌で死んでいっている。

鎌仲：その因果関係は目に見えないからね。見えなくさせることができるから。またその犠牲になっている人に対して、やっぱりさっき平野さんが言った通り、差別の構造がある。

平野：まあ、かわいそうな人たちだけれども、これによってアメリカという国と世界が守られたんだという発想。これくらいの犠牲は仕方がないという発想がやっぱりあるんでしょうね。国策というものが作り出す状況では、人権を犠牲にすることが前提とされている。原子力産業に関して言えば、軍事力と産業的利益が密接につながっている。核兵器力を保持すると同時に、産業はすごく儲かるという話ですよね。例えば原子力発電所は一日中、これは二四時間動いているわけでしょう。

鎌仲：確かに一度停止してしまったものを動かせば、一〇〇万kw級であれば、日本では一日一億円と言われていますけど。だけど原子力産業はもうアメリカでは斜陽じゃないですか。もう一基も建ってないし、あまりにもリスクが高すぎるから、ヨーロッパでもアレバの失敗によって明らかになったし。

だからドバイとかサウジアラビアとか、今石油で儲かっているところが、未来の資本を食いつぶす前に原発を建ててしまって。(4) だって四〇年しかもたないんですよ。実際四〇年以下じゃないかな。それを解体するのにもっとお金がかかるわけじゃないですか。

それに、アメリカの科学者たちは、再処理をする意味は全くないと。だって核弾頭を解体すれば出てくるのはプロトニウムだから。今さら核爆弾を持て余しているアメリカにはプロトニウムは必要ないわけだから。しかもプロトニウムを燃料とする原子炉を開発する予算を考えたり、年月を考えたりすると、世界中で失敗しているわけだし。(5) 日本だって「もんじゅ」が爆発事故起こしたまま大きな負の遺産になっているわけだからもう世界は変わった。

エネルギーに関しては、思想の根本、つまり発想そのものが変わってきているのに、日本は相変わらずそれにこだわり続けている。でも、日本はお金儲けができる仕組みを作ってしまったから固執しているんですよ。ただ、全体を考えれば損しているんです。

平野：でも一部の推進したい人たちにとってはまだお金儲けができる仕組みになっている。

鎌仲：うん、そうですね。そういう制度を作ってしまったわけだから。つまり、年間だいたい六〇〇〇億円ぐらいあるエネルギー開発予算の、六〜七割を原子力に三〇年以上に渡って国家は振り分けてきて。

例えば『ミツバチの羽音と地球の回転』の中に出てくる上関原発では一基建てるのに四五〇〇億円かかるけれど、そのご褒美として中国電力にエネルギー開発予算から一〇〇〇億円とか五〇〇億円とか何年かに渡って出ていけば、タダ同然で建てられるし、なおかつ設備投資としてそれを計上してプラス三・八％の利益を電気代に上乗せできるという制度も作ってある。

あと電源立地交付金と言ってそういうのも税金から支払われるから、電力会社は何の痛みもないどころか、やればやるほど儲かるという、美味しい濡れ手に粟状態を原発に関しては作り出したのが、日本で原発がどんどんどんどん増えていったことの最も大きな要因ですよ。(6)

平野：これによって街も村も潤うし雇用もできるということを過疎化が進む人々には言い続けてきた。そして、日本は資源が貧しいから原発に頼るしかないと。

鎌仲：そう、日本の経済力を支えるために電気が必要なんだからと。経済成長支えているのは原発なんだからと。でも、三・一一以後原発を全部止めたって、日本は電気不足などにはならなかった。それなのになぜ、また再稼動なのかと。この地震の多い国で。六九五日間、一基も原発なしで十分やれた(笑)。

平野：世界的なレベルからすれば、原発のない生活だって、日本での生活は物質的には過剰なくらいに潤っていたわけです。そして、ハイレベルのエネルギー消費を続けた。

鎌仲：うん、過剰に潤っています。さっきも言ったように、第二次世界大戦直後のすごい貧しい暮らしの中から出てきた、より多くエネルギーを消費する暮らしが、より豊かな暮らしなんだという固定観念が今だに消えない。

だから六九五日間も原発なしで電力統制もなく節電もしないで、世界的にもすごいハイレベルなエネルギー消費の中で暮らしていながら、今だに原発反対をする人たちに向かって、江戸時代に戻るわけにはいかないんだという役人や御用学者、経済界の人たちが、日本には山のように存在するんですよ。

だから意識の切り替えがものすごく難しいんですよ。それまで何度も刷り込まれてきた深層の意識の底に書き込まれちゃっているって思うんですよね。

▼メディアの役割

平野：メディアの役割について話していただけますでしょうか。今おっしゃった原発政策や経済成長をめぐる価値観が刷り込まれ、いわゆる自然化されてしまった意識に対して、日本のメディアはほとんど何も問題にしてこなかった。今回福島の事故が起きた時に、メジャーなメディアの反応、あるいはそれ以後の報道をどう見てらっしゃいますか。

鎌仲：本当に真剣にやっているのは東京新聞ぐらいですよね。あと中日新聞かな。それ以外はそんなにやっていないんじゃないかなと思うんですよね。まあ、書かざるえないですよね、事実としてはね。はい一号機爆発しました、はい三号機爆発しましたみたいな。でもそれ以降、放射能汚染がどういうふうにとか、あるいは核燃サイクル計画をどうするのかというツッコミが全然ないし。

あ、朝日新聞では「プロメテウスの罠」っていうのをやってますね。あれはなかなかいいですね。ただ現状は、もう日本人は福島のことは飽き飽きだと。これまで全く書かれてこなかった原発の情報が、(事故後)堰を切ったように、ダムが崩壊したように溢れ出てきて、毎日毎日それればかり見てすっかり飽食状態になって視聴率も下がるし、購買意欲も下がるしということで、陳腐化したそのスピードがものすごく早かった。

平野：陳腐化が忘却へとスライドしていく。

鎌仲：もうたくさんだよ、とそういう感じなんですよね。でも国がいかに救済をサボっているか、自己を矮小化しているか、政策の一つひとつが本質からずれているということに関しては、メディアはきちんと言及していないと思いますよ。

テレビなんか一切。テレビのほうがもっと早かったですよね、原発のこと言わなくなるのは。今なんかもう一切ないですよ、一切。多くのテレビ局の最大のスポンサーは、東京電力だったから。

だから二〇一一年に私が何か賞を取った時に、民放のプロジューサーたちからパーティーかなんかで、鎌仲さんも僕たちの番組とかテレビに出てくださいよって言われ、まあ、出られるもんならね、って言ったら、もう東京電力はスポンサーじゃないですからって言ってたけど。

でも、一切私には声はかからないし、私のところに取材しに来るのは、フランスのテレビ局とかジャーナリストとかオーストラリア国営放送とかイギリスとかそういうところからは来るけれども、国内のメディアは一切なし。

『ミツバチの羽音と地球の回転』はちょうど三・一一の時に劇場公開していたけれども、それについて本当にしぶしぶと書くという。メディアはやっぱり本当の意味で原発事故の重さを理解してないと思うんですよ。

だから福島の中の福島民友、福島民放、あるいは福島放送のジャーナリストたちに、あなた方は、原発が爆発したあとに県民に対して危険だ、避難すべきだって、これくらいのレベルなんだって、放射線管理区域は人は住めないんだって、なんですぐ言わなかったんだと聞いたら、自分たちには知識はなかったって。政府がどういうふうに言うのかを待っていてそれを右から左へ流すという全く同じことをやっていたわけですよ。

戦後の流れの中で、原子力の平和利用というお題目が力を得る中、メディアがそれが持つリスク、環境へのダメージに触ることがタブーだったから、現場の記者たちは自分が努力して取材してそれについて書いても無駄だと。絶対日の目を見ないということがわかっているからオミットすると言うか、自動的にそれについては自分は取材しない。そうすると知の蓄積がないし継承もされないし、何が起きているかも興味も持たないし理解しようともしない。

▼イラクでの経験――ステレオタイプを問う

平野：鎌仲さんが核の問題とか被曝の問題とかをドキュメンタリーでやり始めようと思ったきっかけは、なんだったんですか。

鎌仲：やっぱり、イラクに行ったことがきっかけだった。アメリカのイラク侵攻と劣化ウラン弾爆撃で、多くの子供たちは被曝した。被曝を一旦してしまうと、もう直すことはできないわけだから。今は保養することで多少は軽減できるということを私はベラルーシから学んだけれども、でもイラクの場合でもチェルノブイリの場合でもすべての人が移住できるわけではないし、ある程度の被害が起きるわけじゃないですか。

それについて私自身が理解していこうと思ってやって行く中で、いろいろな問題が一つひとつ見えてきた。

理解しようと思うと歴史を遡らなくてはいけないし、原子力ムラの人たちとも会わなきゃいけないし、核燃料サイクルとはなんなのかとか、人間が放射線を浴びるとどうなるかとかを学ばなきゃいけない。

でも私の場合はもちろん文献も読むけれども、現場で学ぶことがすごく多いんだよね。

平野：やっぱり『ヒバクシャ』を作った時の経験がいろいろな意味で後の作品に影響した。

鎌仲：そうですね。あれがやっぱり始まりだからね。まず最初に原爆性核兵器を誰が何のために作ってその結果どうなったのか、ということを日本とアメリカの双方で考え、なおかつ現代の被曝であるイラクにおける劣化ウラン弾[7]の被害というか低線量被曝、慢性被曝について考えずにはいられなかった。『ヒバクシャ』制作の当時は、そのような視点はものすごくマイナーだった。

平野：なるほど。僕はその三つの場所（アメリカ、日本、イラク）をつなげた、空間的にもそうなんだけれども時間もつなげたというのは、すごい斬新というか素晴らしいことだったなと思うんです。普通一つの場所にこだわってしまうでしょう。そして問題を孤立させちゃう。そうじゃなくて地球規模での構造的な問題として存在するんだということを見事に描いた作品だなと。

鎌仲：核というものを垂直的な時間の深さと空間の広がりというかホリゾンタルなつながりの両方の軸を映画の中には持たせようと。

平野：それはやっぱり意図して。

鎌仲：うん、そうですね。

平野：それはすごくよく出ていると思いますよ。広島、長崎から始まってアメリカのハンフォードで、そしてイラクに行ってと、時間的なつながりと同時に空間的な広がりがある。

鎌仲：でもその原爆にあった人たちの中に被曝が体に現れてくる時間の経過っていうのがすごく重要なんですよね。その時間が被爆者の中にあるんですよ。その放射性物質が体の中で作用して、人間の体が変化していくっていう。それに時間は要するので、そこを生きてきた命というか人間の存在、生身の存在の軌跡を表現したかった。

平野：そうですね。肥田（舜太郎）先生でしたか。肥田先生の存在はまさにそれを体現していますよね。

鎌仲：そうなんですよね。

平野：広島被曝の語り部でもありつつ、その問題を解決する人間、それに取り組んできたお医者さんでもある。

鎌仲：そうなんですよね。でも素晴らしいのは科学者として大上段に構えているわけでもなく、目の前の患者に一人ひとり寄り添っていくというか。その人の人生をどのようにサポートできるかというアプローチを医者として持っている、そこがすごくヒューマンなんですよね。

平野：そうですね。イラクにもそういうお医者さんが出てきましたよね。

鎌仲：そうそう、ジュワードさん、アル・アリ・ジュワードさん。

平野：子供たちが癌でどんどん亡くなっていくという現状のあまりの悲惨さに落ち込んで、そのうちハートアタックで倒れちゃうかもしれないと彼は言っていました。

鎌仲：でもイラク人というのはあの先生に象徴されるように、非常に人間的に成熟した人が多かったなぁって、私が今まで会った中では。

イスラム教って「西側諸国」では今ネガティブに捉えられているけれども、一日に五回神に向かって祈る。つまりそれは自分を内省するということ。それを朝昼晩と五回、そういう神と向き合い自分と向き合う時間を持つという人たち。

私もイスラム教に関してそんなポジティブなイメージを持ってイラクに出かけていったわけではないんだけれども、彼らの中にあるそういう内省的に自分と向き合う姿勢。あとユーモアがあるというか。非常に情の深い人たちだったんですよね。

平野：なるほどね。それはドキュメンタリーの中でも、とても自然に出ていました。

鎌仲：そうなんですよ。私がイラクに出かける時に、日本で報道されていたイラクのイメージが、サダム・フセインに象徴されるように、好戦的で暴力的というものでした。ものすごくネガティブな本当に差別的なレッテルを貼りつけてステレオタイプを作り続けている。

まあ、アメリカもそうだし日本のメディアもアメリカのメディアと同じようなマトリョーシカ状態（入れ子人形のようにただひたすら同じステレオタイプを生産し続ける）で、そのステレオタイプを自分たち自身が壊すということができないでいるというか。

だから爆撃されて当たり前と思っているイラク人が実は私たちと同じ人間で誇りもあり人権もあり加害者じゃなく被害者なんだという視点を表に出したら、NHKは受け入れ難かった。もともとは、NHKの取材で行っていたので（笑）。やはり、「敵」は人間の顔をしていちゃいけないんでしょうね。ステレオタイプは非人間化に欠かせないイデオロギー装置だから。

平野：自分たちの作り上げてきたステレオタイプが壊されることへの違和感があった。

鎌仲：そう、そう、そう。ステレオタイプを強化することでしかマスメディアは機能しない部分がやっぱり宿命的にあるかなって。もちろんすべてのマスメディアがそうではないけれど。

私はその逆でそのステレオタイプを壊していくというか、もっと立体的・多面的に現実を捉え、見せていきたい。

▼「ペーパー・タイガー」との出会い

平野：なるほど。鎌仲さんはニューヨークに行った時にメディア・アクティビスト集団の「ペーパー・タイガー」に出会うわけですよね。(8) そしてそれに参加してそこで得た経験は今のような発想を得ていく上で決定的だった。

鎌仲：そうですね。ニューヨークに行く前は、日本で映画も作りテレビも作っていたけれども、そこで働いている人たちは何のためにそれをするのか、誰のために自分はメディアを作るのかというよりは、私もその一人だったんですが、作家として、あるいはテレビのディレクターとしていかにサクセスフルなクオリティーの高い映像を作れるかということのほうがプライオリティーがあるんですよ。

個性も出すし、その評価も気になる。誰のためかと言うと自分のためにやっているわけですよ。でも「ペーパー・タイガー」と出会って、メディアというのはもう一つすごく大きな役割があることに気づいた。

私はテレビというよりも映画というメディアだったたから余計に作家性というものが必要だというように思い込んでいたんです。だからこそこの部分の行き詰まりが私の中にあった。それで、ニューヨークで「ペーパー・タイガー」に出会った時にそこに参加しているメディアの作り手になっている市民たちが全員ほとんどマイノリティーだった。

メキシコから不法入国してきた人とか黒人でしかもエイズ患者とか。あるいはヒスパニック系の労働

写真6　ペーパー・タイガー

者であったりとか。もちろん普通の中流の白人の人たちもいたけれども、そういう人たちが自分の日常の経験から本当に実現したいことを映像にしていた。例えばカナダと同じようなシングル・ペイヤーの国民健康保険をアメリカでも実現しようとか。ところがアメリカのメジャーなメディアはそういう問題に全く関心を寄せない。だからそのコントラストが「ペーパー・タイガー」に行ったことですごく見えたんですね。この「ペーパー・タイガー」で映像を作ろうと。自分たちのメディアを作って、(既存の)メディアカルチャーへのカウンターカルチャーとして。

そのオルタナティヴのものを提供していこうとしている人たちの持っているスキルっていうのは、カメラなんて触ったこともないから、未熟だった。ただ彼らの中にはアイディアが、というか自分たちはこういうものが欲しいんだ、こういうものが必要なんだというものがはっきりとしてあるわけですよね。

でも私にはすでにスキルがあった。じゃあ、私はこのスキルを誰のために、何のために使おうと。私にとってすごくラッキーなことだったと思います。

平野：彼らの中にすごく表現したいビジョンが強烈にあったし、そのビジョンはただ単に自分の作家性とかじゃなくて、一つの問題意識に裏付けられていた。

鎌仲：そう、自分たちの問題を解決したい、メディアで解決したい。そう、問題意識はものすごくあるんですよ。でも作り方を知らないで模索していた。予算もないし。私はスキルはあるわけだから。しかもアメリカでそれをやるんじゃなくて振り返って日本にそういう映像の作り方がないなっていうのもすごく見えてきたので。

アメリカでは、言語的にも文化的にも限界があったので、日本で私にしかできないそういうことをやろうかなと思って九五年に帰ってきたんですよね。

平野：その時はどういう問題を取り扱いたいという明確なビジョンはありましたか。日本に戻って、こういう問題をこういうパースペクティブで斬りこみたいなという。

▼帰国後の取り組み

鎌仲：帰国した時は、まだ漠然としていたね。そしたら突然、阪神大震災が日本に帰ってきた直後に起きて、私は仕事もないし暇だったからボランティアに出かけていったんですよ。そしたら日本の問題がゴロゴロと転がっていたんですよ。家が壊れて家族が放り出されて、それまで家に囲まれて見えてこなかった日本の家族が持っている問題が。

ちょっと段ボールで仕切られただけの体育館の避難所で私がやっていたのはアレルギーを持っている子供たちのアレルギー食を東京のグループが提供してくれたので、それを車に乗せて自分で運転して配っていたんですけれど、そのアレルギーを持った子供の家に行くと、その家族が崩壊しているというか。男と女のジェンダーの問題もあるし、子供が置かれている厳しい環境もあるし、行政の問題もあるし、医療の問題もあったし、PTSD(心的外傷後ストレス障害)の問題もあったし。そういうところから始めたんですよね。

平野：偶然と言えば偶然だけれど、ニューヨークで問題意識に引っ張られたメディアのあり方ということを獲得した鎌仲さんがたまたま阪神大震災に出会って。

鎌仲：出会いなんですよね、私にとって映画を作るという作業は。私は、コンセプチュアルにこういうものとか、ああいうものとかを作るんだという発想はしないんですよね。現場で出会う。それに自分が惹かれるか惹かれないか、ピンと来るか来ないかみたいな。そこを掘っていくというところから作品を作っているので、形而上的にはあまり考えないんですよね。

平野：でもそのあと作り始めた作品は、テーマとしては一貫性がありますよね。一貫性というか問題意識を持続させつつ何かを作っているというか。

鎌仲：例えば『ヒバクシャ』を作っていくプロセスの中で次の問題が見えてきて。やっぱり深いからね、この核の問題は。現代に生きる人間とすごくいろいろな意味で絡み合っているので。

だから『ヒバクシャ』の中から『六ヶ所村ラプソディー』のテーマになるべき日本の原子力産業の今、みたいなものが見えてきた(写真7)。

私の場合はほかの誰もやらないような形で上映会を展開しているので、例えば上映後、直接観客からのフィードバックがあって、新しい運動が立ち上がってきてその運動を記録したりとか、『六ヶ所村ラ

写真7　六ヶ所村核燃料再処理施設

図表2　六ヶ所村

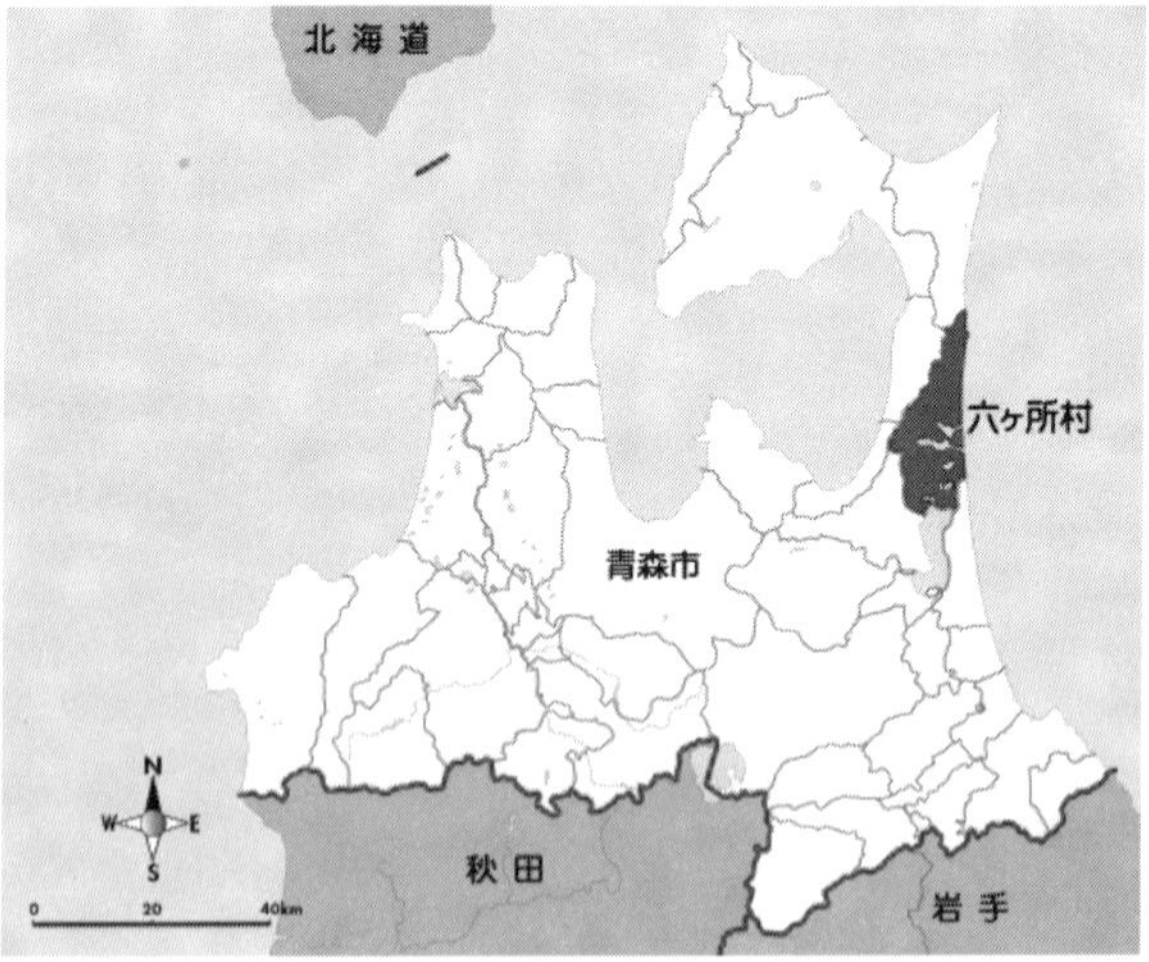

プソディー』を作って上映していく中でその人たちとコミュニケーションしたりする。

そういう中で『ミツバチの羽音と地球の回転』のような、原発をどうするのかではなく未来のエネルギーをどうするのかっていうテーマのものが必要だなって見えてきて。だからポジティブな解決をいかに提案できるかというのがこの映画の中ですごく重要になる。

平野：『ミツバチの羽音と地球の回転』を観て思うのは、もちろん、未来をこう作りましょうという明確なビジョンはないけれども、うっすらとそこに希望が見え隠れしている。決断さえすれば代替エネルギーを使ったりいろいろなことをやりながらボトムアップでコミュニティーというのは自立できるんだよ、という一つの可能性が提示されている。

▼自治の破壊

鎌仲：その、ボトムアップというのは言葉で知っていても日本人はあんまり実現したことがない。でもスェーデンでは本当にボトムアップなので。その現場を見ると、例えば牧場主が自分の牛のウンチからメタンガスを作ってエネルギーを自給していくという構想を、地域の人たちがお金出し合ってやっているという、そういうことはすごくヒントになると思うんですよね。

国に頼らなくても自分たちの手でできるじゃないかという、地方自治の発想ね。日本は本当に地方自治が弱いから。それは今考えている中でも大きなテーマの一つかな、って思うんですけれどね。民主主義の根本だからね、地方自治は。だから、国がとか安倍政権がどうのこうのっていう前に、自分が暮らして根ざしているところで目の前にある問題をどういうふうに解決できるかどうかというのが、民主主義社会の育成には大事なんじゃないかなと。

私はあまり首相官邸前のデモには行かないで、映画と一緒に北海道の端っことか東北の端っことか滋賀県とか島根とか九州とか回っているのは、やっぱりそこが変わらなければ中央も変わりようがないと感じてきたからなんですよね。

それは『ミツバチの羽音と地球の回転』でもスェーデンで起きてるのは中央集権的な国家ではなく、地域で生きている人たちが自分たちの力で地域をどういうふうにエネルギー転換させていくかっていう地道な取り組み。

実際、中央集権的な原発政策に祝島の人たちは苦しめられていて、自己決定権というものを奪われているわけじゃないですか。そこに住んでいる人たちが自分で決めるべきなのに一切それができない状態というのが。だからそこが変わらなければいけないと思っているんですよね。

平野：原発政策が一番暴力的だなと思うのは、まさにその部分かなと思っています。要するに国の論理と資本の論理がわーとやってきて、コミュニティーを、土地を、そこでの生活のあり方を奪っていく。そして、自治の可能性を骨抜き化していきます。これまで見たことがないお金が懐に入るんだからいいじゃないと言って地元の人たちを買収していく。でも、人が生きるということ、あるいはそれに伴う幸福感って、消費力や購買力の問題ではありませんよね(写真8)。現金が入っても、食、空気、水の質や安全、働くことの喜び、自然とのふれあいのようなものがコミュニティーとともに破壊されていく。やはりそこを鎌仲さんはすごく気にされていて、民主主義とは本来自分の住んでいるコミュニティーを自分たちの決断と意志力、またビジョンで築いていくものだという信念を感じる。

写真8　祝島の神舞

鎌仲：そうなんですよね。だから今も昔も福島が直面している問題は、自治が根こそぎ破壊されているという問題なんですね。そのことは、私の映画の上映回数を都道府県別に地図にしてみるとわかります。私の映画は自主上映なので、地元の人たちに呼ばれて初めて実現します。福島県での上映回数は、実はすごく少ないんですよ。

平野：そうなんですか。それは、市民グループが弱小だということですか。

鎌仲：そう。市民グループは存在しているけれどもとても弱小で、しかもすごく数も少ない。それに比べて例えば長野県なんてすごい多いんですよ。そこではやっぱり多様な市民グループがある、そして活発に地域で活動している。自治の意識が強い。そういうのがあるかないかですごく違うんですよね。

だから原発事故が起きた時にそういう多様なグループがすでに存在していたら、その市民グループが動いたと思うんですよ。情報発信とかいろいろな意味で、地域の中でコミュニケーションとか情報共有がすぐ行われたと思うんです。

活発な市民活動があるということは、自分の意見と違う相手と一つの目的に向かって共同作業ができるという経験と知識を積み重ねているということを意味するんです。福島ではやっぱりそういうのがちょっと足りないという気がします。それは、いろいろな複雑な歴史的、政治的、社会的、経済的要因があるのだと思うけれど、原発政策への依存体質が生み出したことでもあると思います。だから震災後、市民グループがたくさん立ち上がってきたけれどもすぐ分断されてしまった。原発建設のために、農民たちの土地を手に入れ、彼らのライフスタイルを根絶やしにするためには、お金による分断です。コミュニティーを敵と味方に分断し、お互い戦わせた上でその土地を手に入れていく。いわゆる連帯の芽を摘み取る、連帯があったとしてもをなし崩しにする方法です。これは、六ヶ所村でも、祝島でも、福島でも起こった(第1章を参照)。

平野：なるほど。市民自治的な基盤が比較的弱かった上に事故が起きてしまい、さらに政府や東電による分断政策が敷かれてダブルで弱体化されてしまうような状況が生まれてしまったのだと。

鎌仲：まさにそうなんですよ。私、武藤類子さんを応援しているんだけど、福島でかなり苦労されているなと思うんですよ。孤立させては絶対ならないなと。全国に武藤さんを支えたいという人は大勢いるので、大丈夫だと信じていますが、福島という地域の中では、すごく厳しい。

平野：彼女も言っていたのは、御用学者が事故のあとすぐにやってきて早速あらたな安全神話を広めたと。実は近所にいた人、それまで一緒に原発について脱原発のために勉強してきた仲間も説明会にとりあえず行った。そしてそこで学者たちが安全ですから心配ありませんと。私はチェルノブイリのこともよく知っているし、それに比べればこれはちっぽけな問題だから、というのを聞いたら、それまで本当に一緒に原発とか被曝について勉強してきた仲間ですらも、「素晴らしい」と拍手をして、「あの人素晴らしいね」となってしまう。だからその、ころっ、と変わってしまう瞬間を私は何度も見てきたと武藤さんは言っていました（第3章を参照）。

▼民主主義の実践——ドキュメンタリーの可能性

鎌仲：うーん。でもハンフォードでもそうだったじゃないですか。住民は、科学者の説明を聞いて、あっそうか、大丈夫なのだとすぐに納得してしまう。連帯の難しさというか、どういうような市民運動を展開することによって、資本だとか権力とかの罠（お金による買収や分断、安全神話）にひっかからずに、自分たちの生き方を保っていけるのかということはすごく大きな問題だと思うんですよね。だから私が映画でやろうとしているのは、構造を見るということなんですよ。自分が誰かを犠牲にしている構造に加担しているのだよ、そしてその構造を維持する政策は結局、自分自身の生活をも破壊するのだよということ、つまり「明日は我が身」ということがすぐに見えてくる。

その構造を支えるというところから自分が抜け出していくということが大事。そういう客観的な俯瞰的な視点から、今起きていることを、個人攻撃や二、三の人間に責任取らせて終わりということではなく、問題のつながりや仕組みが全体的に「あっ」て見えることが大事なんだと思うんだよね。新しい意識が生まれてこれまでの自分とズレを感じることを私は「意識の化学変化」と呼んでいるんだけど、そういうものが、ドキュメンタリーを通して起きたらいいなと私は思っている。

平野：問題を構造的に理解するということは、私たちが絡め取られている網の目、つまり社会という入り組んだ関係性を視覚化し、各自が当事者として自分の立ち位置を自覚することですね。そして、社会に変化をもたらすためにはその自覚が不可欠だということですね。

鎌中：その通りです。

平野：鎌仲さんは、上映会を民主主義のエクササイズと呼ばれているでしょう。それは今おっしゃった「意識の化学反応」とつながってくる。

鎌仲：そうなんですよ。時間かかるんですけどね。上映会のあとに必ずディスカッションの時間を取る。時間をかけて話し合うと、観客の中からもいっぱい発言が出て、議論がカルティベートされるというか耕かされるというか。例えば、ある町で上映会をした時に、福島から避難してきた女性は、自分の夫があまりにも内部被曝の可能性に無理解だったので、子供を救うために夫とも別れなければいけなかった。それで住宅支援が切られ、夫からの経済支援も一切ないから、子供を三人抱えてどうやって生きていったら良いのかと発言した。そして、今から地方行政に行って住宅支援を継続するよう陳情に行きますと言った。その彼女なんて社会的なことも政治的なことも生涯に渡って一切してきたことがないわけです。彼女のような避難民はいっぱいいる。収入は中流以下ですよね、話を聞くと。だからそういう人が今は救済されていないということを、そこに来た一〇〇人の観客が目の当たりにして、その暮らしの具体的なディーテールが徐々に明らかにされてくると、避難民に対する政策がすごく理不尽であり、国家のやっている無責任で犯罪的なことが生々しく出てくるわけでしょう。

ディスカッションをすることで、自分はそれに対してどうするのかという問題を考えざるをえない。そこに来ていた市議会議員がいて、いや、今この人から相談されて自分も一緒に県に陳情についていくのでみなさんも一緒に来てください、という話に展開していった。そうしたら観客の中で二人ほど、自分も一緒に行きましょうと言ってくれる人がいて。

平野：そうですか。上映会を通してお互いどのようにつながっているのか、またつながるべきかが見えてくる。そして、自発的な「運動」が生まれてくるということですか。上映会に来ていた観客がそれを観て言葉や考えを交換する過程で、新しい関係性を生み出していくということですね。

鎌仲：そう、連鎖がある。一緒に観るということ、そしてそれついてともに語るということがすごく大事なんですよ。

マスメディアで言っていることと、鎌仲の映画で言っていることと全然違う。これどうやって受け止めたらいいのって。何かモヤモヤとしてる。でもそのまま帰らないでちょっと待ってくださいね、と言って三〇分でも一時間でも一緒に議論したりすると、もうちょっと有機的なものとしてみんな持って帰る。

もう一つは必ずアンケートを取るようにしています。そうすると映画を観てディスカッションとか私のレクチャーを聞いてる間に、みんな自分が映画を観て感じたことを言語化するという作業をしていくんですよね。アンケートの回収率、すごい高いんですよ。ビシーとみんな書いてくるんですよ。それでまた一人ひとりの中にフィードバックも起きるし。それでその上で上映会を企画したグループとつながろうかなと。つながることを私も強く勧めるんですけれども。

平野：人間同士が顔と顔をつき合わせて、しかも全然違ったバックグラウンド、例えばこの方は経済的に苦しい立場にいる、もう一人はお金あるけれども社会の現実をよく知らない、そういういろいろな立場にある人が集まる中で、多様な声が生まれ、その声が共有されることである種の民主主義的なエクササイズができると思われているわけですね。

鎌仲：それは「ペーパー・タイガー」をやった時に、ものすごく多様な人たちが集まって、一人ひとりの意見を優劣をつけずに全部聞くということをやっていたんですよ。毎週水曜日に一〇人集まったら、一〇人一人ひとりが自分の意見を言うと。それを絶対遮らずに最後までみんな聞くからものすごく時間かかるんですよ。本当にこんなことで番組ができるのかと、なんか作品を一つ作ることができるのかと思うぐらいにものすごく時間のかかる作業を一つひとつやっていく。それが民主主義だと、私は学んだので、だから、民主主義はそういう面倒臭いことなんだ、と私は思っているんですよね。

平野：民主主義って、日常的な文化の営みや実践の問題なんですよね。

鎌仲：首相官邸前で叫ぶのはすごく大事。でも日々やっていくということがそれ以上に大事だと思っています。

平野：民主主義社会を作るということは本当に時間のかかることだし、しかも作ったから終わりですじゃなくて、そこに関わる人間たちが、自分たちで丁寧に辛抱強く持続していかないと消えちゃうような話でしょう。

鎌仲：誰かに「ああしろ」とか「こうしろ」とか言われるんじゃなく、「これは自分たちでやんなきゃダメだな」とみんなが感じることなんですよね。そう思ったら実際やり始めるし、みんな能力もあるし、思考力もあるし、行動力もある。そのような自覚を持ち、つながっていける人たちは、ものすごくできるようになっていくわけですよ。

平野：それは、そういうポテンシャルが今まで許されてこなかったというか、自分にもそんなポテンシャルがあるということすらも知らない人たちが大勢いるということでもある。もし、民主的な社会を各人が日常生活で感じることと考えることを何かしらの方法で表現し、伝え合い、練り上げていく、また行動に移していく社会と考えた時、そのような文化が戦後日本の社会できちんと築いてこれたのかどうか。

鎌仲：築けなかったと思うよ。自分が自由だ、つまり自由に感じ考え表現し、それにきちんと責任を取って生きていいのだという意識が希薄なのだと思う。というか自分が自由に表現して良い存在だ、それによって人のポテンシャルは活かされるのだというふうにどこからも習ってきてない。原子力発電の歴史は、そのような政治文化の上に成り立ってきたし、それをさらに強化することになってしまった。

そして、日本の教育は、そのようなポテンシャルを封じ込める。あなたは自由なんですよって、自分で決めていいんですよって、自分で思ったことや感じたことをこの場で言っても誰からも傷つけられないから、みんなそれを聞くから、その意見は尊重されるから、この場ではみんな自由に発言していいんですよ。それを日本の教育は育ててこなかった。だから、上映会のあとをそのような場にしたいんですよ。

平野：その場におけるもう一つの大事な原理は、我々はあくまでも対等で平等なんだということですか。

鎌仲：そう、優劣がないということ。男であろうが女であろうが、年をとっていようが若かろうが。大卒であろうが、なかろうが。フラット、水平に。私たちは対等な存在ですよねって。

平野：ディスカッションをやったあとって、みんな解放されたような感じになりますか。

鎌仲：すごい満足して帰っていくね。なんとなくすごく満たされた、すごく力をもらったというか。

平野：エンパワーリングなんですね。

鎌仲：エンパワーなんです。

平野：そのエンパワーされるというか、できるんだという経験が封じ込まれてきてしまったということ。

鎌仲：そうそうそう、それを封じ込めたい側がいるんだよ、議論してつながって「意識の化学反応」を起こすことを封じ込めたいわけですよ。だから福島の人が放射能が心配だ、放射線の影響はどうなんだろう、子供は大丈夫だろうかという感情を抱くということ自体が、心配する状態に追い込まれたこと自体が被害だから、それについて語るということは被害をきちんと言語化して訴えていることにほかならないんですよね。

だからそのような訴えが共通の意識を生み出し、運動となっていくことを封じ込めたい。心配だと思っているお前がどうかしているんだと。それは、お前が無知だからだぞ。そんなこと言ったら風評被害に加担することになるんだぞと。そんなこと言ったらお前が差別側に立つことになるのだぞというふうに封じ込めて、被害を訴えるという声そのものを根こそぎ摘み取ってしまう。

平野：鎌仲さんの作品の中でいつもいいなと感銘するのは、それこそ推進派も反対派も含めて、いろいろな人の声が対等に平等に紹介されるでしょう。

しかも、ちょっと学術用語で言っちゃうとポリフォニー、多声性と言って音楽理論の用語からきているんですけど、多様で時に対立する自立した旋律が交差し、ぶつかり合い、反響し合うような対話的関係によって成立する構造、それをポリフォニックと言うんですけれども、映像を撮る時に、それをいつもイメージしているんですか。

さらに、鎌仲さんの映像は、いろいろな声が響きあったり対立したりぶつかりあったりする中で、観ている人間はその中でいろいろな話を読み解いていくことができるわけですよね。これってまさにドキュメンタリーの持つ民主的な可能性、観るということが民主的なエクササイズになるんだという構成になっている。

鎌仲：観ること自体がね。

平野：そう、それ自体がね。そのことは、すごく意識して作られていますか。

鎌仲：はい。

平野：やっぱりそうですか。あえてそういう構造にしている。

鎌仲：うん、そうね。というか、私のメッセージよりも映画に出てくる一人ひとりが発するメッセージのほうに重きを置いているわけ。私はそれをいかに聞き取るかというか、聞くかというか、受け皿を用意しているわけで、日本の社会の現実の中には開かれた言論空間というものがあまりない。

多様な声を響き合わせるようなところがあまりないので、『六ヶ所村ラプソディー』にしても推進している人と反対している人が実際言葉を現実の中で交わすわけではないけれども、私の映画の中で共存することでその声が響きあうということが可能になるわけですよね。

平野：ご著書に書いてあったけれども、ドキュメンタリーを見たあとに六ヶ所の住民は本当に対話し始めるんでしょう。

鎌仲：そうそう。

平野：すごいことですよね、それって。

鎌仲：私は作品を作るだけじゃなく、「その後」ということをとても大事にしています。『六ヶ所村ラプソディー』のその後の『六ヶ所村通信　NO.4』っていうのを作っています。実際対立する人たちが、対話し始める。それが草の根で起きるということが大事だと思っているんですよね。だからファシリテーターになりたい。

平野：鎌仲さんは、作品でも生き方でも対話をすごく大切にされていると思うんですね。作り方ももちろんさっきおっしゃられたように、彼らが何を言いたいのかを聞くということから始めて、映像空間の中で対話を生み出していく。そして今度はそれを鑑賞した人が対話するじゃないですか。そして映画に出演した人たち自身が実生活で対話を始めることもある。対話の連鎖を作り出している気がするんですよね。

鎌仲：うん、そうですね。なんか一人が沈思黙考しても大したアイディアは出てこない、という私の体験からきているんですよ。本当に人は全く異質な誰かと対話することで、すごくインスパイアーされるし自分の中に未知の声を発見することも多いので。似た者同士が心地よくいたんじゃダメなんですよ。日本の社会の中で足りないのはそこだと思う。私も教えている学生たちに言語化することの大切さを強調しています。若い子たちは、イメージでしか語らないというか、なんかすごく、もやっとした物言いでごまかしていくでしょう。だからそれを言葉にしていくことの大切さを知ってほしい。私、武藤類子さんの言葉ってものすごく的確だと思うのよね。(9) 本当に感心します。

▼感性の革命：暮らしの「政治」

平野：一つお聞きしたいのは、新しい市民運動について書かれていますが、その中で、「感性の革命」とか「足元からの革命」という言葉を使っていらっしゃるでしょう。新しい市民運動のあり方についてちょっと話していただきたいんですけど、お話を聞きながら、もしかしたら映画の作り方にもすごく関わってくる問題なのかなと思うんです。
六〇年代七〇年代の政治運動というのは、組織があって、先頭を切るリーダーがいて、党派性があって、右か左かをはっきりさせてみたいな、そういうところで動いてきたじゃないですか。誰が正統で正統じゃないみたいな話になってくるじゃないですか。今、それとは全然違う時代が来ていて、鎌仲さんが作っている映画の方法もそうだし、その広がり方も新しい運動のあり方を反映していると思うんですね。その可能性についてもう少し話していただけますか。鎌仲さんがおっしゃる「感性の革命」とか「足元からの革命」とかについて。

鎌仲：やっぱり暮らしだと思っているのね。日常の暮らしの中から、本当の変革は始まるのかなと思うんですよ。大きな歴史の法則とか、教養とかではなくて。そういった意味で、武藤さんと同じように、「おんな」という感性を信じています(第3章を参照)。暮らしを一番身近に生きているのは女性だと思うので。都会で生きていようが地域で生きていようが、ご飯を作ったりとか洗濯をしたりとかゴミを分別したりとか。自分がどんなゴミを出しているのか、というのはどうしてもゴミを出す人が意識するんですよね。食事も、どんな食材を使うべきか。安全か、健康かなど。あるいはどんな洋服を選ぶのかとか、そこにエシカルな考え方があるかどうかということも。そういうすべての暮らしを総合して自分は幸せだと感じるんだと思うんですよ。幸福感というのを。
暮らしを守るというのを一番根っこからやっているのは女だから。もちろん、そこにジェンダーの差異が本当はあっちゃいけないのかもしれないけれど、現実社会の中でそのような立場にあるのは圧倒的に女であることは否定できませんから。だから暮らしから出てくる運動が一番長続きするんじゃないかなって。暮らしに可能性を見出すというのは、古いようで新しい。

私が『エンデの遺言――根元からお金を問う』(NHK、一九九九年)という番組を作った時、テレビ番組としてはものすごく異常なほど反応があって、お金とはなんなのかって。お金ですべてが交換できる、お金で代替できるというように、日本社会が価値観を変貌させてきたことを考え直して、お金がなくても暮らしを支えることができるライフスタイル、そういうちょっと理想郷みたいなことを考え始めたんですよね。

それはやっぱり支え合う関係、お互いを尊重しながら助け合う社会。そしたらそれを実現できるのは都会ではなく地域で生きるというふうになって、特に『六ヶ所村ラプソディー』を観た若者たちは地方への回帰というか、そんなことを始めたんですよ。それが今回の原発事故ですごく加速したんですよ。私の映画を観ていてそれで移住を決意しました、という若者がいっぱいいます。思考錯誤して苦しんだりとか失敗してる人たくさんいるけれども。

食べ物への関心もすごく高まった。どこから来るのかとかね。だからライフスタイルを見直していくっていうことからしかエネルギー転換もできないし。エネルギーっていうのは電気だけじゃないですからね。食べ物もそうだし、移動もそうだし、自分の暮らしがどういう暮らしなのかということを検証していくということから出てくる感性。

平野:それが「感性の革命」なんですね。自分の日常生活とかライフスタイルを支えていた価値観、幸福感とかをもう一度見つめ直すということ。

鎌仲：これまでの価値観のままでは生きていけないと感じることが大事なことなんですよね。だからそこは頭でわかったことと、実際自分の肉体が動くこととは、またすごく時間差があるのでね。でもまず意識が改革されなかったら、いつまでも常識にどっぷり浸かって自分の生き方を手にしていけない。自分の暮らしってこれでいいのか、こうやって過剰な物質的な金銭的な豊かさをただ追い求めて生きていくことは、どこかに犠牲を生み出しているし、自然環境を破壊する構造に加担しているんだということに気がつくこと。一人ひとりの中にそれが起きることが、革命的なんだと思うんですよね。

平野：なるほど。それが鎌仲さんが言う「当事者意識」というものでしょう。

鎌仲：そう、現代社会に生きる限り何らかの加害性を持って生きざるをえないんですが、その加害性をいかに減らしていくのかということができないといけないなと思うんですよね。で、そういうことに気がついた仲間が、私よりももっと若い人たちが、私はこういうふうに暮らしています、という情報をすごく素敵にね、ネット上で交換し合い発信し合ってます。

だからそれが実は一番政治的なんですけど、私はそれを政治とは呼ばずにやっていきたい。

▼保養：学び合うことの希望

平野：鎌仲さんの現在の関心は、現在進行形の被曝からできるだけ多くの人をどう救済するかということだとおっしゃってましたよね。『小さき声のカノン』の場合だと保養ということが一つの解決策、というか救済の可能性として描かれている。

鎌仲：うん、そうだね。実際対策としてね。そういう一つの対策とか可能性を提示していくというのは、ポジティブに解決したいという思いがあるから。だからただ問題を叩きつけるだけじゃなくて、その問題に人間としてどう取り組んでいくのか、どう解決していくのか。そこでとても重要になるのが、やっぱり先人の知恵だよね。

ベラルーシのお母さんたちは、二七年、二八年、二九年のあいだずっと格闘してきた人たちなんだから。それで今、福島で同じことが起きているわけだから、彼女たちの格闘から学べることはたくさんあるわけだよね。

平野：ベラルーシと福島をつなげて考えようと思ったのは、ベラルーシの市民たちによって保養という取り組みがずっと行われてきた事実を知っていたからですか。

鎌仲：今起きていることは低線量の慢性的な内部被曝だから、それと同じことが起きていたチェルノブイリでは、みんなどうしてきたのかをとても知りたいと思った。

平野：ベラルーシと福島との比較は本当に効果的だったと思います。今、福島のお母さんや子供たちが一番知りたいのは、どうすれば内部被曝の可能性や影響を減らすことができるのかということですよね。特に心理的に追い込まれている人たちにとっては、暗闇の中の希望の光みたいな意味を持っている。

鎌仲：そうだよね。やっぱり人間が人間から学ぶことを諦めない。

平野：そうですね。人間の経験や知恵を信じるという姿勢は、鎌仲さんのドキュメンタリーの力強いところですよね。

鎌仲：人は失敗や試行錯誤から多くを学ぶじゃないですか。だからドキュメンタリーの一つのベーシックな考え方として、単純にジャッジメンタルにならないこと。相手をジャッジしないということがとても大切。人間ってすごく矛盾を抱えた存在だから。だから矛盾そのものを冷静に把握した時に、より本質的な問題やその解決方法が見えてくるんだよね。何がその矛盾を生み出しているのかとか、そういう矛盾を生きざるえなくなっている人間のあり方とか。自分がその渦中にいる時はよくわからないけれど、人を客観的に見ると、自分を見るようにすごくわかるでしょう。私の映像の方法はそういう効果を狙っています。

だからジャッジメンタルじゃないから、どんな立場であろうと平等に、対等に声を拾い上げていきたい。対等であることが物事をすごくシンプルに見せてくれる。

平野：シンプルなんだけど、すごく入り組んだ話を見せてくれるでしょう。

鎌仲：うん、そうなんだよね。

平野：だからそれがはっきりわかるという意味のシンプルさでしょう。

鎌仲：そうなんですよね。矛盾が矛盾として立ち上がってくると。

平野：単純に善悪で分けられない世界みたいなものを見事に見せるでしょう。もちろん鎌仲さんの立場はきちんとあるんだけれども、それを押し付けたり、いきなり結論に飛ぶのではなくて、入り組んでいる現実を見せてくれる。そうすると自分は同じようなジレンマや矛盾を抱えながら日常を生きているということを映像を見ているほうは突き付けられるでしょう。そしてあなたはその時どうするの、みたいな話になってくる。

鎌仲：そうそう。でみんな自分に引きつけて考えるということがすごく大事で、それが一番できていないんじゃないかなって思う。今の日本社会は共感性を断ち切って、サバイバルにのみ人は夢中になっている。いちいち人に共感なんかしてられないよってね。それは大きく言えば非常に寂しい社会。一方で、愛国心やナショナリズムのような歪な共感性だけが鼓舞される。だから映像を通して学び合い、つながり合うことから生まれる共感性や希望を信じてやっていきたいね。

平野：残念ながら時間切れです。今日は本当にありがとうございました。

注

1 戦後七〇年となった二〇一五年に、現代の日本のアニメーション作家たちが結集し、「反戦の物語」として制作したアニメーション短編映画。原作は『戦争のつくり方』（りぼん・ぷろじぇくと、マガジンハウス、二〇〇四年）

2 チェルノブイリ原発事故は、ヨーロッパ全域、さらに世界全体に核汚染をもたらしたと言われている。一九九一年に国連はチェルノブイリ信託基金を創設し、国際連合人道問題調整事務所（ＯＣＨＡ）がその管理運営を行っている。ＯＣＨＡは、二〇〇〇年に「Chernobyl – A Continuing Catastrophe」を発表し、二〇〇六年には、ベラルーシ、ウクライナ、ロシアの国家レポートが出された。ＯＣＨＡの「The United nations and Chernobyl」によると、事故によって待機中に放出された放射性核種は約五二〇種類にも及び、ベラルーシ、ウクライナ、ロシアの三カ国で、八四〇万人近くの人たちが被曝したと見られている。

このレポートによると、ウクライナでは三五〇万人以上が被曝しており、そのうちの一五〇万人が子供であった。癌の発症数は一九・五倍に増加し、甲状腺癌は五四倍、甲状腺腫は四四倍、甲状腺機能低下症は五・七倍、結節は五五倍となっている。

ベラルーシでは、放射性降下物の七〇％が国土の四分の一を覆い、五〇万人の子供を含む二〇二〇万人がその影響を受けたと言われている。ベラルーシ政府は、一五歳未満の子供の甲状腺癌の発生率が二〇〇一年には、一九九〇年の二〇〇〇例から八〇〇〇～一〇〇〇〇例に急激に上昇したと推定している。

ロシアでは、二七〇万人が事故の影響を受け、一九八五年から二〇〇〇年に汚染地域のカルーガで行われた検診では癌の症例が著しく増加している。乳癌が一二一％、肺癌が五八％、食道癌が一一二％、子宮癌が八八％、リンパ腺と造血組織で五九％が増加している。

3　国際原子力機関は、一九五三年にアイゼンハワー米大統領が国連で行ったAtoms for Peaceの演説を受けて、アメリカ主導で一九五七年に創設された。国際連合の保護下にある自治機関であり、世界の原子力エネルギー政策の推進をバックアップしてきた。本部はオーストリアのウィーンにあり、東京とトロントに地域事務所、ニューヨークとジュネーブに連絡室がある。

4　二〇二〇年八月一日に中東の産油国であるアラブ首長連邦（UAE）が同国西部に建設したバラカ原子力発電所が稼動した。石油に依存しない経済づくりを目指すアラブ諸国は、原発エネルギー政策への転換を視野に入れており、これが商業化した初の原発となる。建設を引き受けたのは、韓国電力公社（KEPCO）。

5　二〇二〇年四月時点で、アメリカでは五五カ所において九三基の原子炉が稼動し、アメリカの電力供給全体の一九％を占めている。ロシアによるウクライナ侵攻を契機にそれまで斜陽産業とされていた原発政策に変化が起きている。アメリカの原発の半数以上が経済的要因により閉鎖のリスクを抱えていると言われているが、エネルギー供給が安全保障問題として浮上した現在、バイデン政権は総額六〇億ドルの予算を当てて原発による電力供給の維持を表明している。イリノイ州は原発二基を閉鎖する計画を中止し、ジョージア州も新たな原子炉二基を建設中で、二〇二三年からの稼動を目指している。世界的にも、ヨーロッパで最大の原発国フランスは、二〇五〇年までに原子炉一四基を新設することを決めており、英国でも二〇五〇年までに七基の原発を新設する可能性があるとしている。安全性と価格競争力の観点から、劣勢とされてきた原発政策が、ロシアのウクライナ侵攻によって見直され始めている。

6　電源立地交付金は「原発マネー」と言われてきた。原発用施設の立地をその地域の住民に受け入れてもらうために、公共用施設や住民福祉の向上を行うために使われるお金。比較的に財政が厳しいとされる自治体に原発が作られてきたのは、この交付金の力によると言われている。

7　劣化ウラン弾は、戦車などの装甲に貫通すると発煙して微小な粉じんとなって環境中に飛散する。一九九一年の湾岸戦争で初めて大量使用され、イラク軍兵士や民間人に放射能が原因と見られる健康被害が多発した。さらに、参戦した米英軍兵士にも同様の被害が出て「湾岸症候群」として論議を呼んだ。日本では沖縄県鳥島射爆場で一九九五年末から九六年にかけ米海兵隊が使用し問題となる。

劣化ウラン弾は、一九九四年から九五年にかけての北大西洋条約機構（ＮＡＴＯ）軍による旧ユーゴスラビアのボスニア・ヘルツェゴビナ空爆、一九九九年のユーゴ・コソボ空爆でも使用され、両地域で平和維持活動などに当たったイタリアなどの帰還兵士の間で白血病などが発生した。三月に発表された国連環境計画（ＵＮＥＰ）の現地調査報告では、広範囲の地表汚染はないとしているものの、土壌汚染や地下水による被害拡大のおそれを指摘している。

8　「ペーパー・タイガー（Paper Tiger）」は、ニューヨークを中心にテレビ番組の制作をする非営利的団体。ＰＰＴＶとして知られ、メディアアクティビストでありドキュメンタリー映画監督であったディーディーハレック（Dee Dee Halleck）によって一九八一年に創設された。市民のメディアを見る目を養うこと、大資本によるメディアへのコントロールに抵抗することを目指している。一九九一年湾岸戦争支持一色のアメリカの中で、ＰＰＴＶは反対の声を挙げた。

9　武藤類子氏に関しては、第3章を参照。

05

強制帰還政策の行方

中央と地方行政の狭間で

――「本当に避難生活で困窮されている方をどう救っていくか、というのをもっと考えなければいけない。例えば、私のように職を失わずにやっている人よりは、全く職もなく、体が弱って働くこともできなくなってしまい、帰る家も震災で潰れてなくなってしまったという方は、何をどのようにしたら良いのかわからないわけです。」

元浪江町役場職員 **鈴木祐一**氏 二〇一六年一二月二〇日、福島県浪江町役場にて

鈴木祐一氏は一九六〇年浪江町生まれ。三・一一の震災によって五六五人の命を失った浪江町は、原発事故現場から二〇キロ以内に位置していたために、三月一二日に三九キロ離れた二本松市に移された。鈴木氏は震災が起きた当時、住民生活課環境係(ゴミ、新エネルギー等担当)で働いたが、震災直後に災害対策課へと配属され、津波で行方不明になった町民の捜索、未避難者のための仮設住宅の確保、住民の避難支援などを行った。その後、除染の対策、町民帰町の準備、帰還者のための浪江診療所の準備などに携わる。私は新潟大学の天谷吉宏教授と当時カリフォルニア大学ロサンゼルス校(UCLA)の大学院生であった河野洋氏とともに二〇一六年の夏と冬に鈴木氏を訪ね、インタビューを行った。鈴木氏は、当時から中央政府がすすめる帰還政策や復興政策は順調に進むことなく、帰還を選択したしたお年寄りたちが亡くなったあとは、町はほぼ無人化する可能性があると指摘していた。二〇二三年三月に復興庁が発表した調査によると、浪江町の人口は約一四〇〇人(二〇二四年三月現在二一九五人)であり、避難した住民の八割が戻らないと決めている、あるいはまだ判断がつかないと答えている。その理由として医療や介護への不安、商業やサービス業の不足、住宅確保への支援の不備、放射線量のへの不安などが上がっている。この回答からも、避難者の高齢化が進んでいることがわかる。また、帰還者の七割以上は年齢六〇歳以上である。

▼「除染」と「帰還政策」

平野：鈴木さん、前回（二〇一六年の夏）同様、今回もインタビューをご快諾くださってありがとうございます。鈴木さんは、震災後から最近までずっと除染の仕事を浪江町役場の職員の立場で推進されて来られました。

一般に除染が済んでも、放射線量がまた戻ってしまうと言われています。そのような状態の中、日本政府や地方行政が進めている「帰還」や「復興」は可能だと思われますか。例えば、お米の実験作付けなどが行われて、農業の復興の可能性を探られてきましたね。この段階で、村に帰って農業を再開したいという方々はどれくらいおられるのでしょうか。そして、本格的な除染が済んだあとでも、間違いなく線量が上がることはないという保証はあるのでしょうか。

鈴木：以前いたポジションが除染対策課で、そこにいた中で私が理解していることは、除染後に線量が除染前のように高く戻ってしまうという認識はないんですが、除染後の数値が果たして安全な数値に下がっているかというと、いろいろな専門家の意見によれば「はてな？」ということだと思います。ですから、個人的には懐疑的です。

ただ震災前の毎時〇・二あるいは〇・三マイクロシーベルト以下に下がっていれば、実際我々が避難している二本松でも〇・二とか〇・一で多くの方が生活しているので、避難先にいても浪江にいてもそう変わりはないのかな、という認識はありますね。

平野：除染があまり効果がないんじゃないか、という人もいますね。私の実家がある茨城県に浪江から

写真1　浪江 荒れ果てた里山地域

避難されている方が何人かいて、先日、家の様子を見ようとスタディーツアーに参加されたようです。茨城大学の先生方も同行されたようで、線量を測ったら非常にムラがあることがわかったと言っていました。あるところでは除染の結果、線量も下がっているけれども、裏庭や近隣する林で測ったらものすごく高い線量(毎時四マイクロシーベルト――新しい基準値毎時三・八マイクロシーベルトを超える量)が出たと言っていました。

鈴木：それは除染をしてないんですね。していないっていうか、林や森というのはしたくてもできないんですよね。本当なら伐採すればいいんですが、下草を取ったぐらいでは効果は全くありません。土を剝ぎ取らないとダメなんですよね。まあ、宅地周りは剝ぎ取りしているから、線量もグッと下がるんですが。例えば、私の実家は避難解除準備区域なんですが、毎時三マイクロあったんです。でも除染作業が終わったら、二・五マイクロ以下になっています。

平野：そうですね。ただ、浪江町に限らず、今回被害のあった地域は自然がとても豊かで、森林に囲まれている地帯です。その森林が除染できないということは、風が吹けば除染した場所でも線量が元に戻る可能性は十分あるでしょうし、実際戻ってしまっているというのが元住民や専門家の意見です。つまり、除染が上手くいっているところと、あまり上手く行っていないところと、大きなムラがある。

鈴木：土をきちんと剝ぎ取られたゾーンばかりだと大丈夫です。でも、裏山とかがあるところは触らないですよ。だから今、町で言っているのは、そういうところは山林ではなく里山だと。人が生活する山だから、そこもきちんと除染をしてくださいよと。そうでないと、帰還なんかできませんよと国や東電に言っています。

ただ山林は全部伐採すると災害になるでしょ、やっぱり、保水力がなくなって。そういう意味で、里山の除染は難しい。里山って、手付かずの自然に見えますけど、長い間、人が自然をうまく生かしながら作り上げてきた生態系なんですね。だから、ただ木を切ればいいってことにはならない。残念ながら、町民の人はそういう除染が行き届かないゾーンに近づいちゃいけないというのが一つの考えです。

自分の庭先が線量計で〇・二だったら、その同じ線量計で別の場所で一・〇が出る。一・〇は高いんだよ、というのを認識して、できるだけそこには立ち入らない。ホットスポットだという認識を持って、自分たちで判断してもらうしかない。残念ながら、それが現状です。

平野：常に放射線量を計測しながら、ここは大丈夫だけど、そこは行っちゃいけないなどと気にしながら生活しなければならないのは、心理的にも精神的にも辛いですよね。毎日の生活から安心を奪われている状態ですよね。

鈴木：それはそうですけれど、それが里山の現実ということですよ。あとは河川ですね。震災前は河川に小石を取りに行ったり、子供を連れて川で遊んだりとかしたんですけど、河川の除染は環境省ではやらないんですよ。堤防と堤防の間で川が流れているゾーンですね。大水が出た時にまた汚染されるからという理由だと思うんですがね。でもそこも生活圏だろう、と。もし「帰還」や「復興」というならそこもきちんとやってくれよ、と言ってるんですがね。

平野：やる計画は、今のところないんですか。

鈴木：ないんじゃないかな。ない、と思いますよ。

平野：となると、誰かが戻ってきた時に、ここは線量が高いからという札を立てるとか、ここは近づかないほうがいいよというゾーニング(zoning)の計画をされているんですか。それともそれはあくまでも帰ってきた方たちの判断に任せて、という感じになりますか。

鈴木：たぶん、任せるんだと思いますよ。だからこれからの子供さんは、内部被曝をしないように、口に入れるものは自分で測るとか、生活圏では危ないゾーンにはいかないようにするとか、そういう放射能教育が学校の授業の中で必要だと思いますよ。

まあ、これは福島の地だけじゃなくて、日本全国どこでもありうることですから、それは必要だと思いますよ。

平野：つまり、今後は自己責任というものを中心にして、福島での生活は成り立っていくだろうということですね。原発や放射能被曝、内部被曝のリスクに関する教育については、またあとでお聞きします。もう少し、「帰還政策」についてお聞きしたいと思います。今年(二〇一六年)の夏にお会いした時に、おそらく戻ってくる人は人口の一割未満でしょう、という話はされていましたけれど、そのことに変わりはありますか。

鈴木：ないですね。その戻らないという数字に関して私が実感しているのは、今年の九月から二六日間、期間を限定して浪江に寝泊まりするという、特例宿泊というものをやったんですが、結局帰ってきたのは高齢者のご夫婦、あとはどうしても帰りたい単身者の方、というのが実情でしたね。

それで一一月から準備宿泊という、つまり届出をすれば解除までずっと宿泊をしていいというものを現在実施中ですが、それでもやはり来ているのは高齢者のご夫妻です。応急仮設診療所というものを設置したのですが、準備宿泊でも特例宿泊の時に同じご夫婦が、ちょっと具合が悪くなったから診ていただけませんかと来ています。

そこで診察しているドクターも、浪江町では避難解除後には、医療施設は今建築中のものができる予定ですが、あくまでも一次、二次医療ぐらいまでしかできません。入院施設はないので、近隣の町村の医療機関に入院してもらうしかないんですが、今、そこですら飽和状態で、看護士さん、ドクターの不足でマンパワーが足りない状態です。

だったら避難先の自治体で生活していれば、そこですぐに入院もできるし、という状況にあることを十分理解した上で帰町してください、と私も思いますし、ドクターからはいつもそう説明してもらっています。でもそのおじいちゃん、おばあちゃんはどうしても浪江に帰りたいと。それでドクターは帰る、帰らないは個人が決めることだからと言っています。それで、そのご夫婦に聞いてみた。具合悪くなって、入院が必要になった時に入院ができなかったらどうするの、と。そうすると、どこどこに行くしかない、と。でもそこで受け入れができなかったらどうするの、と。わからんと。そして、元気になったらどうするの、と。いや、俺は老人ホームに行くんだって言う。でも、老人ホームだって今受け入れができないわけですよ、マンパワーがなくて。施設はあっても介護する方、職員がいなくて受け入れができない。それじゃどうするの、と聞くと、具体的な見通しがないんですよ。

そのご夫婦は、もう避難先には戻りたくないという思いが強いんですね。帰りたい、というのが自分の中で一番強い感情で、あとはなんとかなると思っている、思いたいんだろうけれど、現実は帰れる環境がない。

平野：そのご夫婦は仮設住宅でずっと生活されていて、もう耐えられなくなってしまったのでしょうね。確かに、仮設住宅での生活は本当に大変そうですね。私たちも仮設住宅に住む方たちに何度もインタビューをしました。

鈴木：そうです。やはり、住み慣れた家がいいのは誰でもそうですよね。あとは帰還者が一割にも満たないであろうと思われるのは、働き手の年代が、今こちらに来ても雇用の場がないですよね。それプラス、やっぱり子供さんが避難先で就学しているので、戻るということは考えられないですね。

私も避難当時子供がいまして、逃げなさいと言われたから子供を連れて避難先の学校に入れました。だから、転校したくて転校したわけではないけれど、避難先の学校で卒業することは可能なわけですよ。どんなに戻ってもいいよ、安全だよと言われても、子供を浪江に戻らせるリスクというのは、先ほどお話しした自己責任に依存しなければならない状態を考えると非常に高いし、子供にとっては相当な負担です。親御さんとしてはやっぱり考えるんじゃないんですかね。

あとは、避難生活が六年も経っちゃうと当時の友達なんていないんですよ。うちの子もそうですが、避難先での二本松での友達しかいないわけですし、高校に入れば、そこでできる友達が中心になりますしね。避難当時小学四年でしたが、その当時の同級生とは誰とも交流はないです。だから浪江時代の子供さんたちとのつながりというのは皆無ですね。

仮に戻ったにしても、やっぱり仕事を見つけなくちゃならない。復興事業以外は雇用がないでしょう。

▼「避難解除」の実態

平野：それでは、避難解除についてお聞かせください。解除が適応される場所は、浪江の全地域ではなく一部に限られているんですよね。
鈴木：浪江では区域が三つに分かれていて、避難解除準備区域、居住制限区域と帰還困難区域と。これは年間の被曝線量で分けたんですが、一番軽いのは準備区域、あと居住制限、その二つが今、(平成)二九年(二〇一七年)三月に国では解除予定だということで自治体に説明しているわけです。帰還困難区域については、解除時期は全く今のところ、示されてないです。(1)
平野：帰還困難区域以外のところに家や土地を持っている方たちは、もし帰ってきたければ帰ってきてもいいよというわけですね。
鈴木：はい、そうですね。
平野：ところがそういう地域でも、先ほどおっしゃったように帰還に向けて必要な施設はまだ整っていないし、ホットスポットもまだまだあるわけですから戻るとなるといろいろな不安や困難、リスクがある。それでもどうしても戻りたいという場合は自治体としては支援してあげるよ、というのが今の立場ですね。

鈴木：そうですね。だからインフラとかを少しでも震災前の状態に整備して、水道は今ほぼ完全な形で復旧は終わってまして、下水道も避難解除になる予定の区域内では、まあ一〇〇%とは言えないですが、ほぼ対応可能になっています。

あとはインフラ的には商業施設、医療機関、公共的な郵便局とか金融機関とか。一つの金融機関は、すでに浪江支店が再開しています。ただみんながそこの銀行の顧客だとは限らないので、まあ、なんとも言えないですが。

平野：仮設商店街（役場のとなりに一一店舗設置）に先ほど河野さんと行って、そこで働かれている方たちとお話したんですが、彼ら自身も正直言うと、人はおそらく帰ってこないんじゃないかと言っていました。そうすると、こういう商店街も今は実験的に仮設としてやっているけれども、将来の見通しはあまり明るいものではないということになりますか。

店主の方たちは、町からはとりあえず支援は受けているけれども、ずっと受けられるわけではないとおっしゃっていました。そういう中で、仮設商店街を試してみることにどのような意味があるのでしょうか。

鈴木：あの、試す、というより、戻ってきた時に何もない、つまり食べ物、金物とか生活物資を購入する場、あるいはクリーニングとかがないと不自由だから、一応小さい、こじんまりとしてまとまったものだけれど、そういう最低限度のものはあるよ、ということだと思うんです、テストということよりも。

ただ、わざわざ避難先からここに買いにくる、という方はいないと思うんです。そして、浪江に立ち寄った時でも、生活用具的なだいたいのものは、まあ、金物以外はコンビニエンス・ストアーでカバーできるわけですよね。飲みもの、食べるもの、まあ、ちょっとした洗剤とか日用品は、今のコンビニで結構販売されていますしね。嗜好品などのタバコでも手に入ります。だから、おっしゃる通り、こじんまりとした商店街がどの程度必要になっていくのかは未知数です。

たぶん想定ですが、準備宿泊で来ていらしてる方も大量に買いだめして生活されていると思うんですよ。だから、現在一一店舗ぐらいの店が入っている中でも繁盛しているのは食堂さんとお聞きしていますけど。あとは、コンビニのお弁当か、宅配のお弁当とかで済ませているというのが現状でしょうね。

町で帰還者数を五〇〇人とか一〇〇〇人とか数字を出しても、実際、ご自宅に戻った時に隣近所がないと、浪江町に一人で、あるいは一世帯で戻っているような感覚になると思うんですね。ましてや夜になると、隣近所のお宅は通常であれば七時か八時ではどこのお宅でも灯りがついていると思うんですが、それが確認できないわけですよね。

だから戻られるにしても、向こう両隣ぐらいが戻っていると、まあ、ちょっとは戻っているかなという雰囲気もあると思うんですけど、みなさん避難されている場所がてんでんばらばらなんで、コミュニティーとしてまとまらないでしょうね。

集合住宅、復興住宅みたいのだと、そこに全部は埋まらなくても何世帯かは、共同住宅ということで住むわけですから、多少心強いかなとも思うんですが。

でもそんな簡単にはいかないとは思います。事実、広野町とか楢葉町、隣の小高区も解除から一年が経つのに、戻っている方は、どうしても帰りたいというお年寄りの住民がほとんどです。ただそういう人たちは、帰町のための礎みたいに頑張られて、誰々さん帰っているから、その三軒隣の人も帰ってみようかなという、例えば浪江にいち早く戻って頑張っている、という人に吸い寄せられてほかの人も帰るというケースはあります。

ただね、そのような努力をされている間に、避難されていた高齢の人は他界されると思うんです。その当時小学生や中学生の人たちだって、もう、三〇歳ぐらいになっちゃうわけですよね。まあ、三〇ぐらいになって結婚されて小さいお子さんを持ったときに、すでに新しい生活をしているから、「ふるさとに帰りたい」という感じはないでしょうね。浪江には親の実家があったよ、ぐらいで。お墓参りに行ったついでに、ああ、ここにお家あったんだな、懐かしいな、ぐらいだと思うんです。だから子供の世代で戻ってくるというのは、あまり考えられませんね。

▼実験作付け

平野：除染作業が終了した小高区などでは実験的に農業を始めらている方たちがいます。実験作付けなどが行われて、農業の復興の可能性を探られていますね。実際村に帰って農業を再開したいという方々はどれくらいおられるのでしょうか。そしてそこで取れたお米や農作物は、かりに線量が出なかったにしても、販売できる可能性はあるのでしょうか。また、そのあたりは行政としてはなんとかしてあげよう、支援してあげようという計画はあるのでしょうか。

鈴木：まあ、いわゆる風評被害の払拭については、福島の知事なんかも全国に発信して努力されて、まあ、うちの町長も環境省にうちでできた米を持っていって食べていただいて、とかいろいろやっていますけれど。ただ、今作付けをしている方はみんな、高齢者なんですよね。

結局、浪江での農業も、若手の作付け農家さんというのは少なくて、ほとんどが高齢者さんで。震災前はその下の代の子供さんたちが後継者として兼業農家としてほとんどがやっていたんですが、避難生活中は農地がないので農業から離れていたわけですよね。

戻って農業を再開した方たちは、世代的には退職されて、農業で余生を過ごしたいという方たちばかりです。でもその方たちもかなりの高齢なので、若い人たちが戻ってこないのに、果たしてどのくらいまで続けられるかというと、正直わかりませんね。若いと言っても戻ってくる中で若い層に入るのは五〇代くらいかなと思うんです。大体の方は七五歳以上の方じゃないかな。

平野：実際、実験作付けが成功したとしても、それによってもう一度、生計を立てるということを考えているわけではなく、浪江に戻るためにやる、ずっと農家をやってきたんだから自分で食べるくらいは作れる、と思っている方たちに限られるということですか。

鈴木：そうだと思います。まあ、先祖代々受け継いだ土地を荒らしておくのも、休耕地にするのも忍びない、と思っているのでしょう。除染が終わって草とかで荒れていた状態が戻ったと。そこをなんとか維持していこう、という気持ちも半分ぐらいあるのかなと。あとは自分の先祖からもらった土地で作った農作物を口にしたい、という思いもあるかと思うんです。

それを誰かに食べさせて商売として成り立たせよう、という意識はないとは言えない。もちろん成功できればしたい、という思いもあるけれど、それは現時点では割合的には低いんじゃないかなと思いますけどね。

線量が出ませんでしたというお米に対しては、販売もできることになっています。ただ、作物への放射性物質の移行は出なくても、農地の土壌自体にゼオライトを撒くなどいろんなことをしてます。[2]僕個人としては、放射性物質はたぶんまだかなりとどまってると思うんですね。だから農業従事者がまだ被曝をする可能性は考えられます。放射能を吸収するとされるゼオライトの回収は、技術的に確立されてないので。まあ農地に関してはね、そういう問題は将来的にやっぱりきちんとクリアーしていかなければいけないんじゃないかなと思いますね。

天谷：やっぱり農業従事者の被曝管理というかそういうところをきちんとしていかなければならないですよね。作ったお米から線量が出ないから復興というのではなく、生産者の安全が確保されていなければ、復興とは言えませんよね。

鈴木：その通りです。行政としても生産物に放射性物質が出ないからよし、じゃなくてそういうところまでトータルに放射性物質に関してはリスクコミュニケーションをしっかりやるべきでしょう。[3]例えば素足では入らないでくださいとかね。実際に素足で入ったりしていたケースも中にはあります。田んぼに入る予定はなかったけれど、稲を直すのにズボンの裾を上げてちょっと入ったと言うんですね。そういうのは避けたほうがいいですよ、とかね。そういうリスクコミュニケーションも同時にやっていかないとダメ。実際、放射性物質はまだあるんですよ。完全に取り除かれたわけではないです。

天谷：ゼオライトというのはセシウムを吸着する物質で、ゼオライトがあればセシウムが土の中にあっても植物のほうにいかない。ゼオライトのほうが放射性物質とアフィニティーが高いから、それを吸収する。だから稲や米のほうにはいかない、そういう仕組みを田んぼに入れ込んだ。しかし、ゼオライトに吸収されたセシウムは当然田んぼに残りますよね。そうすると農業をやっている人は手に付いたり、そういう可能性があるから、土の中には残っている。

だから働く人が被曝しないように手袋をしたりとか裸足では入らないようにとか普通僕たちがアイソトープ(4)の実験をしたりする時にしている注意をしなければならないのです。

平野：ゼオライトを除去する方法はないんですね。

天谷：ないです。

平野：そのまま放置するしかない。

天谷：結局土と一緒に混ぜているわけですから、それだけを選択的に取るというのはすごくコストがかかりますよね。やってやれないことはないですがコストがかかって、それと一緒に養分もとっちゃいますから。

平野：ということは、土を全部取り除かなければいけないことになってしまうわけですね。そうすると農業を復興させるというのは基本的にはきわめて難しい。

鈴木：まあ、簡単ではないでしょうね。まず農業は、マンパワーの問題があり、マンパワーの問題というのは、そういう方々を募ればいると思いますが、その意識を持っている方、そして実際できる方というのは、さっきから言っているように高齢の方々なんですよ、六〇代後半とか七〇代の方で。まあこういうと失礼ですが、現役としては一〇年も二〇年も先は見越せないわけですよね。そう考えると、まあ、クエスチョンマークですよね。簡単に復興なんてならないと思います。

写真2　相馬焼

▼「原発神話」

平野：震災前は、浪江というと海があり山がありお米が穫れて、なんでも手に入ったでしょう。とても自然豊かなところでしたね。

震災前に、都会に住んでいる方たちに退職したあとに移り住んで生活を楽しむのに理想的な県はどこですか、というアンケートをとると、福島は必ず上のほうにランクされていました。鈴木さんから見て、震災前、浪江の魅力ってなんでしたか。

鈴木：まあ、簡単に一言で言うと、いろいろな意味で素朴な感じですかね。都会的な部分でもなく、かといって閉鎖されたど田舎でもなく。まあ、それなりの伝統工芸、例えば大堀相馬焼などがあり、水産業もあり林業もあり梨や桃とかの果樹農家もあり、いろいろなものが手に届く距離に、まあ、手の込んだ高価なものを食べようとしなければ、お米を食べて、魚を食べて、果物を食べて、季節のきのこや山菜を食べて、という身近なところにそういうものがある、暮らしやすいところではありましたよね。

平野：そういうものが、今回の事故ですべて破壊されてしまっている状態ですね。

鈴木：そうですね。ただ町が潤った一つの要因は、原発産業であったことは間違いありません。日本全国原発立地エリアというのは、すごく貧しいエリアなんですよね。あまり栄えてない、発展しようがない場所に立地されているのが全国どこでもそうなんですが、うちの福島第一、第二も例に漏れず同じなんですよ。

ただ、原発神話というのは、我々が小さい時から刷り込まれているんですよ。学校の社会科見学で原発サービス・ステーションに行って、原発という仕組みや原発のいいところを学ぶだけで、放射能やそのリスクなどに関してレクチャーされた記憶はないと思うんです。低コストエネルギーで、地域・日本を豊かにするというように教え込まれました。だから危ないなんていうイメージは、子供の私は想像すらできなかった。大人になってからもそうでした。

周りを見ても、失業者もそんなにいないエリアなんです。やっぱり原発関係で収入を得ている方が相当数いらっしゃいましたので、それによって自治体としては税収も上がっていましたし、経済効果もありますから、相互関係で経済的には潤っていたと思います。

平野：原発の経済効果に対しては住民の方は、基本的には非常にプラスのイメージを持っていた。というか、そのような側面だけが住民に対して強調された。鈴木さんはそれを原発神話というわけですね。

鈴木：はい、そういうイメージだけを持っていたと思います。少なくとも私は持ってましたね。

平野：浪江町民の中で、震災前に東京電力及びその関連企業に勤務していた人の割合はどのぐらいでしょうか。

鈴木：少なくとも五割はいたんじゃないですか。それは東京電力から下、その下、またその下という、まあ、私の叔父も東電関係の会社を、小さい派遣会社と言うんですか、いわゆる孫、曾孫ぐらいの会社を運営していて、原発に作業員を派遣して、社長自らもそこで作業員として働いて生計を成り立たせていた。また、それに付随して飲食業も接待とかで使う、贈答品も動く、そういうふうにいろいろな経済効果を考えると、少なくても関連しているのは、五割は越しているんじゃないかと思います。お弁当屋さん、それに卸している食材屋さん、とかいろいろと関連付けていくと。

平野：浪江に立地していた企業なんかでも、東京電力に依存しながらビジネスをやっていたという企業は随分多かったでしょうね。

鈴木：多いと思いますよ。まあ、割合的にちょっと具体的な数値は出せませんが、それなりの数はあったんじゃないんでしょうか。

平野：国とか東電は原発の持っているリスクについて、浪江の住人たちに全く説明してこなかったということですね。それで、原発神話、安全神話がずいぶん浸透した。安全神話を作り上げて原発神話を振りまいたと言ってもいいでしょうか。

鈴木：そうですね、リスクについては、話してないですね。事故が起きることはまずありえないと。豊かさしかもたらさないと。

平野：事故がたまたま起こってしまった時にどれだけひどい災害になるのかとか、どれだけコミュニティーが破壊されてしまうのかという話は、当然出てこなかったということですね。

鈴木：出てなかったと思いますよ。発電所の近くにあるＰＲ館みたいなサービス・ステーションがあるんですが、そういうところに行っても、リスクに関しての説明はあったのかもしれませんが、私は全くというか、ほとんど覚えていないです、あったとしても。だから、たぶん、ないんだと思います。それは、全国的にないと思います。

平野：そうですね。私の実家も東海村に近いんですが、そこの住民の方も同じようなことを言っていたんで、おそらくそういう形で安全神話が浸透して、それプラス大きな経済効果があって、コミュニティーが豊かになるんだから、それこそＷＩＮ・ＷＩＮだね、という形でみなさん受け止めてきましたよね。それは浪江でも同じだったということですね。

鈴木：はい、同じだと思います。少なくとも私はそう感じていました。私、今、五六歳になりますけれども、まあ、震災当時五〇でしたが、そう思っていました。

まず、原発で冷却水が行かないと、こういう事態になるということも認識していなかったですし。だから避難当時に、発電所の事故イコール爆発、原子力爆弾みたいのが爆発するというイメージ、事故というのはそういうものでしかない、と思っていました(第10章を参照)。

ただ、原発関係で働いている人は、電源喪失して冷却水が行かない、ということは、四つとも全部ダメになるよ、とみんなが口をそろえて言っていました。従事している方は、放射線量についても、どれだけ被曝すると入れなくなる、というように放射線管理されていますから、相当レクチャーはされていて、我々なんかよりもわかっていたと思います。でも、自治体職員なんかほんの一握りしか認識していなかったと思うんです。どれくらいの被曝があって、放射性物質セシウム１３７とかストロンチウムとかトリチウムだとか、どういうものがあるのかということは、震災が起きてから知らされたわけで、事故前はそんな認識すらなかったです。

▼国と地方のズレ

平野：復興とか帰還政策をめぐって、国レベルで考えていること、県のレベルで考えていること、地方自治のレベルで考えていることで、ズレとか軋みとかありますか。

鈴木：感覚的には、震災直後は国はものをよく聞いてくれましたね。困っていることはなんですかとか、よく聞いてくれました。でも、最近は、避難解除の収束に向けての逆算した動きに感じられますね。

だから、もう聞くことは十分聞いたじゃないですか、と。だからそれを復興集中期間とかで十分対応したじゃないですか、と。あとは何をすればいいんでしょうか、と。お金、まあ、ある大臣（石原伸晃環境相）の言った「最後は金目でしょう」じゃないですが(5)。

事故のあと、ずっと現場でやってきて感じるのは、国はお金を出せばいいんでしょう、という感覚で動いてきた。確かに、人が足りないから国の職員を派遣しろと、自治体から突然要請があっても、国だって必要な国家公務員を抱えて仕事をしているわけですから、無理でしょう。で、国民から集めたお金を被災地に余計に回すことはできるから、人は出せないけど、予算をつければいいんだろう、という感覚が東京では強いんじゃないかなと思いますよ。

僕は、国（政治家、官僚）を含めた被災していない人に、避難を強いられた人のことを説いても、わかってもらえないと思いますよ。我々だって、阪神淡路で被災された方、仮設住宅で辛い思いをされた方に対しても、二、三年でもう復興されたんじゃない、と思ってましたから。遠く離れた関西で起こった出来事だな、という感じがあった。だから災害や事故って体験をしないと、やっぱりわからないと思いますよ。
平野：メディアは、今回、多くの地域、特に浪江町が避難解除になって本格的な復興が始まりますと報道していますね。避難解除され、みんなが帰ってきたことでとりあえず福島の問題を収束しました、ということを国も言いたいのだなと私は感じます。東京オリンピックで不死鳥のように蘇った日本という印象を作り上げるためにも、「復興」という語りは必要だと国は考えている。先ほどから伺ってきた今だに避難生活を強いられている一〇万人を越す方々の現状や、コミュニティー再建の難しさはカッコに入れて。

住民や避難民のところまで目線を持っていって、さっきおっしゃっていたように、震災前の生活がどれだけ根本的に破壊され、実際帰って来ると言ったって、帰れるような状態は整っていないし整えようがないという事実をきちんと受け止めることができていない。鈴木さんは、「福島の問題は収束しました」、「復興は成功しました」、「帰還政策はこれで成功です」、というような社会的な雰囲気をどのように受け止めていますか。
鈴木：まあ、復興が終わったということは、まずたとえ一〇〇年経ってもないと思うんです。復興が終わった、というのは、震災当時、避難当時以前の状態に戻って初めて一〇〇%ですけれども、当然その当時の方々はなくなっているだろうし、元通りに戻るわけがない、と思います。

だから一〇〇%収束、というのはありえないと思いますけれども、ただ長年のうちに、各家庭で父親や母親が息子や娘に、息子や娘がその子供たちに語り継いで、浪江の地とはこういうところだった、ということが、伝えられたらいいと思うんですね。今回の事故の反省も含めて。そう伝えていくことを、いろいろなNPOさんとか団体さんが努力されています。ありがたいです。

あとはいつまでも国の予算があるわけではないので、国は一つのステップとして避難解除をして、そこから何年かかけて収束させていきたいんだろうと。当然、限りある財政、国民の方が負担しているお金でやっているわけですから、我々当事者としてもそう思います。

でも一番思うのは、本当に避難生活で困窮されている方をどう救っていくか、というのをもっと考えなければいけない。例えば、私のように職を失わずにやっている人よりは、全く職もなく、体が弱って働くこともできなくなってしまい、帰る家も震災で潰れてなくなってしまったという方は、何をどのようにしたら良いのかわからないわけです。

精神的苦痛の賠償をもらって生活はつないできたそういう方を、この先どう支えていくか、ということを、避難者万民を一律に支えていくというのではなく、あなた方は経済的にはもう支えなくていいでしょう、という方と、必ず支えなければならない方をきちんと区別していくことが必要です。つまり、万民に一律いくらという制度を変えていかなければならない。実際、自立できるのに自立しない、という人たちもいらっしゃるんですよ。賠償金で遊んで暮らしている人も残念ながらいます。

それなりの精神的な苦痛も負っていますので、賠償をしてもらうことはありがたいですよ。ただ、本当に必要な方にピンポイントで手を差し伸べる時期に入ってきているんじゃないかな、と思います。働ける人は働きましょうよ、と。

平野：これからの支援のあり方としては、丁寧にケースバイケースで必要に応じて区別化していくことが大事だと。
鈴木：はい、だと思います。

▼国と東電の責任

平野：そういう話は国と地方自治体の間では全くなされていないんですか。
鈴木：ないです。ただ、自治体側としては、それは非常に難しいと思います。住民たちの間で、俺らを切るのか、見捨てるのか、みたいな話になっちゃう。同じ町民じゃないか、「差別化するな！」みたいな問題が出てきてしまう。だから、町レベルでそういう政策を引っ張っていって舵を取るのは、実際は難しいと思います。
　国が本当に安全だと言うならば、雇用を創生する政策とかを浪江の地でやってもらえれば、ある程度人が戻るんじゃないかという気もします。
　その一番の早道としては、浪江に限らず避難地域で国の施設を作ってくれれば、住民としては、国が施設を作るということは放射線に対しても、福島第一に対しても、ある程度国も安全性を認めて担保しているのかなと思えるんですよね。でも実際は震災後、国の施設は何もないんですよね。なぜか国の施設は来ないいんですよ。だから住民から言わせると危ないんじゃないのって。福島第一が廃炉になっていない、だから来ないんじゃないの、みたいな。
平野：確かに国が安全です、安倍（晋三）さんがアンダーコントロールだといって帰っていいよと言うんだったら、まず国が率先して安全なんだよ、実際人が住めるんだよということを示さなければ、町民は納得しないですね。首相や国会議員自らが家族と一緒に福島に移り住んで暮らせば示しがつきますね。

鈴木：そうそう、だから町有地でもなんでも国が町から買って、国の施設をどんと作ってそこで研究しますよ、二度とこんな悲惨な事故がないように研究所みたいなものを作りますよ、っていうスタンスでね。国家公務員住宅とか作って住むという、議員の人たちも住む、そういうスタンスを示してくれれば、町民だって納得する。だって、今、国の事務所（環境省）があるのは南相馬市までですからね。それ以上、福島原発に近づきたくない。

平野：そして、さっきお話しされていたように、原発のリスクに対する教育、情報の伝達に関しても、政府や東京電力は隠蔽体制から脱却しなければならないということですね。もしどうしても戻りたいというならば、そういうリスクをきちんと理解した上で、生活してくださいと。鈴木さんが主張されたいのは、そのようなどうしても戻りたいという人たちを支えるのが浪江町の役場ができることだということですか。

鈴木：そうです。リスコミ（リスク・コミュニケーション）はやはり「負」の教育なので、行政や東電は進んでしてこなかったんですね。でもリスクをちゃんとレクチャーしておかないと、住民一人ひとりが判断できないわけで。事実を包み隠さず住民に伝えることは、行政や電力会社の責任です。いいことばかり言ったって、いざ何か起きればこういう事態を生んで、結局すべてを失うのはそこに住んでいた一般の人たちですから。

ただ今の東京中心の発想では、夢も希望もない町になると思いますよね。何度も言いますが、戻ってくるのは高齢者だけですよ。やっぱり若い世代があってこそ町は復興するんです。ただ単に町に人が戻

写真3　無人化し、放射能汚染に曝された浪江町（2013年4月）

ればいいという政策よりは、子供たちを含めた若い人が戻れる環境を整えなければダメ。でも、それが実際可能かどうかは正直わかりません。私はどちらかというと悲観的です。

私は、どうしても復興しなけりゃいけないというような義務感は持ってないですよ。ただ、国が責任を持って除染をするって言ったんですよ、国が復興させましょうと言ったんですよ。

我々避難している自治体からすれば、それほどの莫大な費用をかけるんだったら、三〇年だったら三〇年、もうこのエリアには住まないでください、新たな土地で生活を始めてください、とはっきり言ってもらったほうが将来の見通しが立つ。保障はあとあとやっていくにしても、新しい生活のための支度金を渡してくれたほうが、精神的な面でもいいですし、住民票も移して、移った自治体の市民になったほうが、公共サービスも他の住民と同じように受けられる。でも、国が責任を持って除染します、必ずみなさんをお戻しします、というニュアンスで始まったわけですから、お金にものを言わせるという態度ではなく、住民の立場に立って最後まで責任を取るということが当然あるべき姿でしょう。帰れる環境じゃないところに帰れというのは、あまりに無責任なやり方だと思うんですよ。

平野：来年（二〇一七年）の三月に避難解除が行われます。そのような中で、まだまだ未解決な問題が山積している、将来への見通しも大変不透明であるという事実がとてもはっきりとわかるインタビューでした。そして、地方自治体がとても難しい状況におかれていることも見えてきました。さらに、「復興」、「帰還」とは誰のための何のための政策なのか、そのようなスローガンは、困難な現実を反映しないどころか、隠蔽することに加担しているという現状もよく伝わってきました。それは、国策としてトップダウンで進められてきた原発というエネルギー政策が、原発事故に対しても、依然として国、東京中心の論理で動いているということを意味していますね。そういった意味で、原発エネルギー政策そのものが、誰のために何のために存在してきたのかを根本的に問い直す必要がありますね。今日は大変お忙しい中貴重なお話をありがとうございました。

注

1　浪江町は帰還困難区域の面積が約一八一平方キロと最も広く、町域の八割を占めていたが、震災から一二年を経た二〇二三年三月三一日に帰還困難区域のうち、特定復興再生拠点区域（復興拠点）で避難指示が解除された。同年二月時点で、一九六二人が浪江町で暮らしている。浪江町の震災前の人口は約二万一〇〇〇人であったので、一割弱の人口である。これには、当然作業員も含まれるので、人口のすべてがもともとの住民というわけではない。浪江町は、二〇三五年までに約八〇〇〇人の移住人口を目指しているという。

2　ゼオライトは骨組みとなる結晶構造の隙間に「多くの水分」が含まれている。これによりイオン交換がされやすい特徴があるため気体を吸着する能力があるとされる。この吸着能力が〝放射性物質に有効〟だと言われている。

3 リスクコミュニケーションとは、どのような危険性があるのかを生産者、消費者、住民に明確に説明し伝えること。

4 アイソトープとは、人体に影響しない極微量の放射線医療品を目印として使い、病気の診断や治療をする医療の分野。

5 二〇一四年六月一六日、東京電力福島第一原発事故の除染で出た汚染土の中間貯蔵施設の建設をめぐっての発言。

06

住民なき復興

――「復興、復興と叫ばれても、何が復興なのか、何をやることが復興なのか、俺はわからない。放射性物質汚染廃棄物を処分する施設を人が住んでいたところに建てる、人が戻るかわからない、戻るべきでない場所に道の駅や学校を作るのが復興なのか。ただ「安全だ」といって住民を戻すことが復興なのか。それは違うだろ」

元酪農家 **長谷川健一**氏 二〇一六年一二月二二日、福島県伊達市の仮設住宅にて

原発事故前、長谷川健一さんは四世代家族で暮らしながら、五〇頭の乳牛を飼っていた。二〇〇〇年頃からはダイコン、キャベツ、加工用トマトなどの野菜も作っていた。同時に前田区の行政区長も務めていた。事故が起きてすぐ、飯舘の状況を後世に残さなければと考え、カメラとビデオで日々の生活や村内の風景、人々の姿を克明に記録し、ドキュメンタリー映画『飯舘村 わたしの記録』を制作する。メディアの取材や講演の依頼にも積極的に応じ、自らの体験を語ってきた。チェルノブイリ原発事故の被災地にも足を運び、『写真集飯舘村』『までいな村、飯舘――酪農家・長谷川健一が語る』(いずれも七つ森書館)などの本も出した。飯舘村の村民の約半数の三〇〇〇人が東京電力を相手にした裁判外紛争解決手続き(ADR)で賠償の増額などを求めた「飯舘村救済申立団」では、団長を務めた。また、二〇一五年に設立された被災者団体の全国組織「原発事故被害者団体連絡会(ひだんれん)」では、福島原発告訴団の武藤類子さん(三春町)と共同代表を務めていた。二〇一七年以降は村で蕎麦栽培に力を入れる一方で、国や行政が言う「復興事業」や「復興五輪」を被災者の立場から批判し続けた。二〇二二年一〇月二二日に甲状腺癌で亡くなった。六八歳だった。事故当時、放射線量が異常に高かったにもかかわらず、それを隠蔽し続けた飯舘村や福島県と交渉し、前田区の区民たちを避難させるのに奔走した。

「ふるさと」を愛してやまなかった長谷川さんに、「ふるさと」を失うことの意味、そして、飯舘村の避難がなぜ遅れ、多くの人が被曝する事態になったのかをお伺いするために、新潟大学の歯学部で教鞭をとられていた天谷吉宏教授と当時UCLA（カリフォルニア大学ロサンゼルス校）の博士課程で研究されていた河野洋氏（現、麗澤大学准教授）とともに二〇一六年一二月にインタビューを行った。

平野：こんにちは。今日はよろしくお願いします。飯舘村はゆたかな農業と酪農で知られてきましたよね。原発事故前は飯舘村は酪農最先端の地域として知られていたということを読んだことがあります。

長谷川：いやいや、酪農最先端とかそんなもんじゃなくて、みんなで村づくり、これにみんな没頭していた。行政主導型じゃなくて、住民主導型の村づくりをやってきた。村人がこういうことやりたいんだ、と言えば行政はそれに対して補助金とか出すしな。そうやって、いろいろな取り組みをやってきた。まあ、そういう成果が認められて、「日本で最も美しい村」（写真1）連合に加入もできた[1]。それは事故の約半年前に加入したわけだがな。

それは牛とか豚とか、そういう取り組みじゃなくて、村づくりの取り組み。だから村にも、たくさんよそからの移住者がいた。でもそういうものが今回の原発事故ですべて無駄になったわけだからな。

平野：確かに飯舘の牧場を見ると、きれいな形に整備されていて、広々としています。子供たちも夏休みにはサマーキャンプに来てたんですよね。

長谷川：うん、そういう取り組みもしていたし。

写真1　飯舘村「日本で一番美しい村連合」

平野：それがすごく盛り上がったのは、事故の半年前ですか。

長谷川：まあ、その前から盛り上がってきたんだけれど、いろいろな取り組みが評価され始まったというのが事故の半年前。だから俺の地区だって、「豊かな村づくり」で推薦を受けて、まあ、農林水産大臣賞まではいかなかったけれど、県知事賞はもらった。東北農政局長賞も受賞したな。まあ、そういうふうに村民の声を村政に反映させられる村だった。

▼「住民主導」から「行政主導」へ

平野：それが原発事故で一変してしまったのですね。

長谷川：まあ、飯舘村は決して豊かな村ではねぇわけだが、(二〇〇〇年頃に)南相馬市との合併問題が持ち上がった。[2]当初は合併を推進したほうがいいだろうということで、協議会にも加入していろいろ喧々諤々やっていたわけだけども、その中でだんだんと合併することの弊害がクローズアップされてきて、今まで合併されてきた周辺地区はどうなってるのかと、そういうことを考えると、合併によってどうしても寂れていくと(第1章を参照)。

そうなれば南相馬市と合併しても飯舘村は周辺地区になっちゃうわけだから寂れると。それはダメだということで、まあそれなりに身の丈に合った生活をすりゃぁいいだろうと。別に高望みなんかしないでな。まあ、そういう生活をすればいいだろうということで、合併を拒否したわけだ。そしてみんなで、貧しくてもいいと、我々の声が村政に直接反映できるような、そんな村づくりをしようとやってきた。

その先駆者というか、そういうことをずっとやってきたのが今も村長やっている菅野典雄村長だ。[3] まあ、村長と俺はずっと友達だし、二〇年前に村長に持ち上げたのも俺らだから。まあ、彼はその頃、公民館長をやっていた。その公民館長時代に当時の村長がどうしてもトップダウン式で村政をやっていたのに納得できなかった。我々の声を聞かないからダメだということで、周りも俺に賛同して今の村長の菅野典雄を持ち上げたわけだ。

そして村長になって、我々の声をどんどん反映させる行政をやってきたわけだ。つまり行政主導型じゃなくて、住民主導型の村政をやってきたわけだ。俺は、それを誇りに思っている。

でもやっぱりそれがなぜか今回の事故をきっかけに、対応が全く変わってしまったわけだ、コロッと。

平野：村長の態度ですね。

長谷川：ん。今はもうあの当時の逆の立場の村長になっちゃった。もう今はトップダウン方式、人の話を聞かない。そしてどんどんどんどんと物事を推し進めていく。そんな村政に今なっているもんだから、我々はそれに反発してるんだけれども。村長は、村民の声を一番大事にして物事を進めていくべきだろうと。

平野：なんで変わってしまったと思いますか。何が村長を変えたのでしょう。

長谷川：まあ、一つは原発の事故。事故によって村が消滅する危険もあるわけだ。その中での国からのテコ入れを望んだんだろうな。どんどんと予算獲得とか、そういうものを望んだんだなと。それについては、村民の声をいちいち聞いていたんでは前に進まない、とはっきり言っているわけだから。

まあ、そんなこんなで、この前は村長選挙が行われたわけだけれども、かろうじて再選はされた。再選された内容を見ると、対立候補が共産党だった。まあ、共産党はこんな小さな村ではどうしても毛嫌いされる。そんな中でも共産党候補は一五〇〇票くらい取ったわけだ。これは彼にしても我々にしても素晴らしいことだと思う。というのはこれだけの人が現職村長に対して「Ｎｏ！」と言ったわけだから。

現職村長は、約二二〇〇票くらい取って当選したんだけれども、票差が大体五〇〇ちょっとだった。二二〇〇という票はどこから出てきたのかというと、ほとんどが年寄りの票。というのは敬老会とかそういうものに俺も出席してっけれども、やっぱりそういう席上でお年寄りの人たちにヤクルト一本ずつ配ってな、一人ひとりに握手をして、頑張ってくださいね、長生きしてくださいね、と声をかけているわけだ。一人ひとりにだ。みんな年寄り、コロコロコロコロ参っちまう、そんなのは。それがそういう票につながっていったと。

今までのトップダウンがどう変わるか。おそらく俺は変わんねえと思うけどな。そして相手候補の一五〇〇票の批判票をどう受け止めるか。

平野：村長のトップダウンのやり方とは、具体的にどのようなものなのでしょうか。

長谷川：我々と対話をしない。それでどういうことをやってるかというと、外部からの有識者、大学の先生とかな、そういう飯館の住民の考えや気持ちを理解しない人たちを集めて、彼らの声をどんどんどんどん受け入れて進めている。

だからいろいろなプロジェクトが進んでる。復興に向けても商工業関係、農業関係とか学校関係とかいろいろな分野でのプロジェクトが持ち上がっている。でもプロジェクトに誰が参加してるのかというと、村民はゼロではないが非常に少人数だ。そして外部のいわゆる有識者がたくさん入っている。

▼有識者、行政、「被曝安全神話」

平野：それは例えば地元の有識者とかではなく。

長谷川：全然。関東のほうから、東京からとか。まあ、避難当時を振り返れば、我々は全く何もわからずにいたわけだから。そういう中で、村長は、原発事故の時点で国に寄り添うということを前提にしていたんだなと、と俺は思っているわけだ。

というのは二〇一一年の三月の二〇日頃だったかな。その時に飯舘村に当時の鹿野道彦農林水産大臣が来たわけ。俺もたまたま今日来るということで待ってたんだけれど、そしてまあ、役場の二階に上がったら、「俺のことも入れろ」ということで村のみんなどんどん入ってきたんだ。そして俺にも喋らせろ、ということで鹿野農水大臣に思いっきり食ってかかったんだな。これから我々の生活をどうすんだと。そしてまあ俺が終わって次の人が始まって。ところが次の人がやっている最中に、村長が割って入ってきて話を切った。何考えてんだ、この村長は、と思ったね。

村長が言いたかったのは「私たち飯舘村民は反原発の先陣旗は振りません」ということだった。それは、宣言文だったんだよ。

平野：村長がその場で？

長谷川：そう、その場で。宣言文を出して。

平野：大臣と村民の前で読み上げたのですか。

長谷川：そう。「私たち飯舘村村民は反原発の先陣旗は振りません」と。何考えてんだと俺は思ったな。

平野：それは全く民意を無視する形ですね。

長谷川：当たり前だ、そんなの。誰にも相談も何もねぇって。そしてその裏には国におねだり。もうこうなっちゃったんだから、とにかく復興するのにはお金くださいと。そういうことをすでに決めちゃったんだなと。

平野：実際、国はかなりのお金を飯舘に投資してるんですか。

長谷川：投資はしてると思いますよ。どれくらいの額かまだわからない。それはまだまだこれからも続くんであろうと思うけども。とにかく、俺は現職の村長は罰せられるべきだと思うと、はっきり言ってやった。というのは、俺たち村民は何も知らされずに被曝をし続けたと。それがはっきりしてるわけだから。県民健康管理調査でも、飯舘の村民はダントツに被曝しているわけだ。

平野：ご著書（『原発に「ふるさと」を奪われて――福島県飯舘村・酪農家の叫び』宝島社、二〇一二年）でも長谷川さん、書いてらっしゃるけれども、事故直後から、かなりの放射線量が来ていたと。そして長谷川さんは実際それを見たと。でも、村長から直々にそんなことは言ってくれるなと口止めされた。

長谷川：それは役場職員が言われたこと。冗談じゃねぇ、なに言っててんだ、こんな時にって思ったよ。

で、俺は区長をやっていたから、すぐに地区集会を開いて、飯舘が今とんでもないことになっているぞ、と。だから外に出んな、と。子供は出すな、ということをずっと言い続けてきたんだけども。そういう中でだんだんと、長崎大学の山下俊一教授とかが来て「なにも心配する必要はない」とか言って。

　あとは、高村昇教授とか、まあ、山下の弟子だわな。彼らが飯舘村にやってきて、今度はみんなを村の体育館とかに集めて安全説法するわけだから。俺は、「なんだこれは！」って思ったな。

平野：それは、みなさんが避難する前の話ですね。

長谷川：避難する前に。計画的避難が出る前に来て、村の人たちに「安全だから安心しろ」って説法した。俺は、今でもよく覚えてるよ。高村さんが来たのが三月二五日。で、安全だ大丈夫だと。そうなると、今度そういう話がどんどん広まって、自主避難をしていた人も戻ってきた。そして普通の生活を始めた。しかし今度逆に危ないよ、という学者も現れた。京都大学の今中哲二先生などのグループが現れたんだよね。そしてつぶさに測って歩いて、とんでもないことが起きているという発表をした。こんなところに人が住んでるのは信じられねぇと。俺たちは、そういうデータや意見を持って村長のところに行って進言をするわけだ。飯舘はダメだ、危ないよと。責任感のある専門家の意見を聞けと。直ちに全村避難をするべきだ、とやったんだけども、全く無視された。拒否された。

　逆に、村長から今中先生にこの放射能を浴びながら生活することは無理ですか、という問いが出た。今中先生は、それは無理だと言った。

　危険か安全のどちらを取るべきかという選択の中で、安全神話の立場を村長は選んだ。少しでもリスクがあることを考えれば、危ないよという専門家の話を聞かなければならないと思うのよ、私は。村人の健康を考えればな。それが、村長が一番先に考えるべきことだよな。

そういうことがあって、どんどんどん避難が遅れ、四月の一一日、まあ、一〇日だな、新聞発表は一一日だから。計画的避難区域が発表されたわけだ。信じられねーけれど、それでもなかなか避難しようとしなかった。そして、飯舘は避難がどんどん遅れていくわけだ。村長が避難したくないから。

平野‥なんで村長はそんな判断をしたと思われますか。

長谷川‥まあ、村長が放射能とはどういうものかを理解してなかったと思うな、俺は。でもな、役場職員で日大でちょっと放射能の分野をかじった職員がいて、彼が一生懸命村長に向かってやっているわけだ、危ないよと。村長席の後ろから放射能がバンバン飛んできてるんだよと。どれだけ言っても村長はなんだそれ、という顔をしていたとその職員は言っていた。

村長は村長でそれなりにいろいろ自分では勉強したと思う、たぶんな。彼は頭いいから。でもどっちを取るといった場合に、住民の健康より村を選んだ。だから一つのいい例として、計画的避難、それを受け入れた時に代わりの条件を提示した。それは村で誘致した企業、村の特別老人ホーム、そういうところを残すことを認めてください、と。

国は飲まざるをえなくなって、その条件を飲んだんだ。だからあの当時から今も村で誘致した菊池製作所や特養(特別養護老人ホーム)はずっと稼働している。菊池製作所は若い人たちが働いていた場所だった。だから若い人たちが避難所から飯舘村に通ってそこで仕事をしている。ま、村長は雇用や村の財政を心配したっていうこともあるだろうな。でもな、村民の安全や健康、ま、命だな、それを大事にしない村は村じゃないだろう。何のための経済だってこと。

それにな、特養の場合は、入居しているお年寄りにとっては、放射能のリスクよりも、避難させることのほうがリスクが大きいと判断したんだろう。確かにそうかもしれん。ただ老人たちのケアは誰がするんですかと。若い女性の方々が避難所から飯舘村に通ってずっとケアをしていたんですよ。今でもやってますけど、でも職員はどんどん辞めている。だから今入居者数が非常に減っている。まあ、そういう状況。

平野：避難が遅れる中で、飯館の住民に対して、他の市町村から避難受け入れの申し出はあったのですか。

長谷川：飯舘村の避難がどんどん遅れているということが、マスメディアによって全国に知れ渡って、その結果全国各地からぜひ飯舘村のみなさんいらしてください、受け入れ態勢が整ってますよ、と言われた。

でも村ではそれを全部断っちゃったんだな。そして村でなんと言ったかというと、飯舘村の人たちは村から車で一時間圏内に避難をさせるんです、と。そして避難が解除されたら直ちにみんなで村に戻って村を再興させるんです、と。

あくまでも「村」という考えが中心なのよ。一人ひとりの村民じゃないんだな。だからあの当時残念なのは、子供たちの入学式を飯舘村でやって、そのあとは隣の川俣町に仮設の小学校を作ったわけ。今もそこで授業を子供たちは受けてるけど。そして子供たちは飯舘村にいて、飯舘村から川俣町の仮設の学校にスクールバスで行って授業を受けて、そして授業が終わるとまた飯舘に戻ってくる、という生活を続けてきた。これは村を残すためにやったことだろうな。

写真2　伊達市の仮設住宅

平野：実際の生活基盤はまだ飯舘にあったわけですね。
長谷川：そう。
平野：ということは、被曝し続けたということですね。
長谷川：そう。で、俺は八月三日にここ（伊達市の仮設住宅、写真2）に避難したけれども、ほとんどの人たちが避難を終えたのは、大体七月の半ばだから。マスコミは五月一杯で避難したとか言ってるけども、それは避難が始まった時期だから。その時はイベントみたいに、涙を流しながら村を離れていく、っていうそれをやったんだ。でも最終的に避難が完了したのは大体七月の半ば。
平野：子供を優先的に避難させようという取り組みはなかった。
長谷川：そういうのはない。そういうのは全くありません。そんな中で俺はずっとテレビとか見ながらいたんだけれども、NHKで素晴らしい番組を作ったディレクターがいた。タイトルはね、『逃げるか留まる、選択を迫られた村』（『逃げるか留まるか、迫られた選択』）という番組。これは素晴らしい番組だった。
　内容は帰還困難区域の蕨平地区の若いお母さんが赤ん坊を抱えながら、避難したくてもできないというもの。なぜならば、その若いお母さんも仕事に出ているわけだ。私が避難して仕事を抜けることによって会社全部に迷惑をかける、それが全村避難になればみんな堂々と避難することができる。でも、そうならないから、彼女は留まったわけだ。

平野：結局村長が、初めから全村避難しましょうとすれば、そういうジレンマに陥ることはなかった。

長谷川：そう。で、反対にそれを決断した首長もいた。隣の葛尾村の松本允秀という村長さんは、三月一二日に免震重要棟から東電社員が退避したという情報が入った。それを聞いてすぐに決断をして、三月一五日に全村民を避難させた(二〇〇キロ以上離れた会津坂下町に避難)。なかなかできない判断だよ。

平野：葛尾村の人口はどのくらいなんでしょう。

長谷川：えーと、一五〇〇人くらいだと思う。葛尾村を全村避難させた。私は素晴らしい判断だったと思う。その結果、あとから出てくるんだけれど、県で出してる県民健康管理調査、あの数字を見ても葛尾村の人たちは被曝してない。飯舘村の人たちはダントツの被曝をしたわけ。

平野：避難したあと、すべての飯舘村の住民は被曝状況を見るための健康診断を受けてましたか。

長谷川：いや、そういうのは受けない。そういう対応はすごく遅れた。南相馬市なんか、すぐに移動式のホールボディーカウンター車を入れて、どんどんどん検査をした。飯舘村でそういう対応をしたのは一年後だから。そういう対応が始まったのは、一年後の七月だから。それまではただ、県でやっている部分におんぶをしていただけ。

だから俺なんかもホールボディーカウンターは、二年後ぐらいに一回受けただけだ。

平野：今、検査の結果などは公表されていますか。

長谷川：わかんねぇ。そういうのは全部伏せられるから。大丈夫ですよ、この程度の数値は問題ありません、とか。そんなんで終わっちゃう。

平野：具体的なデータは見せてくれない。

長谷川：あ、見せないね。

平野：長谷川さん、事故当時も今も区長をされているのですね。その区には、何人くらいいらっしゃるんですか。

長谷川：俺んとこは、二五〇人。でもやっぱり被曝の具体的な状況を示す数字は全くわからないし、俺なんかも高村(昇)さんの講演も聴きに行ったけれども、家の中にいれば大丈夫だと言われた。子供たちも短時間であれば外で遊ばせても十分大丈夫だと言い続けたわけだから、俺は、彼にも大きな責任があると思ってるよ。

平野：武藤類子さんがおっしゃっていたのですが、その高村さんにしても、他の「御用学者」にしても、彼らが避難命令が出る前に拡散した「被曝安全神話」の効果は絶大だった、と(第3章を参照)。

長谷川：全くそうですよ。だから言ったように、自主避難した人たちがみんな戻ってきたんです。

平野：学者が言うんだったら安全だと。

長谷川：そう。有識者が持つ力だな。

でもな、安全って言われてもな、俺なんかも酪農家だから、今の帰還困難区域の長瀞《ながとろ》にいた酪農家が心配になって、女房と訪ねて行ったんだ。そしたら、雨どいの下の放射線量を測ったら、一ミリシーベルト、一〇〇〇マイクロシーベルトだったと言っていた。これは、写真家の森住卓さんが測ったデータで、これはとんでもねえことだな、と思ってあの地区を回ると、子供たちが外で遊んでんだよ。そして大人たちだって、田植えというか田んぼの準備をしてるわけよ。そういうことが普通に起きてた。これは、さっきから言っているけど、村長や学者のメッセージがもたらした結果だよ。俺は、彼らはとっても罪深いことをしたと思ってんだ。

とにかく、これはとんでもねぇことだなって思って、俺はすぐに役場に行った。たまたま日曜だったんで、村長はいなかった。でも、議会の議長と副議長がいた。そこで、お前ら何やってんだって。今、長瀞に行ってきたけど一ミリシーベルトだぞと。何考えてんだ、なんで避難させないんだ、とバンバン言ったんだけど、そこで言われたのは、いや、高村とか山下とか、ああいう偉い先生が大丈夫だと言ってるんだから間違いねって。そう言われたら、酪農家の俺らに何ができるって。

で、議長や副議長は、今度は田んぼの作付けしようとまで言い出した。もし、そこから放射能が出れば、それは賠償請求しようじゃないかと。そんな呑気なことをあの当時言ってたんだから。みんな学者に振り回された。

平野：三月末は、ちょうど田植えの時期ですよね。

長谷川：そう。計画的避難が出る前ね。

▼酪農家としての格闘

平野：避難する時に、すごく悩んだ、苦しんだと、この本で書かれているのは、酪農家の方は、やはり大切に飼育してきた牛とか馬とか豚をどうするのかという問題があったからですね。

長谷川：避難指示が出てからは、県のほうからは、家畜の移動制限がかかった。動かしてはダメだよと。人間は早く避難しなさいと。でもそんなことはできねえだろうと、悩んで、奮闘したけれども、最終的に県からは、親牛は全部屠畜してくださいと、そういう指示が出たわけだ。

まあ、牛がいる限り、みんな避難はできねえだろうということで、とりあえず屠畜にするしかねえんだなということで、その道を選んだ。で、途中で思い直して、いやいやこれは何か助ける方法はあるはずだ、ということで、今度は国会議員にお願いして東京に行って国会議員集めてもらって、そこで思い切り俺のべこ(牛)殺させね、ってやったんだ。牛乳は放射腺物質がＮＤ(不検出)なんだと。その結果、まあ、よかったんだか悪かったんだかわからんけど、移動制限が解除になった。そして牛を助けることができた。

平野：結構、受け入れてくれる農家はありましたか。

長谷川：たくさんいたよ。だって、安く買い叩かれるわけだから。ただ、売却は一カ所のエリアにしてくださいとは言われた。

平野：それは、万が一の時に管理や処分をしやすくするためですね。どの地域に送られたのですか。

長谷川：大体、郡山を中心としたエリア。そこに売却してくださいと言われた。まあ、安く買い叩かれて処分はしたけれど、でも、命を救うことはできた。一つのエリアに限るというのは、もし飯舘の牛乳から放射線物質が検出されれば、一本の大きなタンクを処分すれば済む。郡山地区でまとめて一本のタンクに入れて出荷するから。バラバラに売却しちゃったんでは、どの牛から放射線物質が出るのかわかんなくなっちゃうから。だから、まあ、それは仕方ないだろうということで、我々も納得したんだけどもな。
平野：かなり殺処分が行われた場合もあったわけでしょう。
長谷川：当初は、大体、飯舘でも六、七〇頭くらいは屠畜した。

▼「復興」ってなんだ

平野：復興の象徴として「道の駅」がほぼ無人化した場所（深谷地区）に建てられましたね。
長谷川：そうだな。あそこは村の一等地の水田が広がるところ。そこを潰しちゃってやると。これ、普通、我々村民としては考えられないこと。というのは、外部の有識者の話を全部取り入れてやってっから、ああいうことをやるわけ。
平野：村にどういう土壌があって、どこが豊かで、どこでどういうものが作れるかという、村民だったら当然知っているようなことが、有識者はわからない。
長谷川：わからない。何もわかんないわけだべ。だからああいう構想が出るんだ。そしてびっくりするのは、あの構想が出て、深谷地区という地名まで上がってきた時に、その地区の人が誰も知らないってことはどういうことだ。
平野：じゃあ、決まっちゃったあとに知らされるわけですね。
長谷川：そう。
平野：それに対して村民は今どういう反応してますか。
長谷川：諦め。もう諦め。何言ったってダメだって。だから当時ね、前々回の議会選挙の時までは、村長の取り巻きみたいな人が五人くらいいたんだ。いわゆる、村長派と言われる人が。全部辞めた。何言ってもダメだって、もう諦めてみんな辞めてった。

だからはっきり言って、村議会一〇人、あ、一人欠員で九人か、もう村長派と言われる人はいない。ただ、いないけれども、議会そのものが村政とべったりになって機能はしてない。本当は議会というのは、村のやっていることに対して、異議を述べる機関であって、それが全く機能していない。

平野：村民が集まって、抗議して自分たちのビジョンを出そう、みたいな動きは出ていないですか。事故前の飯舘の経済は、原発立地地域ではないからこそ農業や酪農で頑張ることで、美しい村を作りましょうと、原発に頼らずに自立して頑張ろうとやってきたのですよね。

長谷川：そんな動き出てない。出ないな。みんな諦めてる。復興復興っていうけど、俺らも何が復興だかわかんねえが。だったらこういう状態で村人を村に戻すのが復興なのかって。それは違うだろうって。だからそういうことも含めて、みんな一番は投げやりになってきている。

村は、国にべったりになって、お金ちょうだい。事故前までの村の予算というのは、だいたい年間予算は四〇から四五億くらいだったのね。ところが、今、復興拠点とか、あとは学校の改築、学校の周辺地区の整備とかにかかるお金、五七億だそうだ。それは全部、村の予算とは別だかんね。それを全部国にお願いしますと言ってるわけだ。それが、復興ってことなのか。村民の意見を聞かずに。農業復興とか農業再生についての会議とかあるけど、そういうものには一切入らせてもらえない。全部蚊帳の外。

やっぱり四年の避難生活は限度超えたから。そして間もなく事故から六年になろうとしているわけだから。とっくに限界なんか超えてるわけだから。もう、疲れ切ってる。

平野：その仮設住宅での生活というものが、精神的にも肉体的にも限度まで来ている。そして、一方的に行政、国主導によって村が作られていく中で結局村の人たちは、自分たちの目指す村づくりはもう無理だろうと諦めちゃっている。

長谷川：そう、もう限界を越してる。だからもうどうでもいいと。なるようにしかなんねえだろうと。そういう諦めムード。ただこれについては、村もそうだけど、国が一番望んでいることだと思うよ。自分たちの思うようにしていくことができるわけだから。

平野：それこそおっしゃっていた村長の「飯舘は反原発の旗を振りません」という宣言そのものになっちゃったわけですね。

長谷川さんからすれば、今、国が盛んに「復興オリンピック」とか言っているけれど、それは、国が村民の意見や困難な状態を全く無視した形で一方的に進めているキャンペーンだと思いますか。

長谷川：ま、俺はそうだと思うな。今回の原発事故で除染はほとんど終わったとかなんだとか全国的に言われ始めた。それは俺はあくまでパフォーマンスだと思ってっから。というのは今やっている除染は、面積除染。とりあえず面積をこなせばいいと、消化すればいいと。そういう除染。線量を下げるという目的ではないのよ。実際、森や山が多いこの地域で線量は完全に下がらない。下がったと思ってもまた上がる。川も除染できないしな（第5章を参照）。

平野：もし、行政のほうからどういう村づくりをしたいのか、率直な意見を求められたら、この汚染されてしまったあとの飯舘をどういうふうに復興させたいと思っていますか。

長谷川：わかんない。

平野：正直わかんない。

長谷川：うん、俺は復興なんてできないと思う。

平野：あれだけ汚染されてしまった以上は。

長谷川：うん、俺はね。残念だけども。まあ、そういうことも踏まえて俺はチェルノブイリにも行ってきた。で、チェルノブイリは事故から三〇年だからね、向こうの現状がなんとなく飯舘村の二五年後と重なる部分があるだろうなという思いで行ってきた。

一番の感心があったのは、原発三〇キロゾーンの中に今も住み続けているサマショールと言われる人たち、あの人たちの話が聞きたくて俺は行った。(4)

そして何人かのサマショールの人たちとずっと話をしながらきたんだけれど、そんな中で一番印象に残ったのは、三〇年前あの原発事故が起きた時、みんな早く避難してくださいと言われて避難したよ、と。

でもそのあとにみんな戻ったよ、と。ただ子供たちとか若い人たちは戻らなかった。ほとんどキエフのほうに優先的にアパートに入れる制度もあったから。あと残ったいわゆる年寄りといわれる五〇歳から上のような人たちは戻ったよと。

それから三〇年経って、周りを見渡しても子供たちとか若い人たちはいないわけだからね。どうなったかというと、亡くなる人、年老いて子供たちのもとに行く人、そして村は廃墟になった。そんな中でも数人が住んでいる。みんな八〇代。まもなくあの世に行くんだろうなっていう人たちだけが残った。

これから、飯舘だってそれと同じことが起きる。飯舘の一部は細々と生き残るだろうな。でもな、地域を言って申し訳ないんだけど、飯舘に蕨平《わらびたいら》という山間部に位置する地区がある。今、そこに巨大な仮設の焼却炉ができている。国で五〇〇億もの金をかけて、減容化施設と称して焼却炉を二基、巨大なものを作った。国でも村でもみんなその施設は安全だ、大丈夫だと言ってるわけだ。俺からすれば、そんなに安全だ、大丈夫な施設だと言うんだったら、学校のうしろにでも作れと。役場の隣に作れと。東京に作れと。結局、原発の立地と同じことでしょう。誰もいなくなることを想定してるんだと思う。

平野：そうですね。東京に建てられないから福島に建てる。街の真ん中に建てられないから里山に建てる。その差別の構造は原発政策の根幹を成してきましたね。

長谷川：その通り。人が住み慣れた土地、愛着を持って生活してきた土地にな、企業の利益だか、国の都合だか知らねえけれど、そんな大義名分を押し付けて、危険なものをぶっ建てる。そこに、人が長い間生活をしてきたことを国も、企業も、学者も考えねーし、それを感じる力っていうのかな、それすらも持ってねいな。だから、エリートっていうのは、あんまり信用してねーな。もちろん、あんたみたいに人間的な学者もいるよ。でも、俺たちの声を無視して、どんどん復興事業をすすめるエリートは、俺たちを同じ人間だとも思ってねーな。

そして、その蕨平という地区は全部で戸数が四七戸。その中で避難解除されたらすぐに戻るという家は二戸。それも独居老人。ところがある情報によるとその二戸のうち一戸はすでに移っちゃったと。だからすぐに戻るという人は一戸になっちゃったわけだ。その人は果たして戻れるのかと、独居老人で。

平野：自分一人で生活できるかどうかもわからない。

長谷川：そう、だからやっぱり三年ぐらい前に蕨平地区の長老といわれる人が俺にポツっと言ったことがあるんだけれど、「長谷川くん、蕨平は終わったど」と。その時にはそういうことが彼には頭にあったわけだ。その長老と言われる人は、もう、郡山市に家を建てて住んでっけどもな。
だからそういう意味合いからすると、やっぱりチェルノブイリと重なるところがある。チェルノブイリだって林がずっとあって、普通パッと見ると普通の林だ。あ、こんなもんなのかな、とそういう思いで行くけども、車を止めてじっと見ると廃屋があるわけだから。
このあたりは事故前はどうだったんですか、と聞くと、いや、ここは広大な畑だったんだよ、と。それが今は林。もう太い木になってな。これと同じことが起きるな、と。そして飯舘村の蕨平、そのほかの地区でも、やっぱり山間地区は必ず同じことになっていくな、と思う。

平野：結局、山は汚染されて、もう除染は無理だから、そういうところに焼却炉のような施設を建てようということですか。

長谷川：そりゃそうだろう。そんなじゃなかったら、あんな狭いところ、大型車がすれ違いもできないところに、なんで焼却炉を作んだって。村の言い分は、いや、蕨平地区の方々には大変ご協力をいただきましてと。協力じゃなくて、諦めてんだよと。それも半強制的に作っちゃうわけだから。国と村が一体になって。そんなことがあっていいのかって思うよ。

平野：蕨平の住民には何の相談もなかった。

長谷川：いや、それは相談はあったよ。でも地区の人は諦めるしかないところに追い込まれている。行政は、ここはひどく汚染されて、除染も無理だから退去してくださいとははっきり言わない。でも、実際にはもう人が安全に住むことはできない。そんな状態で、復興、復興と叫ばれても、何が復興なのか、何をやることが復興なのか、俺はわかんない。放射性物質汚染廃棄物を処分する施設を人が住んでいたところに建てる、人が戻るかわかわない、戻るべきでない場所に道の駅や学校を作るのが復興なのか。ただ「安全だ」といって　住民を戻すことが復興なのか。それは違うだろ。

やっぱりはっきり言えるのは、後ろ振り向いても若い人や子供たち、誰もいないわけだ。俺なんかも後継者は、酪農やりながら飯舘にいた。でももうこっち(福島市)に家作っちゃったから、村には戻んない。戻るべきではない、と俺も言ってるから。今度の原発の事故で、全部で七六戸の酪農家が廃業を余儀なくされたわけだ。その中の若者五人の仲間が立ち上がって、共同の馬鹿でかい牧場を作った。規模で五八〇頭規模の牧場を作って、その一人として息子も経営に参加してっから。

平野：酪農はそういう形で続けている。

長谷川：彼は続けている。俺はやんねえよ。ああいう汚染されたところに、若い人や子供たちがいないということは、その村にはこれからの発展はない、と。これははっきり言えると思う。だから、チェルノブイルのサマショールが住んでいる村、ああいう状況なっていくんじゃないかなと。まあ、残念なんだけど。

ただ言えるのは、俺らがこうやって元気で体が動くうちは、避難所から通うにしても、農地とかは荒廃しないように守り続ける。これはやります。

平野：避難解除がされたあとに、農地に戻って、少なくともそこを肥やしたり耕したりはすると。

長谷川：それはやります。でないとチェルノブイリのように林に戻っちゃう。だけど俺らが死んだらそうなるな。次の世代にバトンタッチできないわけだから。

平野：どうして長谷川さんはそこまで農地の手入れを続けたいのですか。お話を伺っていると、希望も見出せない、ある種絶望的な状況でしょう。将来につながらないんだから。

長谷川：いや、でも、何かをやんないと。俺らが福島市内に家を作ったって、なんにもやることねぇ。だったらせめて自分の故郷が荒廃していかないようにする。あとは一緒にやってきた仲間とともに耕してな、少しでも荒廃しないようにやるべきだろうと思ってる。

平野：自分が生きてる間は。

長谷川：そう。だって、後ろ見ても誰もいねえんだよ。だから俺が生きてるうち、体が動けるうちって言ってるだけだから。

平野：福島でインタビューをしていると、先祖からもらった土地を荒廃させるわけにはいかないと、だから帰るんだ、という話を農家の方からよく聞くんですよね。今、長谷川さんも同じ気持ちでいる。

長谷川：同じだね。それをチェルノブイリにたとえると、原発の近くの村は全部家を壊したってことだな。そして四〇〇とも六〇〇とも言われる村が汚染され、穴を掘ってすべての家をそこに埋めた。なんでそうやったかというと、家があっと戻って来っから。家がなければ戻って来ることがない。だから壊した、と。

平野：もう未練がないように。もう戻らないように。

長谷川：うん。

平野：でも、農家の方と話していると、やっぱり、「ご先祖様からいただいた土地」という考えをとても強く持っている。茨城県に農業をしている親戚がいるのですが、やはり同じことを言います。それは、何十年も何百年も土を作ってきたこと、つまり耕すってことは土を作ることであって、それへの思いがとても強い。土を作ってより美味しいものを生産する。何世代にも渡って汗水たらしながら、知恵を絞って土を耕してきたことへの思い、そこに刻み込まれた歴史みたいなもの、それらを無にすることはできないという気持ちを強く感じるんです。

長谷川：いや、それはあるべ。それはあるよ。俺も同じだな。まして俺なんかだと開拓者だから。俺、二代目だから。本家はすぐ近くなんだけども、親父はそっから次男坊ということで出て。ずっと開拓してきた、その姿を目の当たりに俺は見てんのよ。

平野：ご両親が頑張ってきた姿をね。

長谷川：そう。やっぱりそうやって、やっとこれだけ開拓してきたそれをおっぽり投げてくの、そんなのできねぇって、俺は思うんだ。

平野：だから命ある限りそれを守りたい。

長谷川：そう。仮設住宅にずっといてもどうしようもない。自分でなんかやりたいこと、したいことやったほうがやっぱり気持ちもせいせいするしな。まあ、酪農はもうやんねぇよ。あそこで牛の乳搾りってのは無理だ。何をやったらいいかと言うと、俺は蕎麦をやろうとしてる。

平野：お蕎麦ですか。

長谷川：うん、というのは今までみたいに手間暇をかけて一本一本なんて、そんなことやってる状況ではない。こんどは土地利用型(5)をしなきゃなんない。面積をこなさなきゃなんないから。とう言うと何が一番求められるかと言うと、一から一〇まで、全部機械化体制で採れるもの。これを考えなきゃダメだ。

俺は酪農をやりながら蕎麦の作付けしてたから。ある程度わかってっから。
平野：その作った蕎麦、どうされますか。
長谷川：わかんねぇよ、そんなの。
平野：わかんねぇ(笑)。でも自分で食べるということですか。
長谷川：えーと、二六ベクレル、俺のは。今年作ったんだよ。県のほうの実証実験に乗っかって、今年試験的に栽培したんだ、除染を終えたところで。そしてやってみて検査結果が二六ベクレル。二四だったかな。それくらいだ。
目的はそれと、あと、放射性物質が蕎麦にいくら移行するのか、移行率を見るのと、あとは次年度に向けての種作り。で、俺七五アールほど今年作付けしたんだけど。
そしてやっぱり雑草だらけにしておくよりは、蕎麦の花くらい咲かせてやったほうがいいだどうと。だから今度、国の事業の中で、蕎麦関連の機械一式の設置の申し込みをしてる。まあ、それが認められっかどうかはわかんない。
平野：今回、小高の農家の方と話したんですけど、やっぱり彼が言うのも農家が物を作らなくなったら生きていても仕方ない、と。
長谷川：そりゃそうよ。やっぱ、先祖代々というかな、昔から開拓して引き継いだ農地を放射能によって汚染されたからって、みすみす林にはできねって。だから、やっぱり、体が続く限りは。
そしてたぶん風評被害とかそんなんで売れないと思う。俺たちの飯舘産、今は産地表示が義務化されているわけだ。飯舘産の蕎麦、はい、二六ベクレル、北海道産ゼロベクレル、どっち買いますかって。

飯舘産、誰も買わねぇよ、そんなの当たり前のこと。だったらその売れない値段の差額部分は、もちろん東京電力に賠償請求。そんなの当たり前でしょう。当然でしょう。

平野‥なるほどね。

長谷川‥私はいずれは戻るつもりだけれども、戻ってからも生活資金だって必要なわけだから。それを獲得するには、そうやって売れなければ、結局原因は放射能なんだから、東電に賠償請求。そんなの当たり前のことでしょう。何にも作んないで、はい、損害賠償。これはダメだから。だから、我々はやることはやりますよ、と。その上できちんと賠償請求しますよっと。

平野‥労働をした上で証拠を出すということですね。

長谷川‥そう。それをやんねぇと俺はダメだと思うよ、やっぱり。何もしないで賠償だけに依存する生活は俺自身がだめになる。

▼仮設住宅

平野‥仮設住宅の生活について、ちょっと話してくださいますか。さっき、もう事故から六年目になるけれども心身ともに本当に辛くなったと。みんななかなかやる気がなくなっちゃったと。どういう五年間でしたか、この五年間は。

長谷川‥いやぁ、当初は葛藤の五年で、そのあとはある程度落ち着き始めたかなぁと思っているけども、また葛藤が始まる。それぞれの判断において決めなくちゃなんねぇわけだから。村に戻る人、絶対戻らない人、いずれ戻る人、それぞれの判断を示さなくちゃなんねぇわけだ。

だからここの仮設には、俺の地区の人、戸数で言えば約半数近く、ここに連れてきたんだ。隣もみんな俺の地区の人たちがいるわけだけども。そしてなんとかコニュニティーを壊さないように、ということでここに持ってきた。

でもやっぱりこれまでだな。今、コミュニティーがどんどん壊れ始まっている。というのは今度は復興住宅ができている。だから毎日引越しの人たちが一人抜け二人抜けと。その人たちはまた次の新しいコミュニティーを作んなくちゃなんねぇわけだから。

平野：長谷川さんが頑張って区のコミュニティーをこちらに持ってきたんだけれども、今回の避難解除で帰還してもいいということになった時、ここでなんとか保たれてきたコミュニティーはなくなってしまうんですね。

長谷川：なくなる。だからいつまでもこの仮設に住み続けるなんてことはあっちゃならない。これはあくまでも仮設なんだから。だからそうなった場合、いずれ選択をしなくちゃならないと。それはわかってる。

ただそこで、来年の三月に避難解除されるわけだ。されたあと、じゃあ、戻りたいと言って戻る人は、これからの生活はどうするんですか、医療体制はどうするんですか、買い物はどうするんですか、といろいろな部分がある。それが全く今白紙状態。

そういう中で、ただ避難解除しますよ、と言われてるだけ。だから悪い言葉で言えば、戻りたい人は自己責任で戻りなさいよ、と言ってるわけだ。それはなに言ってんのって、今それでいろいろ反発してるんだけれども。そんなこと、とんでもないよなと。

もし年寄りだけが戻ることになっても、その人たちがこれからどういう生活をきちっとしていくのか、そういう道筋を立てなさいよ、と。そしてこれならば安心して戻れるでしょうという環境づくりが大切でしょって言っている。

平野：浪江も同じような問題を抱えているみたいですね。浪江の役場の人に話聞いてきたんですけど、数日前に。準備できてるのは結局、水と電気だけ。お年寄りで帰ってきたいという人も何人かいるんだけれども、当然お年寄りだから病院も必要、近場で買い物もしなきゃいけない。

でもそういうのがまだ全然揃ってないから、お年寄りに対して、いや、帰ってくるのもいいけど、病気になっちゃった時病院ないよ、入院できないよと。あとは近場で買い物できないよ、と。それわかってて帰ってきて、と言ってるんですと。

長谷川：だから自己責任でしょう、結局。

平野：そうですよね。同じことが飯舘でも起きているということですね。

長谷川：そうです。今年の九月には、「いいたてクリニック」再開しました、とか新聞に大きくでました。でもそれ表面だけ。「あぁ、すごいな、飯舘にもクリニックが再開したんだ」と世の中にはそういう目で捉えられている。じゃ、実際に毎日やってんですかというと、いやいや、そうじゃないよ。一週間に二日、それも午前中だけって。これって再開の意味あんのかって。そういうことになるべ。

じゃ、買い物どうすんですか。いやぁ、去年（二〇一五年）の四月に飯舘村にはコンビニ開店しましたよって。コンビニ一件でどうすんのって。ね、そういうことなのよ。

そっから先のものが、全く見えてこないの。それで避難解除って、おかしいでしょって。俺はそれを今言ってる。

平野：避難解除の白紙撤回という意見はあるのですか。もし、撤回したら仮設住宅にそのままいろっていうことになるのですか。

長谷川：この前の村長選挙の時に出た対立候補が、避難解除の白紙撤回を念頭に上げたけれども、俺、それはダメだって彼に言ったんだ。もう限界なんかとっくに超えてんだから。これ以上避難はさせられねえぞと。

平野：飯舘の農家はとても広々として立派な構えのものがおおいですよね。そこからいきなり小さい仮設住宅に入れられるというのは、やはり辛かったでしょうね。

長谷川：いや、最初は狭かったけど、今はまあ、一番安心できるよ、ここが。

平野：そうですか。住めば都ということですか。

長谷川：住めば都。でもここは本宅ではねえわけだ。仮設だから必ず出なきゃならない。仮設暮らし、というより避難暮らしは、かなりみなさんのストレスとなって現れていると思うな。

平野：具体的に、仮設住宅生活をした結果、こんな病気になったとかありますか。

長谷川：例えば、俺の地区で五年半の避難の中で、二五〇人の住人の中で、二二名の方が亡くなっている。事故前の平均寿命から考えるとはるかに多い。

それと放射線の影響とか、俺、よくわかんないけども、ただ、抵抗力がなくなる、免疫力がなくなった、というのがなんとなくわかる。

だから、癌とかそういうのが見つかっても、普通なら抵抗力、免疫力によってどんどん治そうという力が働く。それが働かないために、どんどんどんどん悪くなっちゃう。短い期間中にあっという間に亡くなっちゃう。そういう人が多くなってきた。

平野：それはお年寄りとは限らない。

長谷川：限らない。俺の年代でもそうだ。あとは、うちのお袋なんかも、避難前はピンピンして畑仕事をやってたんだけど、避難後にやっぱりストレスなんだろうな、認知症を発症して。発症して二年目ぐらいで介護レベル一だったんだ。それが今年になって介護四になっちゃって。急にガーと悪くなっちゃって。今施設にお世話になってるもの。

だからいかにこの避難のストレスとかが大きいかがわかるな。慣れた、一番落ち着くと言いながらも、やっぱり避難先なんだよ。自分の家じゃねぇんだよ。

平野：当然避難生活というのは、すべてを奪われることなんですけど、その中でも一番これが奪われた、というものはありますか。

長谷川：いや、それはすべてだよ、やっぱり。すべて。一番癖が悪いのが、放射能だ。これはすべてものを壊す。やっぱりとんでもないもんなんだな、これは。ここでじっとしていると、生きる楽しみなんてものは何にもねえよ。生きようっていう意欲もなくなっていくんだな。放射能の災害は、普通の自然災害とかそういうもんとは全く違う。すべてのものを壊す、奪われる。やり直しが効かない。戻る場所がないからな。

平野：チェルノブイリでも実感したことですか。

長谷川‥えーとね、これは、放射能というものに対する国そのものの考え方の違い。これはとんでもない違いがあった。むこうは三〇年すぎても、放射能に対する管理をきちーんとやっている。決して裕福な国じゃねえよ。貧しい国だよ。それだって、きちーんと対応はやっている。

だからゾーンに入る時は、我々のパスポートも全部検査されるんだけれども、そっから出る時は、必ずホールボディーカウンターで調べ、車も全部、トランクまで開けて調べられっからね。

というのは、汚染物質を絶対外に出さない、ということがスローガンなのよ、むこうの。で、俺らも汚染されたところに行く。そうすると、ガイドが「行くな!」ってそれを止めんだよ。俺の体が汚染されると、ホールボディーカウンターで引っ掛かって、そっから出られなくなるからって。

平野‥それぐらい厳しいということですね。

長谷川‥そう。日本は何よ。四~五マイクロシーベルトある国道六号線、車がバンバン走ってるよな。考えられねって。

平野‥今回もそれぐらいありましたね。高速走っている時に四・五ぐらいありました。

長谷川‥こんなこと、ウクライナでは考えられねぇよ。日本、何やってんだって言われるよ。だから本当にあまりにも無責任御用学者が多すぎるな。

この前も面白いことあって、ここの仮設で放射能の勉強会をしたいという申し込みをしたのね。東京電力に言ったんだ。そしたら、わかりましたと。東北放射能なんとか研究所とかなんとかいうところから東京電力が連れてきて。で、俺らはそんな人間が言うことはわかってるわな。だから、黙って聞いてた。で、最後になって「じゃ、わかりました。飯舘は安全なんですね」と言ったら、「そうです。大丈夫です」というわけ。「あ、そうですか」と。「じゃあ、あなた方、自分のお孫さんを連れてどうです、我々も一緒に帰りますから。一緒に帰って生活しませんか。そんなに安全だったら、どうですか」って言ったんだ。そしたら「いや、飯舘はね、やっぱり不便だしね。買い物にしても医療にしてもねぇ」と始まった。

「ちょっとあんた、我々はそこに戻るんですよ」っと。「あまりにもそれじゃ無責任じゃないですか」と。今度はガンガン言ってやったんだよ。でもいくら言ってもダメだ。

だからそういう無責任発言が多すぎるって。

▼棄民と脱原発

平野：飯舘の人たちは棄民されたと思いますか。

長谷川：あぁ、もちろんだよ。で、それについて飯舘村民は声を上げない、怒んない。特殊な人種だ、これは。怒んねぇんだもの、こんなことされて。それで「怒んな、怒んな」って村長が止めてるわけだから。なに言ってんの、って思うよ。

天谷：二〇一一年の秋ぐらいから新潟大学で、南相馬市から浪江町とか飯舘村の放射線測定のグループに入ってやっていて、まず、最初に感じたのが、人が手を入れないと、村の風景が変わっちゃうんですね。もう草がぼうぼう生えて。

これからも土地の手入れをされるということですが、農家の方がそのように土地の手入れをすることによって、例えば、防災とかの役割もあるかと思うんですが、もしほったらかしにしたら、どういうふうになるとお考えですか。

長谷川：もちろん防災面もあっけども、あのままおけばやっぱり忍びないじゃない、一番は。だって野生の王国になっていくわけだから。そんな忍びないこと、できないと思うよ、俺は。

天谷：私は都会暮らしなもんですから、普段、何気なく農村の風景を見てたんですけど、相当人が手を入れないと、ああいうふうな形を維持できないんだなと。

長谷川：そう、新潟じゃ、広大な水田が広がるわけだ。飯舘だってそうだったんだよ。

天谷：そうですね。それで、それがなくなってしまったら、根本的に社会の形が変わってしまうというんですかね。そういうことを強く感じたんですけれども。

長谷川：全くその通りだ。そして、今回、俺がすごく感じているは、我々のこういう状況が全く表に出ていかない、というか教訓になっていないのよ。我々がどういう考えでいるのか、どういうことをやっているのか。

だから南のほうへ行けば行くほど、福島の原発事故はもう終わったんだなって、そういう捉え方をされている。それが非常に残念だと俺は思う。

あとはね、もう一つはフレコンバック(写真3)。あれが今飯舘村に二五〇万個あると言われている。二五〇万個だよ。ただ見た目にはそんなに感じないかもしれないけど、村全体に広がっているわけだから。

だから俺は二五〇万個のことを考えて、この前新聞報道を見ていたら、来年度の中間貯蔵施設への運び込みの量は、五〇万個だそうです。五〇万個。飯舘村で二五〇万個。県全体でも約二五〇〇万個ある

写真3　フレコンバックと飯舘村

そうです。

　来年一年で五〇万個。どういう計算になるか。こんなことやってたら、何年かかんのって。

そして新聞にも載ってたけど、運び出しの優先順位があるって。それは当たり前。俺だってそう思う。一番最初に運び出されんのは、学校とかね、校庭に穴掘って埋めておく。あとは福島市内でも庭先にブルーシートに囲われてあるわけだ。あとは、庭先に穴掘ってそこに埋められているところもある。そういうところは優先されるべきだろうと。

　そうなった場合は、飯舘は一番最後。だからあの黒いフレコンバックなんていうのは、俺らが生きてるうちはあると思うよ。

天谷：私もずっと放射線測定をして、もう五年ぐらいになりますが、やっぱり、放射性廃棄物と私たちはずっと向き合っていかなければならないと思うんですね。それで原発賛成しようが反対しようが、核燃料棒がありますし、除染の廃棄物いっぱいありますよね。それを日本全体が向き合っていかなければいけないと思うんですが、解決策を作っていく時に、どういうふうにしたら良いかという、何かお考えとかお持ちですか。

長谷川：そう言われても俺も困んだけども、俺もヨーロッパも各地歩いてドイツにも行った。ドイツはメルケル首相が脱原発の宣言をしたわけだね。[6]あの福島の事故をきっかけに。ところが、ドイツという国はすでにそういう宣言をできる状態になっていたんだね。あれはびっくりした。

俺が小さな町に行った時に、そこは自然エネルギーでその町全体の電気を賄っている。工場もあるよ。賄って売電してるっていうんだよ。その代わり電気の使い方って質素だよ。ヨーロッパは、いや、暗いんだな（笑）。

平野：ヨーロッパの国々では、夜はあまり明るく電気つけないですよね。

長谷川：うん。俺なんか老眼鏡かけて見たって見えないくらいだ。そのぐらいなんだ、暗いんだよ。だからそういう中でも、質素に脱原発に向けてやっている町があった。これは素晴らしいと思った。

天谷：そうすると、まず、脱原発の方向に行って。

長谷川：やっぱりこれは国の基本姿勢として、国は常に何かと言うといつも二言目には経済、経済という。俺はそれから脱却しないとダメだと思うよ。まずは人の命を守る政策をしていかないと。核のゴミを俺たちの子供や孫、さらに次の世代に残していくことは、やっちゃいけない。

今一番危険なのは放射性物質なんだから、それが今もあるわけだから。そしてまた原発稼働すれば、さらに使用済み核燃料が増えるわけだ、どんどん。それをどう処分するかも議論されていなくて、全部先送りするわけだ。都合の悪いことは全部先送りだ。こんなの卑怯だよ。全く無責任だな。

天谷：まあ、再稼働したとしても、結局、燃料棒の置き場がなくなって、止めざるをえなくなる、ということにはなると思うんですが、増えちゃったのはどうしようか、というのは当然あると思っていて。

長谷川：で、この地震大国の日本で、じゃあ、どうすんだってことになるわけだから。アイスランドとか地震のないところだったら、地下深く掘って処分もありうるのかもしらん。でも日本ではそんなこと、とうてい無理だと思うから、やっぱり。

天谷：まず、手を挙げて引き受けるところはないでしょうしね。

長谷川：うん。

天谷：でも、どこかでそうしないと。

長谷川：どっかで舵切んないとダメなわけだ。いつまでもズルズルズルとやってては、自然と溜まるものは溜まってくものなんだから。どっかで判断、決断しなくちゃダメだろう。

天谷：フレコンバッグって結局弱いもので、何十年も耐えられるようなものではなくて。

長谷川：そうそうそうそう。

天谷：みんな太陽の光で質が変わって硬くなって、そのうちひび割れして。

長谷川：うん、老化していくわけだから。

天谷：だから対策していかなければならないものですよね。

長谷川：一応三年と言ってんだ。直射日光当たるところでは三年だと。だからシートをかぶせるんだと。じゃ、何年保つんだ、と。いや、これはかなり保ちますよと。でも何年と言わねえわけだから。

天谷：だから、それに対する対策もしなくちゃいけないし。

平野：これで最後の質問です。「ひだんれん」の共同代表になられた理由と活動内容をちょっと簡単にお聞かせください(第3章を参照)。

長谷川：共同代表は、いつの間にかなっちゃったという感じで。団体として一番大きいのが武藤（類子）さんのところで、その次に俺のところが大きかったのよ。で、俺はあくまでも避難者、当事者として、武藤さんは当事者ではねぇから。あの方避難しているわけでもなんでもないからね。だから俺は当事者ということで、共同代表という形になったみたいなんだな。

そして、今、重点的にやってんのは、県交渉の中で自主避難者に対しての打ち切りの撤回。継続しなさい、と。その運動を今やってます。

で、やっぱり、温度差があるというか、実際避難している強制避難の人たちと自主避難をしている人たちの温度差があるみたいだなと思って。

平野：やっぱりありますか。

長谷川：そうそう。これはやっぱり今までずっとそれぞれがやってきた、まあ、悪く言えば勝手にやってきた。だから横のつながりがなかったのよ。で、それじゃまずいだろう、ということで、横のつながりを、情報を共有しながらやったほうがいいだろうということになった。

平野：そうですね。横のつながりを作るというのは、本当に大事なことですね。武藤さんにお会いした時に、長谷川さんにインタビューしたいと思っているんですけど、と言ったら、いやぁ、長谷川さんいい人だから、絶対インタビューしてよね、って言われました。今日は本当に長いあいだありがとうございました。

注

1 「日本で最も美しい村」連合は、二〇〇五年に七つの町村からスタートしたNPO法人。結成当時は、いわゆる平成の大合併の時期で市町村合併が促進され、小さくても素晴らしい地域資源や美しい景観を持つ村の存続が難しくなってきた時期だった。フランスの素朴な美しい村を厳選し紹介する「フランスの最も美しい村」運動に範をとり、失ったら二度と取り戻せない日本の農山漁村の景観・文化を守りつつ、最も美しい村としての自立を目指す運動として、立ち上げられた。

2 一九九九年四月から二〇一〇年三月まで政府主導で進められた市町村合併。「平成の大合併」とも言われた。人口減少に対応するために市町村の財政の効率化を促進することで、財政の立て直しを目指していた。自治体の規模にそれほど差がない場合は対等合併が行われたが、小さな自治体は大きな自治体に編入合併された。結果、全国の市町村数は三二三二から一七二七まで減少。効率化によって合併されてしまった自治体では、人口減少が急速に進み、中心部への集中がますます進んだと言われている。周辺化された自治体では、行政サービスを受けられなくなっている。

3 飯舘村出身。帯広畜産大学卒。村公民館長などを経て一九九六(平成八)年の村長選で初当選。六期務めた。

4 サマショールとはウクライナ語で、「自分で動き回る」という意味。一九八六年のチェルノブイリ原子力発電所事故によって立ち入り禁止区域とされた土地に、自らの意志で暮らしている人々を指す。日本語では自発的帰郷者、帰村者等とも表現されている。サマショールは、事故当初から避難を拒んだり、移住先の生活になじめず三〇km圏内の住み慣れた村に戻ってきた高齢者がほとんどで、政府も彼らの言動を黙認している。

5 土地利用型農業は水稲や麦など、面積当たりの収益は低いため、経営するには一定以上の面積が必要で、大型機械などを活用することで一人当たりの管理面積が大きい農業を指す。それに対して労働集約型(施設利用型という呼び名もある)は、花や果菜類など高単価の品目で手が掛かる作物ながら、小面積でも経営可能な農業。

6 ドイツでは二〇一一年に福島第一原発で起きた事故を受け、当時のメルケル政権が稼働していた原発一七基をすべて二〇二二年末までに停止すると決めた。ロシアのウクライナ進行の影響で少し遅れたが、二〇二三年四月一五日に最後の三基を停止させた。

07

「町残し」というジレンマ

――「人はもういないんですがね、やっぱり生まれ育ったところが染み付いているんですね」

元浪江町町長　**馬場有**氏　二〇一七年七月四日、福島県浪江町町役場にて

馬場有氏（一九四八-二〇一八年）は、福島県双葉郡浪江町生まれ。浪江町議会議員、福島県議会議員を経て、二〇〇七年から二〇一八年六月、胃癌で亡くなるまで浪江町長を務めた。福島原発事故以前は、浪江町に原発誘致を進めていたが、事故後は町民の避難や賠償請求支援などに尽力し、東京電力の責任を追及し続けた。自らも「安全神話」を全く信じきっていたという馬場町長は、二〇〇七年に町長に就任してから、「活気あふれる地域づくり」や「安心の子育て」など町民の福祉向上を掲げ、原発誘致と福祉政策は両立するという見方を堅持していたが、原発事故をきっかけに人々の幸福と原発政策は両立しないと立場を明確に打ち出していた。

私は、新潟大学の歯学部で教鞭をとられていた天谷吉宏教授と当時ＵＣＬＡ（カリフォルニア大学ロサンゼルス校）の博士課程で研究されていた河野洋氏（現、麗澤大学准教授）とともに二〇一七年の七月に馬場町長を町役場に尋ねた。退院したばかりだという馬場町長は、とてもお疲れの様子だったが、彼が進めている「町残し」について二時間近くお話を伺うことができた。当時、浪江町に設定されていた移住制限区域及び避難指示解除準備区域についてはすでに避難指示解除が出されていた（二〇一七年三月三一日）が、実際に帰還する人がほとんどなく（当時人口の一パーセント）、国が進める「復興」や「帰還政策」の正当性が揺れ動いていた。その中、馬場町長は、一人でも二人でも帰ってくる予定であれば町を残さなければならないという立場から、「町残し」を新しい政策の指針としていた。馬場町長がなぜ町を残すことにこだわったのか、その意図をお聞きすることがインタビューの目的だった。今、進行している「復興政策」を考える上でも重要な意味を持つインタビューとなった。

平野：では早速インタビューを始めさせていただきます。

馬場：はい、よろしくお願いいいたします。

平野：二〇一三年の時点で、馬場町長は「一昨年の震災の時から、時計の針が完全に止まったような状況だ」と述べられています。除染が遅れているため「復旧が全く進んでいない」、被災した年の町民調査では「町に戻りたい」との意向が六〇%あったが、今年八月には二〇%まで減り、「戻らない」が三五%に上ったとも言われています。

そして、復興庁などが昨年九月に実施した帰還の意向調査では「すぐに・いずれ戻りたい」と答えた世帯が一七・五%だった一方、「まだ判断がつかない」は二八・二%、「戻らないと決めている」は五二・六%と報告しています。

実際の帰還者は、一〇%未満と聞いています。そして、今後も変わらないだろうと。ある人は、一五年、二〇年後には浪江町はなくなっているだろうとも言われています。このような現状をどのようにお考えですか。また、帰還政策の意味とはなんでしょうか。(1)

馬場：はい。二〇一三年の時ですね、完全に時計の針が止まった、ということで、これから町がどういうふうになっていくのかなということで、まぁ、何と言いますか、五里霧中の感じでね、現在まで来ました。

そういう中で、時間が経てば経つほど、戻らないという方たちが非常に多くなってきましたね。まぁ、非常に残念な結果なんですけれど。

ただ、やっぱり浪江町に対する想いというのは、二万一〇〇〇人のすべての人がね、持っています。したがってですね、やっぱり町を残しておかないとダメだな、ということを考えましたら、これからどんなに帰る人が少なくても、町を残して、そして次の世代、あるいはまたその次の世代になるかもしれませんけれどね。帰れる人は帰っていただきたいと思います。

まあ、その方々が故郷、自分たちの先祖がここに営々と築き上げてきた土地があるということを、私どもは次の世代にバトンタッチをしていくのが、大人の責任なのではないかと思うのです。私は「町残し」という目標を掲げ、二〇一七年の三月三一日の避難指示の解除を迎えたわけです。

▼「帰還」の現状

平野：現在は具体的に何人ぐらい、そしてどれくらいの世帯の方が帰ってきていらっしゃるんですか？

馬場：二〇一七年五月三一日現在でですね、一六五世帯、二三四人です（二〇二四年四月三〇日現在で一四三〇人）。したがって人口の一パーセント程度しか戻ってないという、非常に残念な結果ではありますけれどね。

ただ、これから家を直したり、あるいは新築したり、そういう方々がちょこちょこみえていますので、

写真1　向かって左から、平野、馬場、天谷、河野

写真2　津波により被災した浪江町（2011年3月30日撮影）

写真3　ひと気が消えた浪江町（2012年撮影）

時間がたてば、もうちょっと戻るような感じにはなるとは思いますけどね。

平野：福島から避難されている若いカップルとか、お子さんのいらっしゃる方とは、被曝リスクを考えると戻る意思はないということを聞くんですが、やはり浪江の町民も同じような気持ちを持たれていると考えてよろしいのですか。

馬場：そうですね、やっぱり戻って来る方は高齢者の方が多いですよね。まあ、若い方は子供さんもいると思いますので。それから避難先でもう就労した方もいると思いますので、なかなか戻れない状況だとは思いますけどね。

ただ、時間がすぎれば、戻ってこられるような状況にはなるのかなと、楽観的な見方はしておりますけれどね。

平野：町長として、帰還することが住民の内部被曝の可能性を高めるという心配はお持ちですか。特にお子さんたちや若い方たちへのリスクは高まるのではないでしょうか。例えば、チェルノブイリでは、事故三〇キロ圏内では立ち入り禁止になっていますが、福島の場合は事故二〇キロ圏内でも帰還政策が進められています。除染が進んでいるという理由からですが、それは福島だけに適用されている通常の放射線量の二〇倍もの基準をもとに言われていることですね。そう考えると、内部被曝の可能性は決して看過されるべきでないと思うのですが。

馬場：心配ないとは言えませんが、個人線量計を全員に配布し、健康管理をしっかりやっている状況です。食べ物の線量も町が責任を持って測っています。ただ、私のほうから帰ってきたくださいとは言っていません。特に若い家族に対しては、絶対安全だから大丈夫ですとは言えない。とても残念ですけど、健康へのリスクも含めて自己責任の問題になってしまいます。本当は、政府がきちんとそういう問題も含めて対応しないといけないのですが、今の政権（安倍政権）ではそれができていないのが現状です。とても矛盾しますが、ある意味で浪江やこの地域の市町村はもとに戻ることはありません。私たちのふるさとは永遠に奪われてしまったのです。

平野：健康へのリスクが残る中、帰還の判断は自己責任で行わなければならないということですが、町長さんご自身が帰還の条件を整えるために取り組まれていることはなんでしょうか。

馬場：そうですね。まあ、帰っていただくためにね、特に若い方のために就労する場所をきっちり作っておく、ということですね。震災前に事業を営んでいた方々で戻って事業を再開したいという方々が中にはいらっしゃいますのでね。

それからこれから若い方を吸収するために、新しい産業というものを誘致していきたい、ということで、今回特にロボットテストフィールド、これが隣の南相馬市と共同でロボット産業の事業に協力して、その研究施設とかも付随してきますので、そういう誘致をしていきたいと思っています。

それから水素製造ですね。これは再生可能エネルギーを中心とした町づくりということでやっていきたいなということです。これも今、日本政府が世界一の水素製造の基地を作りたいという願望がありますので、その期待に応えられるように水素製造の場所にしていきたい、と考えています。

いろいろ諸々企業の誘致、今、浪江町に来たいという会社が四件ほどありますので、そういう方々と一緒になって今後若い人たちが就労する場所を作っていきたい、とこのように考えています。

平野：若い方や家族に帰還や移住は勧められない一方で、企業を誘致して雇用を増やし、新しい町づくりをしていくということですね。矛盾しているように聞こえてしまうのですが。

馬場：一〇年、二〇年かけて実現していくということです。

▼高齢者と避難生活

河野：高齢者の方に関する質問ですが、私たち一昨日、二本松の仮設住宅に一人で住まれている八六歳のお年寄りがいらっしゃって、一、二年前からお話を聞かせていただいているんですが、結局避難指示解除後の四月の時に戻らない決意をしました。その一つの理由は設備が整っていない、スーパーがないということで、特に高齢者のためにどういうまちづくり、どういうサービス、スーパーや医療施設などをどうするのかなど、まあ、八六歳ですから運転とかはできないので、そのような方たちのために、どのような計画を持たれているのかをお聞かせください。

馬場：そうですね、これから高齢者の方々のために福祉施設の準備をしていきたいと。ただ、介護する方々とかの人手がいないんですよ。ですからとにかくいわゆる公設民営で作って、民間の方が福祉事業に協力してもいいよ、というような環境整備だけはしていきたいなとは思っているんですね。

それからスーパーマッケット、これは確かにありません。しかし今交渉しているところもありますので、これは一日も早く作っていきたいなと思っています[2]。

そのために足がやはり大切ですので、まあ、デマンドタクシーとか、そういう代替するバスの利用とかを作って、みなさんに不便をかけないようなシステムを作っていきたいなとは思っています。

平野：避難指示の解除後にも、先ほども高齢者の方の話も出ましたが、避難を続けている方もかなり多くいるわけですね。そういう方に対する特別なサポートだとかは何かなされていますか。

馬場：それは避難先で、ということですね。避難先の方々にはいろいろとデマンドタクシーとかそういうものを駆使していますし、それから、うちの担当のほうで戸別訪問を今やっています。これは孤立化を防ぐためにとかですね、あるいはいろいろな支障があった場合に、職員が御用聞きではありませんが、そういう手助けをしていくような、戸別宅を訪問する訪問事業をやっております。また、交流を絶やさないためにイベントづくりにも力を入れています。

ただ毎日毎日行くわけにはいきませんので、訪問するのに時間はかかりますが、とにかくケアだけはしていこうということで続けてやっております。

▼除染と「復興拠点」

平野：ちょっと話題を変えたいんですが、汚染土とか廃棄物処理に関するリスクと不安に関してです。特に除染ですが、国が中心になってずっとやってきました。ただ、空間線量が元のように完全に戻っていない、あるいは放射線量が局所的には高いところが残っている、そういうことに対して、国に除染をもっと早く効率よく進めるための取り組みをお願いするとか、町では国とのコミュニケーションをどういう形で継続的にやっているんですか。

馬場：はい、そうですね。まず、国が事故を起こした時に言ったことは、年間の空間線量を一ミリシーベルト（毎時〇・二三マイクロシーベルト）という数値を出しています。ですから私たちは高線量のところは一ミリシーベルトにしていく、ということで除染のお願いをして現在まできています。

ということで高線量があったところはフォローアップで除染をしたりして、とにかく一ミリシーベルト以下に下げていく努力を私どもは強く国のほうには要請しています。

天谷：国のほうに要請していて、一応浪江町の希望通りに除染とかは進んでいますでしょうか。

馬場：うーん、これはですね、なかなか面積が非常に広いもんですから、現在のところ、希望通りには至ってはいませんけれども、とにかく時間を要したとしても最初の約束通り一ミリシーベト以下に抑えていく除染をしていくということには変わりはありません。

天谷：帰還困難地域は面積的にかなり広いですが、こちらのほうの除染に関しては、計画とか具体的にいつまでとかは国と相談されているんでしょうか。

馬場：はい。今度の福島再生特措法(3)の改正になりまして、帰還困難区域のところに復興拠点を作ったらどうかということで、法改正になりました。まず、帰還困難区域でも復興拠点ができる場所からまず除染をして、そこを点としながらまた別な線量が高いところに拠点を作って、またそこを除染していく。

したがって点と点を結んで今度は面に広げていくということで、いつまでというのは国としては、具体的な期間は出してはいませんけれども、ただ五年をめどに復興拠点を作って、できれば解除していきたい、というような話は国のほうはされていますけれどね。まあ、その通り私はやっていただきたいなと思っておりますけれどね。

天谷：例えば具体的に拠点の場所とかは町のほうから要望とか出されているんですか。

馬場：はい。私どもは三地点ございます。いわゆる大堀地区の地点、それから津馬地区の地点、そして苅野地区の一部の地点。この三カ所にまず復興拠点を点として作っていくことを要請しています。地元

図表1　特別復興再生拠点区域（浪江町、2023年3月時点）

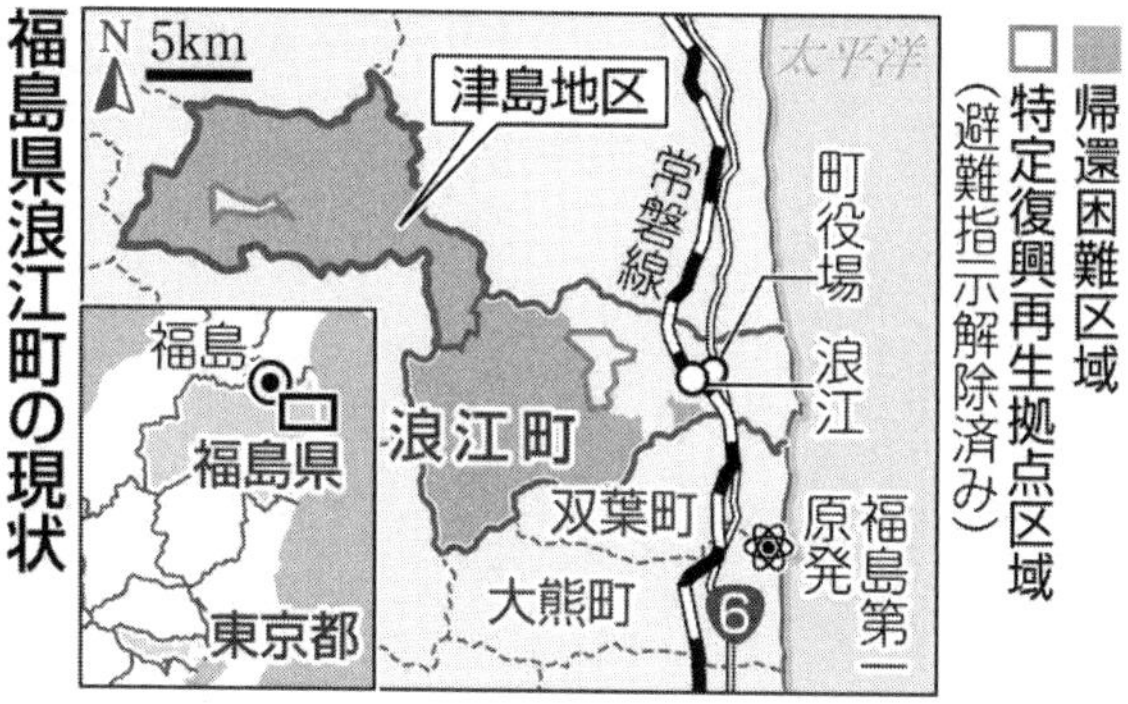

の意向を尊重していただきたいと要請しております。

天谷：もともと集落の家などが多いところを拠点にして、もと住んでいた方が帰ってくるということを目標にする拠点という形になるんでしょうか。

馬場：はい、そうですね。人が集まる場所、例えば公共施設ですね、公民館ですとか、あるいは神社・仏閣ですね。そういうところを中心にして、とにかく交流ができる範囲内のところ、そこをまず拠点にしていこうという考え方ですね。

天谷：そうするとまず、拠点の施設などを決めて、その周りの住宅などを除染していって、そこに可能な限り帰っていただく、というプランだと理解してよろしいでしょうか。

馬場：ええ、そうですね。地元の方もそのように望んでおりますのでね、そういうふうにしていきたいと思います。それで、そのためには除染をして、放射能をとにかく下げる、ということが大前提になってきますのでね。政府の基準は三・八マイクロシーベルト／時です。

平野：先ほども触れましたが、その基準値は、もともと法律で決められていたものより二〇倍高くなっていますよね。しかも、福島や汚染地域のみに例外的に適用されている基準です。絶対安全な基準値などは存在しないという専門家たちもいます。一番望ましいのは、できるだけ被曝、特に内部被曝を避けることだと言われています。だから、町長さんは政府に本来の基準値であった年間一ミリシーベルト（〇・一三マイクロシーベルト／時）に戻るまで除染を続けてくれと要請しているのですね。除染の目標がまだまだ達成されない中、「帰還」を進めることに躊躇を感じませんか。

馬場：確かに心配ないといえば嘘になります。ただ、政府が責任を持って安全だと言う以上、それを信じて町の立て直しを行っていくしかないです。

▼目処の立たない廃炉

平野：今度は少し廃炉についてのお話をしていただきたいのですが、現在廃炉には最低三〇年から四〇年かかるだろうと言われていますよね。まず、一つはそのことに対してどのようにお考えなのか。

そしてもう一つは、廃炉作業中にもしかしたら放射線事故が起きてしまうかもしれない、というリスクがありますよね。そうなった場合には、やはり町としてもかなり不安であるでしょうし、あるいはその不安がやはり帰還にも影響があるだろうと考えられますので、それに対してどのような対策というか、もしそのような事故が起きてしまった時に、町としてはこのように対応しますよ、というような具体的な考えはありますか。

馬場：はい。まあ、端的には三〇年から四〇年というように一つの目標を決めて廃炉作業を今やっていますね。ただ、今の状況では本当に三〇年や四〇年で済むのか、これは私もちょっとクエスチョンマークがつきます。東電と政府は、安全・安心を第一に方針を示すべきです。

もうあの事故が起きてから六年ですからね。それでデブリの取り出しをどのようにするかなどの方針も決まっていない状況です。取り出したデブリをどこに保管してどういうふうにするのか、というところも決まっていませんね。したがって、はなはだ帰還につきましてはクエスチョンマークがつきます。

しかしながら、あのままにしていていいのか、ということは、やはり帰還する人たちがこんな危険な場所に帰って来られるのか、という問題もはらんでいますので、やはりそこはきっちりと廃炉をやって、将来安全に住めるような場所を提供する。まあ、元に戻していただく、ということですよね。そういうことで考えていきたいと思っています。

私も廃炉作業についての夢を時々見ます。デブリの中に何か間違って衝突物がぶつかって、また放射能を外に出すんじゃないか、というそういう夢をちょっと見たことがあるんですがね。そういう時にどのように避難したらいいのか、というようなことを考えると空恐ろしいと思います。

したがって、帰ってきた町民の方、あるいはこれから帰ってきてくれるであろうという方々にとって、やはり安全で安心のできるような形で、今、防災計画、原子力防災ですね、その計画を見直して、震災の時に出たような事故が起きた場合はどのように避難していくのか、そして避難先でどのようにケアをしてもらえるのか、例えば食料とか衣類などはどこから調達するのか。やはりそこまで考えていかなくてはならないと思いますね。事故は起きないという前提で進んでいくことのリスクは、今回の事故から学んだ最も大きな教訓ですから。この過ちを二度と繰り返してはならないと思っています。

あとは、突然の放射能が降ってきた場合に、身を守らなくてはいけませんから、浪江地域内で緊急に

写真4　チェルノブイリの旧石棺

写真5　チェルノブイリの新しい石棺

避難できるコンクリートの構造物を整備しておきたいなとは思っています。

天谷：事故処理の中でチェルノブイリ式（写真4、5）で、石棺で処理するというか、遮蔽させて比較的長い期間安全に遮蔽できる建屋を作って、事故処理をするという考え方もあると思うんですが、燃料を取り出すリスクがあまりにも大きすぎて、やはり遮蔽するしかない、となった場合に、町長さんとしてはそれを認めるお考えをお持ちでしょうか。

馬場：いや、要するに石棺方式と言いますと、閉じ込めることだとは思いますが、まあ、実際閉じ込められるのかどうかはわかりませんが、ただ、そうなれば最終処分場ですよ。そうなるとそこに人が住んでいられるのか、ということですね。そして、そういう人たちが本当に生活ができる、というか、人間的な営みができるのかどうかという、そういう問題がありますので、やはり危険なものは除去していただく、ということのほうが、人間の営みをする以上は、私は必要なんじゃないかと思います。

もし石棺を認めるとすれば、チェルノブイリのように町をほかに移してください、と。もう三〇キロ内には住んではいけませんよと。その外に住んでくださいということだと思うんです。

最初がそういう考え方だったら、それで私は良かったと思うんですがね。今頃言われても仕方がないですよね。

天谷：すでに六年以上も経って。

馬場：ええ、今さら。

天谷：帰還も始めて、そのあとでやっぱりダメでした、ということはなかなか認められないというか。

馬場：ええ、受け入れ難いですよね。ただ、帰還したい、戻りたいという人の中には、あんな危険なところに戻れるのか、という話はあります。だからちょっと(私自身)矛盾するとは思うんですがね。

でもやっぱり危険なところは、世界の英知を結集して危険を除去してもらいたい、ということですよね。でもなかなか技術がまだ伴っていないので難しいとは思うんですがね。実際、多くの専門家がデブリも取り出すことは技術的に難しいだろうと言っていることは承知しています。これはもう、信用するしかないですよね。今、作業員の方に一生懸命やってもらっていますんでね。

▼東電の責任と「想定外」という問題

平野：東京電力の幹部の方ですが、今回、確かに根本的にコミュニティーを破壊するような事態を生み出してしまったことに対しては、非常に申し訳ないと、東電もその責任は認めると言っています。ただ一方で日本の今後の資源のことを考えた時には、今すぐ原発を止めるのはどうだろうかとも言っている。やっぱり原発は必要なのではないだろうか、という意見がまだ東電の中では支配的だと思うんですが、それに対して馬場町長はどのようにお考えですか。

馬場：いや、私は、もう原発は必要ない。エネルギー政策云々というよりも、人の安全安心が大切だ、ということが今回の事故でみなさん本当によくわかったと思うんです。

福島県民のほうは、もう廃炉にすべきだ、ということで、第二原発も廃炉にすべきだということで、県議会も我々市町村議会もすべて廃炉の意見書を出していますからね。

やはり「原発に頼らなくてもエネルギーの供給は大丈夫ですよ」というのは二〇一一年の三月に起きた時に、ずっとエネルギー事情見ていますとはっきりしましたね。逆に余ったんじゃないですかね。ですからやっぱり原発ばっかりじゃないですよ。自然再生可能エネルギーというようなものを利用すれば大丈夫だって思います。

ご存知のように、私はかつては原発の「安全神話」を信じて、浪江町の経済を潤すために原発推進派でした。今は、それは本当に間違っていたと反省しています。

平野：二度と同じような間違いさえ起こさなければ、自治体と原発、電気会社は共存できるんだ、という言い方をする方は、今でも根強くいますが、その間違いを起こさなければ、という前提をどのように町長さんはお考えですか。

馬場：うん、だからね、それは想定外の想定、という形になると思うんですがね。今回、検察審査会の公判がこの間ありましたね。その中で訴えているものの中で、やはり大津波が予測できたわけですよ。震災前の二〇〇八年か二〇〇九年ですか、東京電力が頼んだ地震学者が、そういう予測をされていたわけですから。

そういうことを知っているか知っていないか、ということの刑事責任を今問われているんですけれどね。それはやっぱり無視したというか、まあ、どのように対処したのかはわかりませんが、これから裁判で内部資料が出てくるとは思うんですがね(4)。

ですからやはりそういう予測が出ていたにもかかわらず、手を打たなかったという、これは想定外の想定じゃないですよ。やはり想定されたわけですから。

だから、そういう大きな津波が来た時に交流電源が喪失するような状況にしていたのではまずいから、バックアップ体制を作るとか、電源施設を上のほうに上げるとか、あるいは津波を避けるために防波堤をもう少し高くするとか、いろいろな方法があったと思うんですよ。

それをしないで、あれは自然災害で私どもは人為的に何も悪いことはしていない、という主張は、おかしいですよ。やはり国会事故調の報告者の中でもこれは人災だ、という人がいるわけですから。私は今回の事故はやはり人災だと思いますよ。

つまり、これは明らかにヒューマン・エラーなんですね。というのはヒューマン・エラーを起こしてないところがありますよ。第二原発なんかは危ない状況になりましたが、手動でベントをやったり、ちゃんとやれましたね。ところが第二というのは高台にあるんですよ。今度事故を起こした第一は本当に海面すれすれにあるんですよ。だから津波が来るということになれば、交流電源装置を高台にあげればいいわけですよ。あるいは、もしそれをやられた場合にバックアップをどういうふうにするか、ということも考えておかなければいけないと思うんですよ。それを怠った、あるいはそのようなアドバイスを無視したという意味で明らかにヒューマン・エラーです。

それからもう一つは、これもはやり事故調の話の中で、冷却水の配管が、地震の時にもうすでに割れていたと。割れていたということは冷却水が通らない、ということですから。だから大津波が来る前にもう地震で配管が砕けてしまった、という事実があれば、これは空焚きですよね、冷却水で保っているわけですから。それがもう入らないということは、空焚きをして水がなくなり、あのような水素爆発まで起こしてしまうんですよね。だからこれはヒューマン・エラーですよ、間違いなく。

河野：三・一一の前に地方自治レベルで原発が抱えるリスクを学ぶとか議論する機会はありましたか。つまり、役場の職員を含めた浪江町の住人の方たちと事故は起こりうるし、起きた場合のインパクトはどのようなものかを共有するような場はあったのでしょうか。

馬場：いや、残念ながら、私はこの事故以前は原発推進論者でした。原発で電力を起こすというのは理にかなったものだな、と思い込んでいた。それはなぜかというと、今まで国や東電から説明を受けてきたのは絶対に安全であるという安全神話です。その安全神話の源になっているのは、多重防御をきちんとやっているから、例えばこういう事象が起きた時にはこれが動く、これが動かなかった時には二重の防御システムが動くようになっている、という話がまことしやかにされて、私どもはそれを鵜呑みにしていましたから。実際、国も東電もそのようにして原発を作ってきました。

それで、私も安全神話にどっぷり浸かってましたんですね。私はあの原発で事故が起きた時には、想像もしなかった事態が起きているということで、頭が真っ白になったことを覚えていますけれどね。えっ、原発がこんなことを起こすのか、と本当にショックでした。よもやこういう事故は起こさない、と思っていました。

▼損害賠償

平野：東電の損害賠償が一律でなくなり、これから個別事情での判断に切り替えていく、という話になりましたよね。それに対して町長さんとしては、具体的にどういう形で東電に賠償を行っていって欲しいのか、何か具体的なお考えがありますか。
馬場：そうですね。やっぱり賠償はきっちりやっていくべき、やらなければならないと思っているんですが、ただ、やっぱりいろいろな考えがあって、平成三〇年の三月には、精神的賠償、いわゆる就労不能の弁償額もね、これもだいたい切ってしまう、ということを東電が考えていますよね。
やはり、原陪審[5]の考えている「相当期間をいうもの」を尊重していただきたいと思うんです。その尊重する意味としては、被災者が今どういうような状況か、現実を直視しながら判断して、とにかく後ろがいつまでだ、ということを決めること自体が間違っていると思うんです。どういう状況か、ということを見て、そして決めるべきだと私は思うんですね。

だからやっぱり今、賠償に関してはいろいろな形でやっていますけれど、上手いですよ、個別事情という言葉、この言葉はごまかされるような感じがして、残念ですけどね。もっと被災者に寄り添うことが必要だと思います。

平野：どうにでも解釈できる。それは「自主避難」という発想と同じですよね。つまり原発から二〇キロ圏外の人は、仮に住居がホットスポット（三・一一後福島だけに適用された放射線二〇ミリシーベルトという例外的な基準値を超えてしまう場所）にあったとしても、「強制」ではなく「自主」扱いになってしまい、賠償の対象から外されるという問題が出てきてしまうのと同じように思うのですが。

馬場：ええ、どうにでも解釈できますから。

平野：町長さんは具体的に、町民の方、被災者の方と話をして、一番この部分が賠償、あるいは補償が必要ではないかと思われることはありますか。

馬場：そうですね、やっぱり、生業が全部失われてしまっていますね。それから隣近所もバラバラで、今、私も六年ぶりに帰り、ここ浪江に住んで三カ月目ですが、隣近所がいませんから話し相手もいないですよ。だからそういうコミュニケーションも喪失されていますよね。それは貨幣価値に表すことはできませんけれども、こんなにみすぼらしい生活というのは考えたこともなかったですね。

それを金額的に表すということになると、精神的打撃を表されるような形の賠償というのは必要だと。今町民の方たちはそういうふうに思っていますよ。

みんなそれぞれ、避難先でもそうですからね。避難先でも隣近所に誰もいませんし、それから本当に避難先の方々といろいろな活動ができるかというと、やはりできないところもありますしね。

特に若い方々はね、今まで自然の生活をして、今まで働きながら所得を得て、何の心配もなくやってきましたが、あの時に完全に失われたわけですよ。それに対するダメージですね。それに対する賠償というのは、金額的にいくらだ、と言うことは難しいと思いますが、やはりそういうものを、なんと言いますか、そういう状況に置かれた自分を想像してみていただきたい。その上で、賠償というものを考えてほしいと思います。

町民の方が、住民説明会とかでよく、「あんたたち避難生活してみろ」と訴えています。六年間もの間、仮設住宅に住んでみろと言われたら、あなたはどう感じますか、という話ですね。

もう家族がバラバラになっていますよ。若い方は避難先で就労し、お年寄りだけが避難している二本松にいるとかね。若い方は東京にいるとかね。家族はバラバラになっています。そういう気持ちになってみろ、ということですよ。

それが賠償に反映しているのか、ということですよね。私は今の金額は反映していないと思います。じゃ、いくらだ、って言われれば、私も答えられませんけれど。やはりそういうことを評価して考えていかなければと思います。

私は一番最初に、原陪審で被災を受けた町村長の意見交換があったんですよ。あの時は精神的慰謝料が一〇万円とかね、金額が決まっていない時だったんですがね。あの時私はそれを言ったんです。あなたたちは何を基準にして賠償していくのかと。コミュニケーションを奪われた、学校も壊された、就労する先もダメになってしまった、全部ダメになってしまった。そういう生活を考えて今避難している人たちの身になって、あんたたち考えられるのか、という話をしたことありますけれどね。

審査会は、第三者的な立場で裁判の判例とかを持ってきましてね。私が怒ったのは、その例とは、交通事故で入院した人なんですね。交通事故の場合、怪我をしたとしてもある程度時間が経てば治るでしょう。その治す期間の金額をベースとして払えばいいでしょう、ということで月一〇万円という額を出してきたんですよ。

私は、そうじゃないでしょうと。原発というのは放射能を撒いて、その放射能がどれだけ危険かということで、余儀なく避難を強いられたわけでしょう。放射能が降り、線量が高いところは危ないから、生命の危険があるからそこから離れてください、という意味で避難指示を出したわけですよ。そして避難指示の解除に至っていないんですよ。浪江町は六年経って一部だけ解除になった。

怪我は一定期間経てば治る、という基準でやりましたけれど、原発の事故は今言ったように六年もすぎてもこんな有様ですよ。それを一〇万円だ、という見方はどこにあるんだということで、私もだいぶ怒りましたけれどね。

やっぱりおかしいですよ、あの基準の決め方は。あれは全く被災者の身になっていないやり方だと思います。

平野：町長さんのお話をずっと伺って強く感じるジレンマは、コミュニティーが分断され、人間関係がバラバラにされた状況を帰還を通してもう一度つなぎ合わせることができるのかという問題ですよね。実際には無理だろうけれど、でも帰ってくる人のために浪江を残さなければならないという矛盾する立場におられる。そこでとても悩まれているという気がしたんですね。

馬場：ええ。

平野：事故直後にもうここは住めないから、別のところに町をパッと移しましょうよという判断ができたかもしれない。そうしたら少なくとも人と人とのつながりは保てるだろうと。コミュニティーはそのまま別の場所でも残すことができるだろうと。しかし、その選択すら奪われてしまった。結局今は帰還ということしか残されていない中で、まあ元には戻らないけれども、分断されたコミュニティーの一部でも直そうとしているというのが現在馬場町長が置かれている、また選ばれた立場ということでいいのでしょうか。

▼アイデンティティ——故郷への愛着

馬場：ええ、そうですね。あと、それと町民の方の町に対するアイデンティティですよね。そういう方々の気持ちを大切にしたい、ということです。

とにかく自分たちの先祖のお墓がございますから、お墓参りは誰だってしますんでね。その町をなくしてしまったんでは、お墓参りもできなくなってしまいますんでね。そこに住んでいなくても、やっぱりお墓参りができる環境にもう一度戻していきたいな、ということですよね。

お話しますけれどね、町全体の移動というのは、非公式に事故当時政府の考え方として最初にあったんですよ。もうこの町は住めないからほかに町を求めて、町を移してくれ、ということはあったんですよ。ところがいろいろ考えて、政府の方針が変わったんですよ。やっぱり再生すべきだと。変わっていったんですね。

だから最初我々も検討はしました。住めないかもしれないな、もうダメだな、と。じゃあ福島県のど

写真6　浪江町の無形民俗文化財であり、無火災を願って毎年旧暦1月8日に行われた「裸参り」(2009年)

写真7　浪江の収穫祭り(2010年秋)

こかの大きなところをもらって、そこを浪江町にしようか、というそういう考え方がちょっと頭の中に出てきたこともありましたよ。

ただ政権がスッタモンダして、いろいろ論議があったんだと思いますよ。それでまあ、再生・復興すべきだ、ということで落ち着いたと思いますね。

昔こういう話があります。幕末時代に徳川幕府と新しい政府を作ろうとする維新側が対立しましたね。この内戦で、福島県の会津藩は幕府側について、新明治政府からは賊軍扱いにされました。その会津の人たちはどこへやられたか、と言うと岩手県、青森の隣の藩、あるいは北海道に移されたわけですよね。これは、会津藩として一つにまとまっていたからできたんですね。

今回の場合はできないですよ。いわき市があり、広野町があり、楢葉町があり、我々双葉郡で八町村ありますから。その隣のいわき、南相馬、あるいは田村と合わせると一二市町村になるんですよ。その一二市町村を移す、ということはちょっと考えられないですよね。

その時に一年経過して、川内とか広野は放射能が少ない、自然界と同じくらいだと、まあ、ちょっと高いところはありますけどね。それでそこの住民は戻れる、ということで避難解除になった。

平野：日本政府から町全体の移動を諦めた理由の説明は直接なかったのですか。

馬場：非公式の考えですから説明はありませんでした。

平野：先ほどアイデンティティのことを話されましたが、お話を聞いていると、町長としてというよりも浪江というところに生まれ育った人間として、故郷に対する愛着というものをすごく強く感じるんですね。それについてもう少し、一人の浪江の町民として、どういう思いがあるのか、なぜそこまで愛着を感じるのかということを最後にお話いただけますか。

馬場：はい。やっぱりね、生まれて育ってきたその風景、これはありますよ。うーん（涙で声を詰まらせる）、小学校ね、友達といった小学校。あるいは、中学校ね。やっぱりなんと言うんですかね、あの当時の子供の時とか見るとね、生活の臭いが染み付いているんですよね。浪江町の空気とか、風とかね。生活臭というものが自分の体に染み込んでいるんですよね。

それはみなさんそうだと思いますよね。浪江町民の方、今避難先でね、別の空気の中で、環境の中で生活していますけれど。これは違ったものだ、ということをずっと思い続けながら、今、歳月がすぎていると思うんですよね。

私ここに帰ってきて、三カ月ですけどね、一番何があるかというと、やっぱり浪江町の空気ですよ。それを強く感じるんですね。ただ、人はいないですよ（涙で声を詰まらせる）。人はいないんですがね、やっぱり生まれ育ったところが染み付いているんですね。だから、なんていうのかな、言葉では言い表せないようなものが、漂っているものがあるんですよね。

まあ、海沿いには六〇〇棟ほどありましたけどね、それが全部津波で流されて、その風景を見た時には、大変なことが起きたなと。そういう思いで見ていましたけどね。

私はやっぱり一年半ぐらい、海見られなかったですよ、怖くて。すごいことになっているな、ということで車で浜通りを見て歩いたことがあるんですがね。

今はそれにちょっと慣れたせいかわかりませんが、ああ、ここはよく海水浴したよな、とかいう子供の頃の楽しい思い出がよみがえってくるんですよ。子供の時自転車であそこの道行って、あそこの家の親父さんに怒られたな、とかいろいろ思い出してきますよ。

だからやっぱり、なんて言うんですかね（涙で声を詰まらせる）……、慣れ親しんだというか、そういうようなことじゃないでしょうかね。

平野：自分の中に染み込んでいる空気だったり、記憶であったり感触であったり、やっぱりこの地じゃないと味わえないもの。

馬場：そう、味わえない。やっぱり故郷は遠きにありて思うもの、とありますけれどね、私も二本松に六年避難していて、二本松から故郷を見るとわかりますよ、やっぱり。遠くに行って初めて故郷のありがたさがわかってくるような感じがします。

それは自然であり、そこにいた人たち、それは大人の人たちや隣近所の人たちとかであり、そういう人たちに支えられて生きてきた、というところがありますのでね。子供の時にこういうことやっちゃダメだとか、ああいうことやっちゃダメだとか、家族はもちろんのこと、隣の人にも心配されたということもありますからね。そういうものが全部壊されてしまったわけですから。

まあ、ちょっと一言では言い表せないようなものがありますよね。

平野：そういう想いというのが、矛盾の中に立つ今の町長を支えている、というか、なんとかこの地を守りたい、再生させたい、という思いにさせている、ということですか。

馬場：まあ、そうでしょうね。だから、東電のＴＥＰＣＯというマークの入ったジャンバー見るのはね、嫌いでね。頭も下げたくないし、話もしたくなかった。まあ、最近はそうでもなくなりましたが。やっぱりそういう感情と同じじゃないでしょうかね（笑）。

平野、天谷、河野：貴重なお話、ありがとうございました。

注

1　福島民友新聞によると、二〇二三年二月の時点で、浪江町に帰還している人は人口の一〇・七％、戻りたいと考えている人が一二・二％、まだ判断がつかないと答えた人が二五・六％、戻らないが五〇％という結果。戻らないと答えた人の理由は、「(避難先に)すでに生活基盤ができているから」が五二・二％で最も多かった。

2　二〇一九年七月にイオンスーパーがオープンした。

3　福島復興再生特別措置法は、二〇一二年三月三一日に交付された。その目標は以下のように定められている。安全で安心して暮らすことのできる生活環境の実現として除染等の措置について迅速かつ確実に進め、福島の住民が、健康上の懸念など様々な不安から解放され、確かな安全と安心を実感しながら福島で暮らし、次世代を担う子どもを安心して生み、育てることができる生活環境の実現を目指す。また、地域社会の再生として地域コミュニティーの維持、県内外の避難者、帰還者、避難しなかった者全ての住民の一体性・絆の確保、避難者支援や帰還支援、復興まちづくりを進めるとともに、治安、教育、医療、保育、介護等を再建し、住民一人一人が災害を乗り越えて豊かな人生を送ることができる地域社会を再生することを目指す、としている。

4　東京電力福島第一原発事故を巡り、業務上過失致死傷罪で強制起訴された東電の勝俣恒久元会長(八二歳)、武藤栄元副社長(七二歳)、武黒一郎元副社長(七六歳)の控訴審で、東京高裁は二〇二三年一月一八日、一審東京地裁に続き、いずれも無罪の判決を言い渡した。細田啓介裁判長は「一〇メートルを超える津波が襲来する可能性は予測できず、原発の運転停止を講じるべき業務上の注意義務があったとは認められない」としている。現在、検察官役の指定弁護士が上告し、最高裁に係属中。

5　文部科学省が二〇一一年四月一一日に設けた原子力損害賠償紛争審査会のこと。原子力損害の範囲判定等に関する指針を策定している。審議会は二〇二三年三月の時点で、政府による避難等の指示等によって避難を余儀なくされたことによる精神的損害に対する賠償、財物価値の毀損に対する賠償、営業損害に対する賠償等を実施してきたとし、総額約一〇兆七一六三億円の支払が東京電力によって行われてきたとしている。そして、今後とも、被害を受けた方々の個別の状況を踏まえて適切かつ迅速な賠償を行っていくよう、国として東京電力を指導すると結んでいる。審査会は、大学教員や弁護士などで構成されている。

08

帰る場所を求めて

――「故郷って人が集まってともに生きていくことで生まれるから。それは、特定の場所じゃなくてもいい。故郷は人と人とが交わることで作っていくものだから。必ずしも、出身地や国籍の問題じゃないよね」

旅館「双葉屋旅館」女将 **小林友子**氏 二〇一七年七月、福島県南相馬市小高にて

小林友子さんは南相馬市小高で生まれ、二三歳まで双葉屋旅館を営むご両親のお手伝いをした。大学卒業後は就職で地元を離れ、全国各地を転勤生活。二〇〇一年にご両親が倒れ、三〇年ぶりに単身で小高に戻り、旅館を経営。四代目女将の役回りが板についた頃に震災と福島原発事故を経験し、一年間、仮設住宅で避難生活を送る。二〇一四年四月に避難指示が解除されたあと、旅館の再建へと動き出した。それ以来、生まれ故郷の小高の再生を目指して、他県から移住する若者やボランティアとともに町づくりに取組んできた。

当時、小高地区で唯一営業をしていた双葉屋旅館には、復興のための作業員や福島を取材していた記者、汚染状況を調査していた研究者も集い、出会いのためのハブ、あるいはコミュニティーを形成していた。小林さんの人柄に惹かれて集まる若者も多い。新潟大学の歯学部で教鞭をとられていた天谷吉宏教授と当時UCLA（カリフォルニア大学ロサンゼルス校）の博士課程で研究されていた河野洋氏（現、麗澤大学准教授）とともにインタビューを行った。

二〇一七年当時、「復興」や「帰還」という言葉が政府やメディアから頻繁に発せられる中で、事故以来「再生」を目指して取り組んできた小林さんに、「ふるさと」を失うこと、それを取り戻すことがどのような意味を持つのかをお聞きしようとインタビューに臨んだ。

平野：お久しぶりです。昨年（二〇一六年）の冬にお会いした時よりもずっと元気になられた感じ。顔色もいいですね。安心しました。

小林：ああ、あの時はなんか一人で頑張ってて、変に疲れていたかもしれない。ヘロヘロになってたけど、ああやって一応募集したらボランティアの子たちが来てくれたり、女将さん、もし助けが必要だったら私も働きたいんですけどって、自主的にあの子たちが来てくれて、それってすごくありがたいですよね。ここで働きたいっていう人なんているとも思ってもいなかったの。

まあ、一人で頑張っていればなんとかなるかなって思ってたけれど、ああやって旅館をピカピカにしてくれるおじちゃんやみなみちゃん（ボランティアの方たち）みたいに「これおかみさん、もう切れてます、賞味期限」って言ってきれいに掃除してくれたり、すごく嬉しい。自分にできないことやってくれるから。それってすごく嬉しくて、ああ、いいなって（笑）。だから今その中にいるから私もできることを頑張りたいなって。

平野：どうして震災と原発事故以後、旅館を再開されようと思ったのですか。

小林：旅館もそうなんだけれど、ここの場所って観光地ではなかったわけね、今までは。観光地じゃないんだけれど、戦後からそうだけれど、仕事で毎月毎月決まった日に来る人たちがいるんですよ。

問屋さんてあるじゃないですか。そういう人が来て泊まって、お店をまわって、サンプルだったり注文取りだったり集金だったりと、毎月サイクルで来るんですよ、同じ日に。

だから震災の一、二年前まで、私がこのぐらい（小さい子供）の時に会っているおじいちゃんが岐阜から来てたんですよ。それでね、家族にもう行っちゃダメって止められるらしいのね。もう仕事しなくていいって言うんだけれど、呉服屋さんに行って卸していくんですよ。

そういう人たちがずっと来ていたから。メガネ屋さんだって、お父さんの代から来ていたし。そういう人たちが何人かずっと来ていて。ここでの仕事に来たからちょっと泊めてって言う人たちがいた。まあ、新しい人たちもいるけれども、だいたいそういうお馴染みのお客さん。一度来たら、リピーターで来てくれる。そんな役割を、ここを再開する時に目指していたのね。

ここを直した時によく言われたんですよ、一棟全部貸してくれって。（原発関係の）作業員の宿舎にしたいからって。でも、それ嫌なんですよ。そっちのほうが経営的には楽ですよ、確かに。お金は入るし、どうぞお使いください、という状況だったら一番楽なんですけれど、それだったら宿屋じゃないじゃないですか。だからそれは嫌だったんです。一人でもいいから来てくれる宿屋。そしたらまた次に何カ月後、あるいは何年か後でもいいですけど、あ、また、あそこ行ってみたいなっていう宿屋にしたかったから。

私は三〇年いなかったんですけど、父と母が倒れたことで私がやらなきゃいけなくなった。それから震災にあって、ここをどうするか、という時に、山小屋でも成り立つんだったらここは避難地域、二〇キロ圏内の一番端っこだけれども、そこで一人でも二人でもいいから泊まれる場所を確保したいなって。誰かが来たら、あそこに宿屋あるよねっていうような場所にしたかった。リピーターの人たちを主に迎えたいなって。ここでくつろげたらいいじゃないですか。幸いみんないろいろな人たちが来てくれています。

写真1　双葉屋旅館

▼帰れる場所

平野：双葉屋さんの魅力的なところというのは、僕ら自身もそうだし、来ているお客さんを見ていてもそう感じるんですが、震災後の「帰る場所」になったのかなって。一般的な意味での「ふるさと」、つまり、特定の生まれ育った場所という意味ではなくて、出生に関係なくいろいろな人がざっくばらんに心の交流ができるという意味での「帰る場所」。震災後、そういう場所を目指して女将さんたちは頑張ってこられたのかなと思うのですが、いかがですか。

小林：だって、この場所（南相馬の小高）や隣の浪江って帰る家がなくなっているじゃないですか。それって、自分が出たくてここを去ったわけじゃなく、去らなきゃならない状況に追い込まれたんだよね。それで、家を壊しちゃっている人がいっぱいいるわけですよ。

自分の生まれ育ったところを実家っていうじゃないですか。そこはいつでも帰れる場所だと思っていた。それがこんなに一気になくなるってことの大変さや悲しさは、なかなかその立場にならないとわからないと思うのね。
帰れる場所、例えばあそこに帰れば誰かに会えるとか、あ、あそこに行けば安心して泊まれるとか、そういう場所になりたいなって。
だから人をつないでいきたい。あ、この人とあの人はつながるなと思ったら、即、紹介したりしてるんです。だからそういうつながりがほかでも広がったり。だってこの地域の人は、原発事故でみんなバラバラになりましたからね。って言うか、バラバラにされた。人、家族もコミュニティーも、みんなバラバラにされたのね。お互いが今どうしてるかわからない場所になったというのはすごく不幸だよね。ここにいればそれがわかるような場所になればねと思って。新しいつながりが生まれて、失われたつながりが再生するような場所。

平野：ここを再開する上で、東電や福島県から「賠償金」や「助成金」は出たのですか。

小林：賠償金はいただきました。大切なことはそれを何のために使うかということだと思うのね。双葉屋を再生して、新しいコミュニティーづくりのために使ってみたかった。

平野：双葉屋を再生するにあたって、若い人たちへの思いはどういうものがありましたか。若者に戻ってきてほしいという気持ちはありましたか。

小林：結局ね、自分の子供たちは誰も帰ってこないんです。まして、仕事がここじゃないからね。仕事は除染作業と廃炉作業しかないからね。そんな場所になっちゃった。結局自分の子供たちに帰って来い、って言える場所じゃないんだよね、残念ながら。
自分たちの子供たちがここを見て、帰ってきたいとか、何かやりたいという思いがあるなら、それは拒否できないけれども、でもどこの親を見ても、率先して帰っておいでって言う親はいないんだよね、残念ながら原発二〇キロ圏内には。そう思うの。

一方でね、子供が帰るよとか、手伝うよとか、何かでこっちに来るよって言ったら、すごく嬉しいのね。でも、手放しで喜べない状況が続いているわけじゃないですか。その中で、今、来ている若い子たちは、自分の足で、そして自分の目で見て、ここで何かやりたい、ここでお手伝いしたいって入ってくるわけですよね。

やっぱりここには住めないと思う子は帰っちゃうよね。幸いに、ボランティアで来ている人たちはいっぱいいるんです。もう二〇一二年からいろいろな片付けをしてくれたり。でも最初はね、片付けてもらうこともやっぱり、何て言うのかな、後ろめたいというか。こんなにひどく荒れてしまった場所に来て、お手伝いをしてくれるなんて、普通できないよね。すごいなって思いつつ、甘えていいんだろうかって。

そういう気持ちはすごくあったけれど、でも一人では、片付けることもできないんですよ。一人ではやっぱり、できないんですよ。

平野：できない、というのは身体的にそれとも気持ちの上で。

小林：いや、気持ち……はできるんですが、いや、気持ちもできないかな。どうやって片付けていいかまずわからないし、この広い家の片付けを。まあ、見ればみなさんわかるけれど、この地域のお家

図表1　小高区の地図

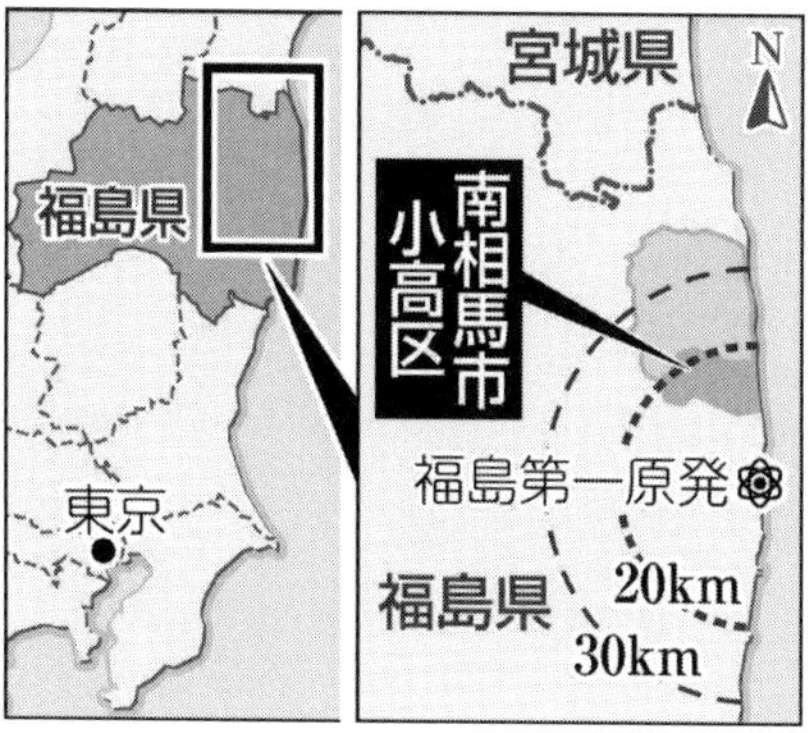

は東京のような小さな家じゃないんですよ。何世代も子供たち、孫たちと一緒に暮らした家だから、みんな大きいんですよ。

昨日泊まった人たちとお話したんですが、昔ここは養蚕業、お蚕さんが盛んだったから、(1)お蚕さんを飼っていて、そのお蚕さんのための家だったんですって。その広さは、一〇畳とか一二畳とかの部屋が五つも六つもあるわけですよ。そこを住居にしたというか。だから一部屋がみんな大きいじゃないですか。それを片付けるとなると、一人でというのは大変です。

震災後帰ってきて、片付けをしようと思った人は、みんな同じようなことを感じていたんじゃないかな。例えば、仮設とか借上げとか、どこかから来て片付けるって言ったって、ここには泊まるところも全くないじゃないですか。だから、そういう人たちのために市は一応公営のアパートを何件か提供したんだけれども、そこって五階建てで階段なんですよ。だいたい高齢者が片付けにくるから、(階段の上り下りは)無理なんですよ。それでうちがちょうどでき上がった時に、市のほうから部屋を提供してくれないか、ということでお引き受けしようと。

光熱費などの経費がまかなえればいいんですよ、この旅館は。経費さえまかなえれば、がっぽがっぽ儲けることはいらないんですよ(笑)。みんなで楽しくご飯食べられれば、それでいいんです。

だから、若い人たちがここに来てくれるというか、そういう人たちがリピーターで来て手助けしたいと言ってくれることは、本当にありがたいし元気をもらえる。でも、残念ながら、そんな若いボランティアに対して行政のほうからのバックアップがないんですよね。

普通ならそういう人のために宿舎があってもいいじゃないですか、ボランティアセンターとか泊まれる場所。そういうのは本来用意すべきじゃないですか。住民だってそこを利用して片付けできるしね。

だから若い方がここに来て住み続けて手伝いをしようとすると、家賃が発生して、微々たる収入でここで暮らしていけるかというと、暮らしていけなくて、結局たくさんの人が戻っていってしまう。自分たちのお金を全部ここで使っちゃって、戻っている人、何人も見てるんです。

ここで何かをやりたいと言っても、そういう人たちは生活だけで精一杯じゃないですか、事業を起すところまでいかないでしょう。事業やりたいんだったら、一応手を貸すよって言って、少しでも応援しようと思っているんだけれど。今みんな私の周りにいる子たちは、大阪からとか東京から来てる人で、ここを好きになってくれて。そういうのって一番嬉しいじゃないですか。

それで一番気がかりなのは、被曝の可能性だよね。私は二〇一二年からずっと放射線量の測定をしてきて、実は東京とそんなに変わりないのね。やっぱりちゃんとデータを出して、現実を知ることによってリスクの軽減はできるよね。内部被曝しないように、食べるものはちゃんと測る。水にも気をつける。そうやって気を使って生活するのは大変なんだけど、それでもここに来て人の助けになりたいという若者たちがいる。それを否定したくはない。だから、測定はきちんとしていたし、これからもしていく。行政が何もしないから、自分たちで安全を確保するしかないのね。測定の仕方は専門家に教えてもらったし。

平野：若者はなぜ双葉屋に惹きつけられると思いますか。

小林：なんでだかな。どうですか、すぎた(和人)さーん(住み込みボランティアの一人で、映像作家、画家でもある。原発事故以来独自に被曝状況や地域再生のルポを発信し続けている)(笑)。杉田さん、私よりも若いから。すぎたさんも来て（笑）。

いや、やっぱり、福島に何が起こっているのだろうと知りたいというのがあるよね。この原発事故の被害があって、ここにもう住めないと言われたところに、人が戻ってきて日々の生活をしているわけですね。どうなってしまっているんだろう、たぶんそういうことを知りたいのかな。

ダメだよって言われた場所に、なんでみんな戻るんだろうと思うんでしょうね。でも実際来てみたら、イイじゃん、このスローライフみたいな。利害超えて、みんなが助け合いながらゆったりと生活している（笑）。もちろん、そんな簡単な話じゃないけれど。

杉田：ここで生きようと思っているエネルギーみたいなものがあって、それは東京やほかのところでは感じられないような。システムの中の暮らしの部分とは違う魅力を感じるというかな。

河野：昨日も馬場有（浪江町の町長）さんがインタビューで言っていたけれど、空気違うねって。それはすごく感じる、空気が違う。なんだろうね、潮風だったり、自然の空気というか。排気ガスなんて出ないし。ふっと潮風の匂いがしたり、風が来て、あぁ気持ちいいなって。そういう自然を感じられる場所かなって。

小林：あとたぶん、旅館をそういう場所にしたいということで始めたこともあるのかな。利害関係とか儲けとか地位とか名誉とか関係なしで、人がありのままで交流できる場所を作りたいなって。

平野：そのようにできた交流の場所を来る人来る人がもっと豊かにしていくみたいな循環が、双葉屋は生み出しているのかもしれませんね。片意地を張ったり、世間体を気にしたりというような窮屈さが、この空間にはありませんよね。

小林：もうこの人、嫌だな、と思いながらも、職業上、来るもの拒まずの場所じゃないですか、ここは。でもね、私もずっと生きてきて、この人、嫌だなって思いながらも、それでも話をすると、あ、違うじゃん、この人、こういうところあるよねって。そこを探していけるんですよね。そうすると折り合いつくじゃないですか。人を一面的に否定したり、拒絶することはしたくないんだよね。

意見や考えは違うかもしれないけれど、なんかどこかで触れ合えれば、拒否しなくても何か一緒にできることもあるよねって。好き嫌いって、いろいろな条件で好き嫌いになるからね(笑)。どんなに仲が良くても、ある瞬間バーンと弾けることもあるし。それってわからないじゃないですか。でも時間がまたその溝を埋めて解決してくれる。そしたらまた、あ、そうだよね、あれはもういいよねってなるじゃない。それでいいと思うのね。

みんな本当にいろいろなところから泊まりに来てくれるし。来てくれたらどうぞ、っていうのが私のスタンスなのね。何年ぶりかであっても、どうぞ、というのがね。

▼若者と被災地を生きる

河野：若い人たちと接しながら、様々な人間関係が生まれてくると思うんですけれど、それを見ながらどんな希望を感じますか。

小林：私、旅館を再開した時は、一〇年ここで一生懸命なんとか暮らして生きていければいいかな、それをちょっとでも見ていてくれた若い子たちが、何か感じてくれればいいなって思っていた。こんなに若い子たちがきてくれるのは、一〇年か三〇年先だと思っていたのね。でもこうやっていろいろな形でみんな入ってきて、若い子たちが自分で考えて……（涙に声を詰まらせる）、何か伝わっているのかな。どう考えてもね、地元の人がもう成り立たない場所だとみんな出て行っちゃっているところなのにね。若い子たちがね、ここに来て、なんとかなるかなって、ふらっと来て、新しい生活を始めたり、いろいろとやっているわけじゃないですか。そして実際なんとかなっているじゃないですか。

実はね、小高ってとこは、震災前もそういう場所だったんですよ。餓死しない場所だったんですよね。お金がなくても生活が成り立つ場所だった。海に行けば魚がとれるし。都会とは違う、そんな豊かさがあったんだよね。私たちもここ二、三年、この近海でとってきた魚の放射線量を調べて、あ、食べれるじゃん、って言って食べているから。若い子たちも自分できちんと測量して、生活を成り立たせている。じゃ、「山は大丈夫」って言われたら「やめな」って言えるじゃないですか。山は放射線量が高いし、除染されてないから危ないんだよって。あそこのきのこ、筍は無理だから、と言うと、あ、そうかって。私はここに住んでいるから、そういうことを言えるわけですよ。この現状を伝えられるじゃないですか。

だから若い人たちがここに来てくれるというのはありがたくて。それこそ築二〇〇年の家だとか築三〇〇年の家だとかがいっぱいあるわけだから。今は古民家とか言って特別扱いされているけれど、ここの人たちはそんな家で生活するのが当たり前だった。昔からの変わりない暮らし方をして来た人たちは、原発事故によって急変しちゃった現実の中でどうやって暮らすかが、たぶん見えなくなっちゃったんだよね。でも、若い人たちはここの現状を見て、あ、こうすればここで暮らせるんじゃないっていう臨機応変さがある。でも、それはきちんと放射線の実態を理解した上でやっている。なんでも安全だよとは言えない現状を受け入れた上で生活している。

だから、彼や彼女のように（近所に引っ越してきて、ゲストハウスを始めた夫婦）ゲストハウス事業をしてみようかって。無理しなくてもいいから、とりあえずやればいいって。それで成り立つようであれば、自分の事業として継続すればいいわけだから。若い人たちの前向きな生き方が自分の生きがいになっている。あの子たちは私にもチャンスをくれるんですよ。あの子たちのやっていることを見て、すごく気づかされるんですよ。若い子からいっぱい学ぶんです。だからそういうことで自分も元気になれるというか、前に進めるというか。

自分自身にとってもすごく刺激になるじゃないですか。若い人が来るっていうのはそういうことなんですよね、化学反応起こすし、自分たちもどうやっていこうかなって。私の人生、あと九年（笑）。九年しか動けないと思っているの。まあ、母のリタイヤした年齢までは頑張ろうと思っているので。だからあと九年。七三歳までは動けるよねって言って。それまでは頑張るからっていうことで九年なんですけど。

▼国・自治体の無責任——汚染情報の欠如

天谷：住民の気持ちや意見を自治体や国に伝える場はありますか。

小林：ありましたよ。円卓会議とか地域対策協議会とか、私全部出てます。

天谷：そこで何を伝えられましたか。

小林：そうですね。放射線防護とか保養とか必要なんだと言っても、それは必要ないものとして動いているよね。例えば、高線量で汚染された車は洗浄したり乗り換えたりしてるよね、チェルノブイリは。

日本でもそれができるはずなのに、しないんだよね。だからそういうところが問題。危険区域、立ち入り禁止区域を大まかに決めるんじゃなくて、ホットスポットがあちこちにある以上、それをちゃんと知らせるとか、そういう努力がないでしょ。大丈夫、大丈夫と言って「復興」を進めていっている。あとは、何かあったら自己責任。だからみんな帰ってこないんでしょって。こういうところにこういうリスクがありますっていう、少なくともここで暮らしてくための説明、アドバイスのようなものが欲しいよね。帰還って言うなら、そういうきめ細かなガイドラインを国の責任でちゃんと作ってほしい。包み隠さず、事故の時に何が起こってどれだけ汚染されたのか。何に注意を払ってここで生活すればいいのかって。それが最低限必要な責任の取り方でしょう。

平野：今回の帰還政策を見ていて感じるのは、[2] 新しい安全神話の理屈が出てきちゃって、ああ、もう帰ってきて大丈夫ですよ、と。だからこそ余計に信用されない。それで、さらに疑いや不信を増長させて、いや、もう福島全体が一律に危ないんだよというイメージが払拭されていない。

だからここできちんとしたデータを出して、こういう物は食べていいよ、あれはダメだよ、この場所は安全だよ、あそこは行っちゃいけないよ、と明示すべきだ。完全に安全な場所ではないけれども、どうしてもそこで生活したければ、しっかりとした知識を持つこと。そうすれば、生活できる場所もあるんだよ、というのが小林さんのお考えですね。

小林：この放射能って不思議なことに、汚染の被害を面じゃなくてポイントポイントで、無理なところと大丈夫なところとかを調べていくと、ええ、そんな場所がそんなに高いのっていう場所もあるんですよ。だからそういう情報を知らせるべきなのに、何もないんですよ。だから私たちが自分たちで汚染マップを作って、配って、こういう状況になっていますよって、六年間の経過を出しているわけですよね。それを見れば、自分がここだ、ということがわかるわけだから、そういうような取り組みをして欲しいのに、何もないありきで。

だから現実はこうなんですよって、なんでもいろいろな人に説明するんですよね。現実がわかれば、だったらこういうふうにすればいいんじゃないってわかるじゃないですか。だけどそれがないから、みんな不安なんですよ。そして、私たちのコミュニティーは奪われたまま、壊されたままになる。ここに来る人は知って来ている人たちがほとんどだから、私は応援したい。

天谷：自分たちでどのように汚染マップを作ってきたのですか。

小林：放射線量測定の専門家がこの地域に何度も足を運んでいるし、測定も行ってきたのね。その専門家に自分たちで測定するための方法を教えてもらって、グループを作って地道に測定してきたの。そのデータをもとに、マップを作っている。

平野：国は許容されるべき被曝限度を福島に対してだけ二〇倍（年間二〇ミリシーベルト）引き上げたまま「安全」ですと言っていますよね。福島だけが例外的な空間になってしまった。それを基準に「安全」、「帰還」をいう政府の政策をどのように考えていますか。

小林：それは、私もいつも考えることなんだよね。私たちができるのは、国の新しい基準で「安全」を確認することじゃなくて、これまでの平常な被曝限度の基準（年間一ミリシーベルト）に沿って「安全」を確認していくことだと思っている。だから、私たちの汚染マップは、昔の基準を使って作っているのね。自分たちの生活や命は自分たちで守らなきゃという気持ちでやってきた。福島だけに違った基準値を設けた上に、それをもとに「帰還」を言う国のやり方は、間違っているよね。

平野：これも若い世代の話になるんですが、コニュニティーの再生を考えた時に、一番大事なのは若い人たちが帰ってきて家族生活を営めるかどうかという問題、ここで子供を育てることができるのか、という話に当然なっていくと思うんですが、そのような問題を友子さん自身はどうお考えですか。

さっきおっしゃったように、きちんと知識さえ持って判断ができるのであれば、ここに戻ってきて子供を生んだり育てたりすることも可能だ、と考えられているのでしょうか。

小林：「もうちょっと待ってね」っていうかな。

平野：様子をみてから判断して欲しいという意味ですか。

小林：うーん……難しいね。それ、すっごく難しい。自分の今していることを考えれば……でも危険って何かなって考えた時に、こういう状況になりえる場所って、日本中にいっぱいあるよね。今ずっと六年経過していろいろなものを見て、きれいになった時にここには住めない、とは思わないから。もっと大変なところに住んでる人もいるわけで、その比較をしちゃえば大丈夫だ、まあ、いいんじゃないって思うこともあるんだけれど。

でもここでリスクを背負いたくない人たちは来られないと思うから、この状況をきちんと踏まえて来てくれるんだったら、応援したい。自分と一緒でせっかく本人たちが納得してここに住んでいるんだったら、その人たちを応援したい。でも積極的には呼ばない。そういう場所ではないから。リスクはやっぱりまだある。だからそのリスクをわかっている人たちは来て、そういう人を助けていきたいっていう思いかな。

でも、それは本当に自分の中で葛藤するの。だって絶対ここってクリーンな場所じゃないじゃないですか。ウエルカムの場所じゃないところに若い子たちを呼んでいいのかなっていう葛藤。そのリスクを避けることはここでできるのか、できないのか。それはやっぱり伝え続け、調べ続け、事実をちゃんと理解した上で選択してって言うしかない状況。

完璧に大丈夫じゃんって言えたら最高だけど、それができないジレンマはあるよね。だからそういう状態をわかって来てくれる子たちだからこそ、応援したいのよ。

▼故郷への想い

平野：最後の質問です。昨日、馬場有町長に聞いた質問と同じなんですが、実は彼はこの質問への返答でいろいろな想いが込み上げてちょっと言葉が詰まってしまって、やっぱり彼の故郷を想う気持ちはとても強いんですよね。彼はそれをアイデンティティという言葉で語ってくれました。

それはどういうことかと言うと、ずっと二本松で避難生活し、そこから通勤して今までやってきた。震災直後は津波の恐ろしさと原発事故への怒りで海すらも見るのが怖かった。一年半ぐらい海を見られなかったそうです。

でも三カ月前に避難解除になって戻ってきて生活し始めたら、フラッシュバックのように、子供の頃の記憶がわぁと蘇ってきて。近所のおじさんとか、よく怒ってくれたおじいちゃん、おばあちゃんとかね、そういう身体のレベルで覚えている記憶みたいなものが、ぶぁーと蘇ってきて。

それを彼は空気と言っていました。その空気は、ここ（浪江）じゃなきゃ味わえないんだと。だからそれを失っちゃいけないし、失いたくないという気持ちが私を今支えている、というようなことをおっしゃっていましたが、友子さんはどう思われますか。

小林：わかります。私、三〇年間、ここにいなかったんだけれども、ここに戻ってきてここが再び住居になったと言いましたね。この間あったピアニストのウォン・ウィンツァンさんのコンサート（杉田氏企画）で昔の写真がスライドでだーっと流れた時に、涙止まらなかったんですよ。なんでだかわからないんだけれど。だからみんな「故郷」っていう曲を歌うだけで号泣するんですよね。なんでかって言ったら、みんなそこに（想いが）あるから（涙に声を詰まらせる）。

本当はね、若い人たちを（ここに）戻すつもりはないんだけれど、私たちがここで頑張っていると、戻ってきて、ここに住み始めた人たちもいるわけですよね。

でもこの場所に染み付いた想いっていうのは、やっぱり（私にも）あるし、そういう場所は残しておかないと。いいの、三〇年後でも一〇〇年後でも、せめて一つでもいいから記憶にある場所を残していけたら（涙に声を詰まらせる）。

だから拠点施設の時に「綿屋」さんという建物を、あれは何回か建て替え[3]してるんだけれど、私たちがあのお店に行った記憶、せめてそういう記憶のある建物を残したいと思ったのね。やっぱり目で見たり、身体で感じたりしたものは憶えているんですよ。だからせめてそれを残してってすごく言って、本当は壊す予定だったものを小高交流センターとして残してもらっているんですよね（写真2を参照）。

そういうものをなんとかして残したい、というのはあるんですよね。だってね、いいところでしょ（笑）いいとこなんですよ、ここは（涙をぬぐう）。

写真2　小高交流センター

平野：馬場さんも言ってました。

小林：いいとこでしょ。浪江も好きです。私たち近いからよく浪江に行って請戸《うけど》にも行ってそこで花火見た記憶とか。みんなあるはず、ここに住んで暮らしていた人には。だから、やっぱりそこは無くしたくないという思いはたぶん馬場さんもあると思う。

だから最初の町づくりの時、もう全部壊して新しいまちにしようと言った時に、あ、帰ってこなくてもいいなって思った、その町づくり(4)を見た時にね(笑)。新しい町なら戻ってこなくてもいいじゃんって。別の場所で暮らせばいいじゃんって思う町づくりだった。

でも今はそういう町じゃなくて、残してあるものいっぱいある。だから昨日来た人も言っていたけれど、子供たちが一七〇〇年、二〇〇年も経った建物を壊さないでって言うらしい。年寄りは自分たちがそこで生まれたからそういうでしょうね。でもその子もたぶんそこで生まれ育って、あの家はほかにないよねっていう思いがあるから、やっぱり子供にとっても故郷なのよね(笑)。

まあ、私の主人にとっては故郷ではないけれど、あの人の故郷も実家もないし。だったら、主人もここを実家にすればいいんじゃない、っていう思いがきっとあるんじゃないかな。故郷って人が集ってともに生きていくことで生まれるから。それは、特定の場所じゃなくてもいい。故郷は人と人が交わることで作っていくものだから。必ずしも、出身地や国籍の問題じゃないよね。

あまり大きいことを言いたくないけど、そうやって自分たちの頭使って、身体使って、支え合ってお互いの幸せを願いながら作っていくコミュニティーが草の根的な民主主義っていうもんなんじゃないのかな。国や自治体は、私たちが何を必要とし、どんな思いでいるのかを理解したり、代弁することはできないよ。

だから、この双葉屋に帰ってこられる場所をこの地域に集まってくれる人たちと一緒に作りたい。その思いであと九年。まあ、この建物も結構歪んでいるので、本来は建て替えるのが一番なんだけれどね(笑)。

平野、天野、河野：ありがとうございました。

注

1　南相馬市小高区は、明治以来、養蚕業で栄え、最盛期には四〇軒以上の織物工場を有する「絹織物の里」として知られていた。現在、養蚕業復興の取り組みが行われている。

2　日本政府は避難者の早期帰還を目指して、浪江町、飯館村、川俣町の山木屋地区における避難指示区域の解除を二〇一七年三月に行った。

3　明治時代に建てられた「綿屋具服店」の建物はリノベーションを経て、二〇一九年一月にオープンした復興拠点施設「小高交流センター」の一部として保存された。小高交流センターには、子供の遊び場、市民交流スペース、カフェ、地元の農産物を販売するマルシェなどがある。

4　二〇一二年に国と東電の主導のもとに出された町づくりのプラン。住民の意向を全く取り入れていないという批判が出て、二〇一五年以降、住民と行政が話し合いを繰り返し、新しい町づくりが構想されていった。

09

科学者と市民社会

——「科学者が国や権力に寄り添うことなく、きちんとした事実を市民に伝えていく努力は必要不可欠だと思います」

元放射線医学総合研究所主任研究官 **崎山比早子**氏

二〇一八年六月三日、米国カリフォルニア州ロサンゼルス市内のカフェにて

崎山比早子さんは医学博士であり、米国マサチューセッツ工科大学（MIT）研究員、放射線医学総合研究所（放医研）元主任研究員として癌細胞生物学の研究に従事。現在は、一九九八年に設立された日本の「NGO法人高木スクール・オブ・オルタナティブ・サイエンティスト」のメンバーである。同スクールは、科学者や科学者を目指す人たちが、それぞれの専門的な知識や能力を市民運動と結びつける方法を模索している。二〇一一年に国会に設置された福島原発事故調査委員会の委員を務めた。その後、二〇一六年に「3・11甲状腺がん子ども基金」を武藤類子氏をはじめ六人と協同で設立。福島原発事故独立調査委員会の元メンバーとして、崎山博士は、原発事故による健康への影響について、日本政府やそれに与する科学者の評価とはしばしば異なる正当な知見を、世界中のメディアや市民と共有するために活動を続けている。原発事故から七年が過ぎた時点で人々の健康への影響が徐々に明らかになる中、科学者が市民社会で果たしうる役割についてお話をお伺いした。本インタビューは、津田塾大学の葛西弘隆教授とともに、米国カリフォルニア州ロサンゼルスで二〇一八年六月に行った。

平野・葛西：今日はお忙しい中、インタビューに応じていただいてありがとうございます。

平野：福島の原発事故から七年が経ち、放射線の人体への影響は減少したと思われますか。

崎山：放射線量はもう随分下がってきているわけですが、それでもホットスポット(例えば、除染できなかったために基準値を超えた放射線量が残る山林、河川、河川敷、里山など)はいろいろなところにあるわけで、放射線の影響というのはずっと積み重なっていくわけですね。だから除染によって被曝のリスクというのは少なくなっていくけれども、少ない割にホットスポットなどではずっと累積していくわけですから何年そこに住むかによって、最終的なリスクというのが決まってくるわけです。あと放射線の影響というのは人によって随分違いますから、子供のほうが影響は受けやすいですね。

それから放射線によりDNAに傷がついた場合、その修復にはいろいろな種類の蛋白質が係わっています。その蛋白質を作る情報は遺伝子に書き込まれています。そのような遺伝子に傷がつき、間違えて修復されるとその蛋白質が合成できなくなったりします。人は同じ遺伝子を母親と父親から二つ受け継いでいますから、通常の環境では片方だけ働いていれば健康を保てますが、被曝によって傷が増えると、片方に変異がある人は治すための力が半分なわけですから、傷が治しにくくなって、その人は早く癌になるということはありうるわけですね。

生まれつき片方に変異がある人は一定の割合でいますから、放射線でもう一方が傷つくと、その蛋白質を全く作れなくなります。そういう人は放射線に感受性が高いわけで、低線量被曝でも危険です。環境中の放射線量が上がればそれに比例してDNAの傷は増えていきますから時間が経てば経つほど癌は増えると思います。

平野：そういう科学的事実がある中で、政府は依然として福島にだけ通常の二〇倍もある年間二〇ミリシーベルト（毎時三・八マイクロシーベルト）を安全基準として適用し続けていますね。線量がその基準以下であれば、帰還しなさいと。もう安全だから、補助金も打ち切ると言っています。

崎山：二〇ミリシーベルトでの帰還政策が意味することはこういうことです。避難した人は線量が平常のところに避難したわけですが、その人たちに平常値に戻っていないけれど除染したから帰りなさい、とこういうことを言っているわけですよね。

それから除染の問題ですが、現在、放射能で汚染された土壌を入れたフレコンバックが一〇〇〇万個ぐらいあります。今度はそのフレコンバックに入れたものをふるいにかけて、八〇〇〇ベクレル以下の汚染土を再利用しようと言っているわけでしょう。そんな馬鹿な話ってないじゃない。科学的に言って、最悪の判断だと思うんですけど。

さっき言った年齢によって放射線の感受性が違うという、これはBEIR-VII（Committee on the Biological Effects of Ionizing Radiation）というアメリカの科学アカデミーから出ている報告があるんですが、そこに出ていたものを国会事故調[1]の報告書にグラフに書き換えて提出しました（図表1）。妊産婦も含めて二〇ミリシーベルトのところに戻りなさいということですよね。だからこの帰還政策は科学的な見地から言って本当にひどいわけで、この図表が示すとおり、だいたい一八歳以下の人はそういうところに入ってはいけないわけです。

平野：この図表1を見ると、女性のほうが男性よりも放射能に影響されやすく、ゼロ歳の子は四〇歳の大人よりも四倍もの確率で放射能に影響されやすいということですね。二〇ミリシーベルトという基準

図表1　年齢、性別によって変化する放射線の影響

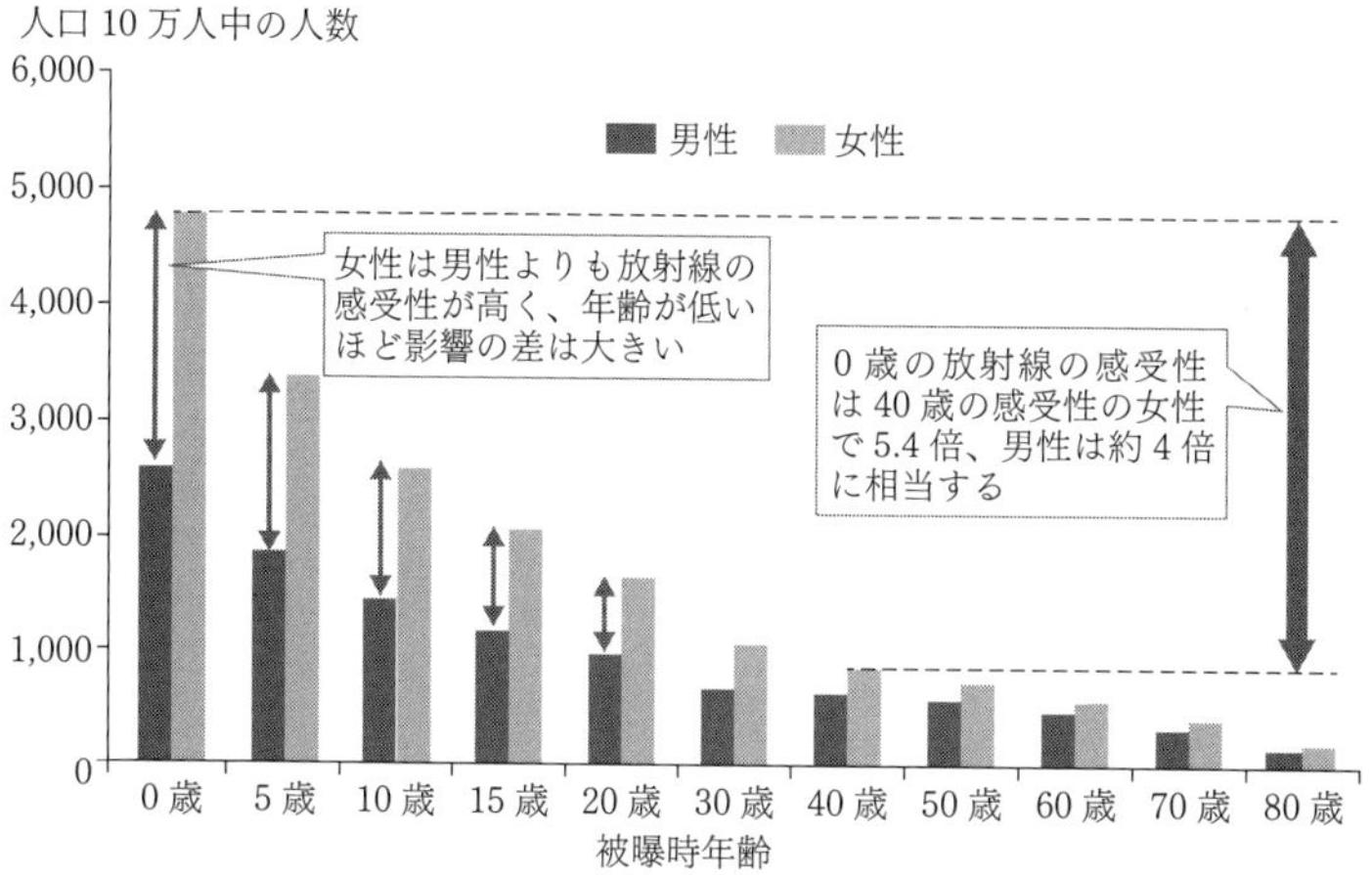

100ミリシーベルト一回被曝した場合の生涯発癌率（全癌）

自体が問題であり、なおさらそれを年齢や性別に関係なく一律に適用することはあってはならないわけですね。ところで、放射能は特に妊婦さんにとっては危険だと聞きます。

崎山：その通りです。女性、例えば妊婦さんは二〇ミリシーベルトを五ミリシーベルトに下げるとか、それくらいのことは最低限必要です。もちろん、人工放射線ゼロが一番望ましいのですが。

平野：日本では、年齢や性差によって放射線被曝量を差別化はしているのですか。

崎山：「放射線管理区域[2]」に一八歳未満は立ち入り禁止ということはしています。

平野：年間二〇ミリシーベルト以上の場所は、労働基準法で一八歳未満の作業を禁止している「放射線管理区域」（三ヵ月で一・三ミリシーベルト、毎時換算〇・六マイクロシーベルト以上）の約三・八倍に相当する線量ですね。そして、ドイツでは、年間二〇ミリシーベルトは、原発労働者に適用される最大線量になります。そういう異常

図表2　福島県民健康調査甲状腺検査結果
（第31回〔2018年6月18日〕検討委員会発表まで）

	一巡目検査 （2011～2014年）	二巡目検査 （2014～ 2017年6月）	三巡目検査 （2016～ 2018年3月）	計
悪性ないし 悪性疑い	116人 （2016年3月まで）	71人 一巡目検査結果 A1：33人、A2： 32人、B：5人 一巡目検査未受 診：1人	12人 A1：2人、A2： 6人、B：1人 二巡目未受診： 3人	199人
男女比 事故時年齢 （平均）	39：77（1：2） 6才～18才 （14.9±2.6才）	32：39（1：1.22） 5才～18才 （12.6±3.2才）	7：5（0.71） 6才～16才 （11.2±2.9才）	
手術結果	102人 乳頭癌：100人 低分化癌：1人 良性結節：1人	52人 乳頭癌：51人 その他の甲状腺 癌：1人	9人 乳頭癌：9人	癌確定 ：162人
腫瘍サイズ	5.1～45.0mm （13.9±7.8mm）	5.3～35.6mm （11.0±5.6mm）	8.7～33.0mm （15.7±8.1mm）	

な基準値が適用されるところに、日本政府は、年齢や性別に関係なく帰還しなさいと言っているのですね。

崎山：そうです、そのような区別はないです。一切ないです。ひどいですよね。だいたい本来、福島原発三〇キロ圏内、放射線量が基準値の（年間）一ミリシーベルトを超えている地域などは「放射線管理区域」として扱われるべきじゃないですか。そこで寝泊まりして、普通の生活をするというのはありえないですよね。それは小出裕章さんもお話されていましたね（第2章を参照[3]）。

平野：実際甲状腺癌患者と診断された未成年の方たちが一九九人でましたね。

崎山：一九九人が癌ないしその疑いがあるということです。そのうち一六二人が手術を受け一六一人の癌が確定してます（図表2を参照。二〇二四年五月の発表では三三〇人が癌ないしその疑い、二七七人が手術を受けて二七六人が甲状腺癌と確定診断されている。注にある図表6を参照)。

平野：最初は、スクリーニング効果[4]ということで反論する学者が出ましたよね。いつも以上に精密に検査をした結果このような数値が出ただけで、原発事故には何ら関係ないと。この意見をどのように思われますか。

崎山：受診者約三〇万人中一一六人ですから、これは二年ぐらいで通常の数十倍の発病のわけですよ。でも彼らは、これをスクリーニング効果と言ったわけですよね。実は、まだこの検査が一〇分の一ぐらいしか進んでいない頃から三人の癌が確定して、悪性の疑いが一〇人判定されたのですから多発です。それで、まだ九割が検査していない時点、ちょうど二〇一三年三月一一日に、山下俊一さんはアメリカのNRC(Nuclear Regulatory Commission)のシンポジウムで、多発はスクリーニング効果であって放射線の影響ではないと発表したのです。

平野：山下さんたちは国際的な場でも福島事故に関して人体に異常なしという言説を作るために動いていたのですね。

崎山：そうです。きちんとした検査が始まる前からもう結論が出ているんですよ。そのあと甲状腺癌の発生率が数十倍だとわかったあとでもスクリーニング効果だという意見を変えなかった。ところがもう二巡目になって、スクリーニング効果では説明できない結果が出始めてから過剰診断だという声が出始めて。しかもそれは臨床医からではなく疫学者からなんですね[5]。国立がん研究センターの津金昌一郎さんとか東大の渋谷哲郎さんとか。渋谷さんが論文に過剰診断だって書いたんですよね。それで甲状腺癌は予後(病状についての医学的な見通し、治療の後の病状の経過を見守る)がいいのに、必要もない手術をして

図表3　県民健康調査甲状腺検査の流れ

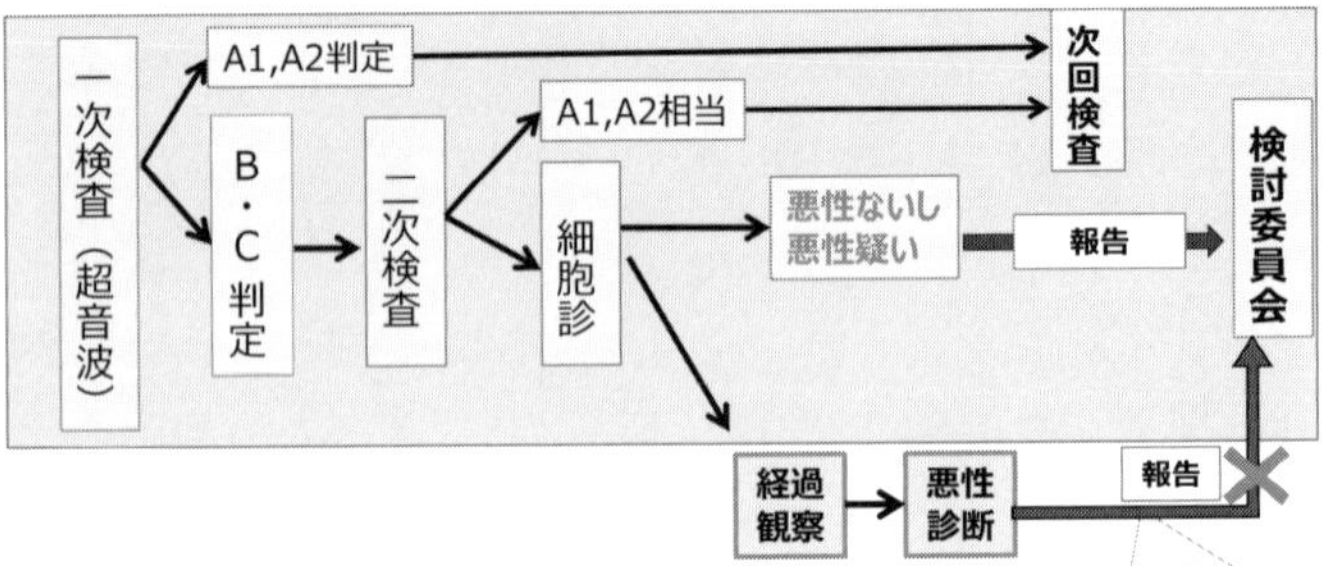

A1	結節(しこり)、のう胞(液体の入った袋状のもの)共になし
A2	5mm以下の結節又は20mm以下ののう胞
B	5.1mm以上の結節又は20.1mm以上ののう胞
C	ただちに二次検査を要する

★ 経過観察に移行した後に甲状腺がんがみつかった人、自覚症状などで受診し甲状腺がんが見つかった人は検討委員会に報告されない。

子供に癌だというレッテルを貼る。そうすると癌保険も入れないし結婚とかも差別され、そういうのは子供にとって不利益だと。だから検診も縮小したほうが良いと言われた。今は、甲状腺癌の検査を縮小する方向で動いています。

その一方で、福島県立医科大学で甲状腺癌患者のほとんどを手術してきた鈴木眞一教授（甲状腺外科）は、過剰診断を否定しています。彼は日本甲状腺外科学会で、手術した一四五人の患者のうち約七八％にリンパ節転移があり、約四五％に浸潤性増殖が見られたと発表しました。これらの事実から、過剰診断は考えにくいと言っています。

平野：過剰診断を言う人たちは、差別論を逆用して事実をうやむやにしているように見えますね。

▼甲状腺癌と学者

崎山：そうです。残念ながら甲状腺学会ですごく力があるのは山下俊一さんでしょう。彼は最初は検診は必要だと言っていたのにもう縮小派の代表格になってしまった。昨年（二〇一七年）、福島で国際専門家会議が開かれ、会議のあと、山下さんと放射線影響研究所（放影研）理事長の丹羽太貫《おおつら》さんが福島県知事に勧告を行った。その勧告では、検診で見つかった癌と放射線被曝との関連性を見つけるのは難しいという中間報告がなされたんですね。そして、検診を完全に中止するのではなく、参加は〝自主参加（任意）〟とし、検診を縮小することを提案しました。

縮小の議論が始まったのは、その時点で、一回目の検診では正常と診断された人から、二回目の検診で癌が三三例発見されたからなのです。つまり、三三例は前回の検査から二年以内に異常なしから五・一ミリの癌にまで増殖したということで、これは彼らが予想していたものとは全く違っていた。そのため、彼らは何らかの説明を考え出す必要に迫られてしまったのね（図表3を参照）。

その一つが、大阪大学の高野徹さんが提唱した甲状腺芽細胞発癌説なんですけれど、それによると、甲状腺腫瘍細胞は、胎児や幼児にのみ存在する甲状腺芽細胞に直接由来し、芽細胞は癌の性質を持っているので、幼児は甲状腺癌のリスクが高いが、幼児のこのような未熟な芽細胞からの腫瘍は、中年以降は成長が止まるため、予後は良好であり、癌が進行して死亡することはないというものなのね。逆に、中年や老年になってから甲状腺癌を発症すると、腫瘍細胞が急激に増殖を始め、癌死に至る可能性があるとして、幼い子供の甲状腺癌は診断されないままにしておくべきだと主張しているのね。

私は甲状腺癌のことはほとんど知らなかったのですが、高野さんがその芽細胞というのを主張しているので、調べてみました。そうしたら芽細胞説を言っている人は高野さんしか見あたりませんでした。しかも彼は芽細胞の分離と特性に関する論文は発表していません。

葛西：世界中で、ということですか。

崎山：ええ、それなのに自分の説は正しくて、みんなが付いてこないと言っています。普通芽細胞があると言って説を立てたら、その芽細胞を分離してその性質を調べるというのが研究者の辿っていく道なんですね。ところが彼は一切そういう論文を書いていないんです。それで彼の論文をずっと見ていると、仮説ばっかりなんですね。こういうふうに考えたらこういうふうに考えやすいと。だから芽細胞というのがあるんだと。実証性が全然ないのね。

平野：実証性なしに子供の健康にとってとても重要な甲状腺検査を縮小しろと。

崎山：そういう人を県民健康調査検討委員会と県民健康調査評価部会の両者の委員にしてしまったという。本当に学問のレベルの話じゃないですね。それで驚いたのは、つい最近高野さんが大阪で講演会をやって、(6)それがネットに出ているんですが、その講演会の中で、以前山下さんが言っていた「放射能はニコニコ笑っている人には来ません」(7)と言ったことに触れ、高野さんが「山下教授はさすがにいいことを言うなぁ」と述べているんですよ。「あんなふうにバッシングに遭って、これどうなってるんだろうなという印象でしたね」と続けています。驚きましたね。科学者の責任を放棄していますよね。

平野：確か山下さんがそう言ったのはあの事故のあとすぐでした。あれはジャーナリズムでも「ニコニコ発言」として相当叩かれました。いくら何でもひどいって。福島の人々を馬鹿にしています。愚民扱いですね。

崎山：そうそう、それで日本だけじゃなくて外国でも学校の先生が山下教授がこう言っているって漫画になって出てきているの。

葛西：風刺画でね（図表4を参照）。

図表4　山下教授に関する風刺画

「子供たち、今から核被曝の危険性を払い除ける方法を山下俊一博士がお話ししてくれます。よく聞いてくださいね」と皮肉っている。

崎山：それをね、今さら山下さんはいいことを言うなぁとなぜ言えるのか。私には理解不可能です。

平野：いつも不思議に思うのは、山下さんは一九九一年から二〇年間チェルノブイリに関わってきた人で、福島が起こる前はそれこそチェルノブイリにおける放射線被曝、特に子供の甲状腺癌の検査と治療に携わり、その道の権威みたいに言われてきましたね。実際現場と長い間関わってきた人が、なんでこういう隠蔽を積極的に進めるようになっているのか私にも理解できない。チェルノブイリでも初めの頃は被曝の隠蔽が起きたし過剰診療の話も出ていましたよね。それを彼は目撃しているはずですよね。またご自身を長崎出身の被爆二世だとも言ってこられた方です。

崎山：そうですね。

平野：でも結局ウクライナあたりでもかなりの甲状腺癌が出てきてどうにもならなくて認めざるをえなかった、という経緯も彼は見てきているはずです。欧米や日本では、思春期を超えた子供の甲状腺癌は一〇〇万人に一人の割合だと言われている中で、チェルノブイリ近郊では一万人に一人の割合になってしまった。それなのに福島に関しては同じように隠蔽し続けようとする、それはどうしてなんでしょうか。

崎山：それはもう科学の立場ではないでしょう。科学を捨てていますよね。私はいろいろな講演先でよく「山下さんはどうしてこうなんでしょうね」と聞かれますけれど、「私に聞かれてもわかりません」と答えます。でも山下さんは、政府が右と言ったことを左とは言えないということを最初に言いましたよね。

平野：はい、言いましたよね。「日本人として言えない」というようなことを言ったと聞きました。これは、長谷川健一さんから直接聞いたことですが（第6章を参照）、ひどい汚染が進んでいた飯館村の議員や職員に対しても、「国の言うことは正確なんだから、あなたたちは国の言うことに従ってください。私は学者であり、私の言うことに間違いはないのだから、私の言うことをキチッと聞いていれば、何の心配もない」と話したそうですね。それで、飯館村の避難が大幅に遅れた。

崎山：だから体制べったりというところ、それはあるでしょうね。絶対真理は政府にあるんだと。彼は福島県立医大の副学長で戻ったじゃないですか。ですから隠蔽に隠蔽を重ねていくっていうルートを取る以外はないんじゃないんでしょうかね。

葛西：崎山さんがおっしゃっているのは、自然科学や医学なりの基本的な方法とか物事を調査して社会に伝えるルールというものを逸脱したところで、甲状腺癌の発生に関する仮説というか仮説にさえなってない、そういう議論というものが出てきている。そしてそれが政治的に実際意味を持ってしまっているということですね。

崎山：そうです、実際利用されてしまっていますから。

葛西：ただ、それが利用される仕方というのは、明らかに甲状腺だったり医学という専門知識の名前で社会的に利用されているわけですよね。

崎山：そうですね。

葛西：それで一般の私たち市民は、その分野の専門家がこのように発言していますとメディアを通して理解するので、そうすると一般の人たちは、あぁ科学的には安全なんだと、もしくは危険性が少ないんだと、二〇ミリシーベルトでもそれほど心配しなくていいんだというような認識を社会的に作り出してしまうわけですね。

崎山：そうですね。

葛西：今名前が上がった何人かの専門家の人たちが、そういう役割を社会的に担っているということかなと。

崎山：そうなんですね。だからなんでそんなことをするのかっていうのはわからないですね。だって山下さんだって社会的な地位とかは長崎大学でも副学長でしょう(笑)。でも明らかに嘘ついているっていうのが二〇一五年に発見された四歳児の甲状腺癌の問題なんですよ。甲状腺癌になった四歳児がいたのに発表しなかったでしょう。私たちが言って、ようやく認めたんですけれど。

それをあるジャーナリストの方が山下さんに直接インタビューしたんですね。どうして隠したんですかって。そうしたら彼は「正式に発表されてないことを僕は言うわけにはいかない」って言ったんですよ。そう言いながら、自分は二〇一六年三月に発表した福島県民健康調査では、正式に五歳以下はいないということを言っているわけでしょう。

平野：明らかな矛盾です。

崎山：こんな馬鹿な話ってないですよね。その報告書では、小児甲状腺癌の多発は「放射線の影響とは考えにくい」という結論すら出しています。その時の理由の一つは、五歳児以下はいないということでした。

▼伝わりづらい真実

平野：うーん。先ほど癌が確定した子供の数が一六〇人っておっしゃってましたが、そういう情報は日本ではどのくらい伝わっていますか。

崎山：それがね、不思議なんです。福島の人が知らないんですよ。

平野：福島の人が知らない?!

崎山：私は保養(8)の施設に行ったことがあるんですけれど、保養に来る人は、ある意味で放射線に敏感なので子供を保養にこさせるわけですね。でもそれも周囲の人に隠して来るんですね。保養に行くというとあなたはまだ放射線を気にしているの、ということになってしまうので、ちょっと遊びに行くとか言って保養に行くことは一切言わない。子供の健康とかは一応関心のある人たちなんですが、そういう人たちは甲状腺癌が多発しているということは当然知っていることだと思って去年話したら、全然知らないんですよ。何人いたかな、あの時。お母さんたちが一〇人くらいいたかな。そういう人たちが知らない、ということに私は逆にびっくりしたんですけれども。

なんで知らないんだろうと思ったら、結局福島の人たちは福島民報とか民友だとかそういう新聞を購読しているし、テレビも福島テレビとかローカルのを見てるでしょう。でもそこでも大きく取り上げないんですね。

平野：地元のメディアがそのような事実を伝えていない。

崎山：それと郡山の市役所とかに（三・一一甲状腺がん子ども）基金⑨の（給付金）申請のカードを置いてくださいと頼みに行ったんですが、だいたい市役所の人たちが知らない。郡山って小児甲状腺癌の患者数が一番多いんです、郡山とか磐城とかね。でも郡山の市役所の人も知らない。それで私たちが言うと、彼らはびっくりしちゃって。こんなに多くの患者が出てるなんて大変だよって言ってるのよ。

葛西：つまり実際に子供の甲状腺癌が多く出てしまっている地域なんだけれど、その地域の行政に携わっている人たちが、自分の地域の現実を知らない、把握していない。

崎山：そう、だから福島でそうですから、ほかの地域ではほとんど知らないでしょうね。

平野：甲状腺癌にかかってしまっている子供たちというのは、もともと原発事故が起きたいわゆる避難指示区域に住んでいて、避難できずにしばらく被曝してしまった子供たちなんですか。

崎山：地域差はありますね。地域の分け方ですが、岡山大学の津田（敏秀）さんは九区域に分けたのね。それはある程度放射線の線量を反映した分け方なんですけど。一方で鈴木真一氏と大平（哲也）氏がそれぞれ書いた論文がありますが、それらは線量が反映されないような地域分けにしているんですね。例えば高線量地域に低線量地域の部分も入っちゃっているような分け方。それだと線量が反映されていませんから、発症率には地域差はない、という結論になってしまいます。

葛西：それはわかっていて意図的にやっているんでしょうか。

崎山：そうでしょうね、わからないけれど。だけれど二巡目は浜通りと中通りと会津と避難区域と四つに分けると地域差はすごくはっきりしています。それは検討会でも言われて、年齢調整とかいろいろな調整をするほど地域差がはっきりしています。ですから放射線の影響は否定できないと思います。

平野：福島県外の千葉、茨城、栃木、群馬、岩手、宮城にもホットスポットはありますよね。そういうところに住んでいるご家族、特に子供たちは心配じゃないですか。そしてそういう人たちへの対応とか対策は全く政府はやらなかったということですね。

崎山：それは福島だけに限ってしまい、ほかの地域はやりませんでした。

他の県、例えば群馬、茨城、岩手それから栃木の四県は有識者会議と言って、その県が有識者を集めて甲状腺の検査をするべきかどうか彼らに聞いたんですね。そしたら有識者は必要ないって。それでこれらの県全部が必要ないって環境省に答えちゃったんです。それを専門家会議のあの例の「長瀧会議」（座長・長瀧重信長崎大名誉教授）[10]で決まっちゃったんですよ。でも小さな自治体でお母さんたちがすごく心配して、自治体のサポートで幾つかやっているところもある。でもそれは本当に数えるほどしかないですね。あとはＮＰＯやＮＧＯみたいにボランティアの人たちが、心配している先生たちを呼んで、本当に小規模で甲状腺の検査をやっている。茨城で一人甲状腺癌患者が出たんですよ。

平野：福島に近い北茨城ですね。

崎山：はい、茨城の北のほうで。確か小さいお子さんでしたよね。

平野：そうですね。

崎山：じつは、一九九人のほかに基金では八人いるんですよ。

さらに、甲状腺かどうか判定できないで、経過観察を受けている人たちが二八八一人いるんです。でもその中から患者と判定された人が何人出ているかというのは一切わからない。それを福島県立医大は調べることになっているんですが、実際は福島県立医大で経過観察を受けた人たちしかわかりません。福島県立医大で受診しなかったら甲状腺癌と診断されても、患者として把握されない。

しかも判定に二年かけるって言っています。全く理解できないのは、福島県立医大にはしっかりした総合データベースがあるんですよ。だから一瞬でわかるはずなんです。でもそれに二年かけると言っている。それも検討委員会のほかの委員も全く文句を言わないんですよね。

実際に四歳児のケースが出た時に、検討委員会は県立医大から出されるデータが事実を反映していないということに気づいたはずです。四歳児のケースが問題になったのは、二八回目の検討委員会だったんです。自分たちはそれまで何のために委員会に来ていたのか。二カ月、あるいは三カ月に一回集まって一体何を議論してきたのかという疑念と怒りを持ったはずです。でもみんな怒らないんですよね。

私はね、あれがわかった時に検討委員会からものすごいブーイングが出ると、もうこんなのはバカバカしくてやってられないって席を蹴って辞める人が何人か出るのかと思ったら、ものすごく大人しいんですよね。もうこれでダメだなって、期待できないなと思いました。

▼「子ども基金」

平野：二〇一七年一月に「3・11甲状腺がん子ども基金」を立ち上げられたのも、そういう危機的な状況があったからですか。もちろん行政も何もしない、隠蔽に走る一方だし。

もう一つ、先ほどお話を聞いて感じたのは、被害を受けたことがスティグマになってしまっていて、表に出て本当は心配なんだと公に言えない。そのために保養にこそこそと行ってみたり、検査するのも怖いという状況がある。社会的プレッシャーから自分たちも躊躇しちゃうようなこともあると思うんですよね。

基金を立ち上げたというのは、そういうところに少し風穴を開けて、心配だったら来てくださいと、きちんと検査を受けてくださいというメッセージを社会に向けて送る意味もあったと理解していいのですか。

崎山：そうです。私たちはいろいろな集会とか講演会とかやるじゃないですか。でも実際そこに来る人っていうのは同じ顔ぶれなんですね。それで自分たちが本当にリーチ(手を差し伸べ支援する)したい被害者は不安を抱えながら何も言えないで孤立している。だからどうしたらリーチできるかっていう気持ちがあったわけですよ。

「もう講演会や集会だけやってもダメよねっ」ということで武藤類子さんやほかの仲間といろいろ話していたら、類子さんがお金(支援金)が出るっていうのはどうかなって言ったんです。

それで、「それが良い!」ってなって。

私たちが本当に助けたいとか支援が必要な人とかは、声を上げられないし隠れていてわからない。だからそういう人にどうやって届けるか、というにはお金というのは変ですけれど、そういう方法しかないんですよ。それで甲状腺癌当事者やその家族の方から申請が来て、つながりができています。

平野：先ほどおっしゃった一九九人に入っていない八人というのは、基金の話を聞いてお願いします、と言ってこられた方たちなんですか。

崎山：そうだと思います。私たちは福島民友新聞に一面広告を出したんです。その時は申請が来ましたが間もなく減ってしまいました。ありがたかったのはその後、NHKがずっとフォローしてくれていたことでした。記者会見やるたびにニュースで流してくれて。NHKは全国放送ですから、そういう意味でNHKを見て申し込んできた人もかなりいるんですよね。おばあちゃんとかがニュースを見ていて、孫が（甲状腺癌に）なって申し込んできたりとか。

　福島医大に不信感を抱いている人は、そこで検査を受けない。当然数に入らない。だから福島県立医大がこれからそこで検診をした人の数を出したとしても、本当の数は出てこない。

▼放射線内部被曝

平野：このインタビューの読者のために、癌の原因とも言われている放射線内部被曝とはどういうことなのかわかりやすく説明していただけますか。

崎山：内部被曝というのは、プルーム（放射能雲）[11]が来ていた頃だったら放射性物質は呼吸から入りますし、食べ物や飲物が汚れていれば、それからも体の中に入り、体の中から被曝するのが内部被曝。外から浴びるのが外部被曝ですが、例えばα線（アルファ線）を出すプルトニウムとかの外部被曝は問題にならないですね。飛ぶ距離がとても短いですから（アルファ線：約四マイクロメートル）。例えば、ここに（目の前のテーブルを指す）プルトニウムがあっても私は被曝しないですね。β線（ベータ線）も飛ぶ距離が短

図表5　内部被曝と外部被曝

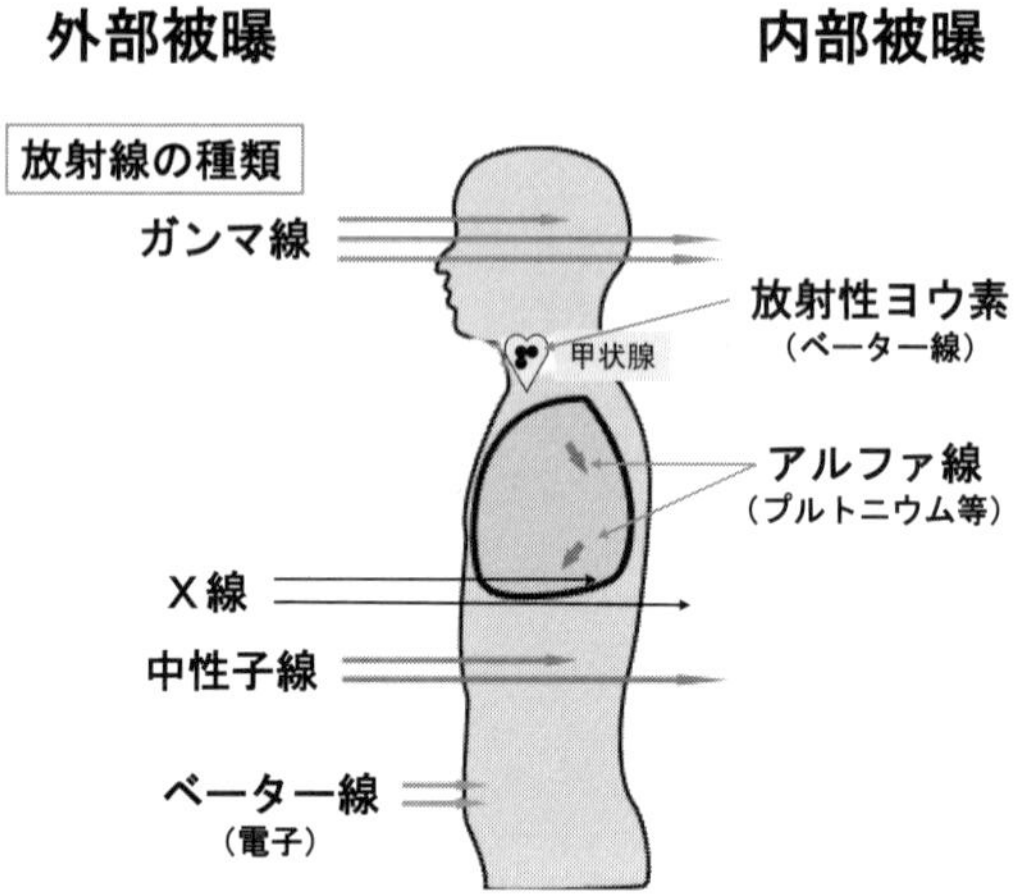

いので（ベータ線：数ミリメートル）、皮膚を貫通して入ってくるというのもあまりないですね。でも、アルファ線やベータ線を放出する放射性物質が体内に入ると、体内に長時間留まることになります。体内の細胞や組織は放射線を抱え込むことになり、アルファ線やベータ線を直接浴びることになるため、DNA損傷や細胞死の可能性が非常に高まります（図表5を参照）。

線量と最終的な生物学的影響の比率である生物学的効果比（Relative Biological Effectiveness）を見ますと、アルファ線はベータ線、ガンマ線、X線よりも約二〇倍も有害なんですね。その上、プルトニウムの半減期は二万四〇〇〇年で、水に溶けません。だから、プルトニウムが体内に入れば、一生放射線を浴び続けることになります。

内部被曝と外部被曝の両方による人体への健康被害を評価するためには、ミリシーベルトという単位で計算する必要がありますが、その影響を計算するためには、放射性物質が体内で均一に分散することが前提になります。そのため、実際の健康影響を把握するのは非常に難しい。例えば、トリチウム（tritium）[12]は非常に弱いベータ線を出しますが、それ自体は空気中をあまり遠くまで飛ばないし、皮膚を透過するほどのエネルギーも持っていないので、外部被曝の危険性はほとんどないと考えられています。でも、トリチウムは放射性の水素なので、ほとんどすべての分子に取り込まれます。DNAに取り込まれたトリチウムが崩壊すればヘリウムに変換しますからDNAの鎖が切断されますし、同時にベータ線によって周囲のDNAも傷つけられます。

トリチウム被曝は、その弱いベータ線エネルギーのため、以前は低い、あるいはレベル一のリスクと考えられていたのですが、現在では、リスクは当初考えられていたよりも六倍も高くなる可能性があると主張する科学者も出てきています。だから、現時点では何が真実なのか正確にはわからない。しかし、内部被曝が重大な健康リスクをもたらすと主張する人々はたくさんいます。

著名な医師であり、原子核物理学者でもあるジョン・ウィリアム・ゴフマン博士（John W・Gofman）によれば、同じ放射線量であれば、内部被曝も外部被曝も人体への健康影響という点では大差はないと言っています。私も彼と同じ考えなのね。でも、問題は、放射能（Bq）を実効線量（Sv）に換算する際に用いる放射性物質の線量係数が正しいかどうか、正確にはわからないということ。

平野：なるほど。専門家の中でも意見がいろいろと分かれるところなのですね。ただ、いづれにしても、被曝はゼロのほうがいいわけで、それを極力避けることが一番望ましいという点は間違いありませんね。

崎山：その通りです。

平野：福島産のものを食べようというキャンペーンがずっと続いているでしょう。「福島を助けよう」とか「頑張れ福島」とか。それはいつも内部被曝の可能性の中で議論されていて、そこにはいわゆる風評被害の問題も入ってくるわけですが、医学的あるいは科学的見地からどのように見られていますか。できるだけ福島で作られたものは食べないほうが良いですよ、という立場ですか。それとも一つひとつきちんと検査して、風評被害を回避しつつ、慎重に進めていくという立場ですか。

崎山：そう、それは大きな問題ね。福島県は、茨城県、栃木県、群馬県などの周辺県よりも徹底した検査を繰り返しているわね。だから、市場に出回っている福島県産食品のほとんどが基準値（一〇〇Bq／kg）を超えることはないと思いたいですけれど、数十ベクレルの食品が出回っていることになる。それは不安ね。最近、ある団体が食品汚染のレベルについて会議を開いて、福島県の関係者を何人か呼んだのね。そして、一〇〇Bq／kgを超えるものは基本的になく、高くても五〇～六〇Bq／kg程度だと報告したんだけれど、数十ベクレルの食品は市場に出回っている。それを絶対に安全と見るべきか。私はそうじゃないと思っているのね。それでね、放射線量が以前よりも低下しているので、私は福島の関係者にセシウムの規制値を一〇〇Bq／kgから二〇Bq／kg以下に引き下げるよう提案したんだけれど、彼らはやろうとしない。

平野：それはやはり二〇ベクレル以上出ているものがいっぱいあるから、基準値をそこまで落としちゃうと売れなくなるということですか。

崎山：そうね。でも二〇ベクレル以下でも売れなくなるということはないと思うんですよね。福島は安全だ安全だと言うんだったら、国の基準値の一〇〇ベクレルではなく、福島が独自に二〇ベクレルにしたらどうですかって私は言ったんですよ。そうしたらもう全然それはダメで。

ある時、私はその提案で関係者を本当に怒らせてしまって。福島の関係者が講演に来る会議があったのね。私は彼からある情報を得たかったので、講演会に出席し、基準値引き下げの可能性についてその質問をしたのね。もちろん、彼を怒らせるつもりなど毛頭なかったんだけれど、明らかに私の提案に腹を立てた彼は、主催者に「県はもう誰もその団体に講演をさせない」と言ったそうです(笑)。

葛西：その行政からきた人が怒っちゃった理由というのはなんだと思いますか。

崎山：その行政の人を呼んだ団体は、「福島(原発)行動隊」[13]という団体なんですよ。その人たちは、放射能を扱ったり特殊な技術を持った人たちで六〇歳以上の方たち。六〇歳以上だから自分たちは放射能は気にしないから、復興作業とかそういうのに呼んでくれれば自分たちは行くよ、という行動隊の人たちだったんですね。だから福島の行政の人は安心してその講演会に来たんだと思います。それでもう派遣しないということになってしまって、本当に申し訳ない。

平野：福島や近隣の自治体に住む一般庶民はやはりどこか不安を感じながら生活していると思うんですね。一〇〇ベクレル以下だったら検査済みとされ、お店に並んでいるわけですから。

崎山：そうですね。

平野：私は実家のある茨城に戻ってスーパーに買い出しに行くと、必ず「福島コーナー」があるんですね。野菜の福島コーナーがあって検査済みと書いてあって、見た感じはすごくよくできている。でもやっぱり消費者は躊躇するんですよ。検査済み、安全ですよって書いてあっても、どうしても福島コーナーの商品は売れ残っている。

だから基本的に不信感は消費者の中にあって、それはやはり基準値の問題に関わっていると思うんですよね。もちろん、線量ゼロがいいんですが、それでも二〇ベクレル以下だったらいいよと言うのと、一〇〇以下だったらいいよ、と言うのでは与える印象も全然違ってきますね。消費者のほとんどは、これらの基準値が意味することを理解していないと思いますが、それでも、責任を持って消費者に安心してもらえる食品を流通させるということが当然のあり方ですよね。

崎山：そうですね。「パルシステム」[14]とか「生活クラブ」[15]とかよく測っているじゃないですか。でも椎茸とかはどうしたって四、五ベクレルは出る。だから「パルシステム」は露地物の椎茸とかは扱わないことにしたという話は聞きました。

ちょっと別の話になるけれど、農作物がセシウムを吸収しないように、塩化カリウムをベースにした肥料で汚染土壌を処理する農家もあるんだけれど(第5章を参照)、農作業中の放射性物質の被曝を防ぐことはできないのね。福島の農家の方は線量計を携帯したほうがよいけれど、実際はね、線量計を全く持っていなかったり、使っていなかったり。

実はね、農家や除染作業員のリスクは、原発の現場で働いている人たちよりも大きいと私は感じています。彼らは放射性物質を含んだ粉塵を吸い込むので、内部被曝と外部被曝の両方のリスクがある。でも、放射線量を測定することもない。放射線が人体に与える影響がわかるのに時間がかかることを考えると、福島の未来が心配ですね。

平野：なるほど。人々の健康面を考えたり、福島の状況を見た時に、まず、行政の隠蔽体質あるいは忖度という悪い文化が問題になりますね。さらに、社会的な差別や偏見からくるプレッシャーによって被害者が沈黙を強いられる問題があります。そして、偏った報道によって真実が伝わらず、市民が無知のままでいるという問題もありますね。「子ども基金」を運営されていて、何がより深刻な問題だとお考えですか。つまり、被害者に寄り添い、自分や知り合いの子供の健康が心配だと声をあげ、子供は守らなければならないと言えるような社会になっていくことがまず大事なことなのか、行政の隠蔽・忖度体質を変えていくことが今一番必要とされていることなのか、それとも、報道のあり方を変えていくことが急務とされているのか。

崎山：行政や報道を変えるのが市民ですよね。国や福島県は保養というのを一切認めてないのですが、民間がNGOの活動を通して福島から子どもたちを呼んだりしているでしょう（第4章を参照）。そして、一年前くらいに、日本政府に保養の支援を要求しましたよね。[16] チェルノブイリ法では、保養が人権の問題として保障されていると訴えています。このことは、広く報道されていました。保養という考え方も、それによってより広がったと思います。それはやっぱり市民がやっているから。

だって国や県が自分から変わるなんてありえないでしょう。文科庁や環境省が最初から変わるなんてありえない。どうしても市民がやらなきゃダメだと思うの。そういう政治家を選ぶというのも市民だし。安倍政権の支持率が一時下がったのにまた盛り返したっていうじゃないですか。そんなようだったら一切変わることはない。

だから市民が変わって政治を動かして行政を動かすということになるんだろうと思うんですけれど。行政から変わるというのは私はありえないと思います。だって、原子力エネルギー政策に関しては、国際原子力村というのはガッチリしてあるわけでしょう。あれが最初に倒れるというのであればまた別ですけれどね。

今自然エネルギーがものすごく伸びているでしょう。日本はもう原発ではダメだ、ということはほとんどわかっているし。

そういえば「原自連[17]」というのができたんですよ。原自連ってご存知ですか「自」というのは自然エネルギーということで。

葛西：電気事業連合会の「電事連」に対抗して。

崎山：そうそう。「原自連」は弁護士の河合弘之氏、元首相の小泉純一郎氏と細川護熙氏、元城南信用金庫頭取の吉原毅氏が代表を務めています。そして日本の再生可能エネルギー市場は、この一〇年間で非常に勢いよく成長している。日本各地に小さい規模で発電を行っている場所があるじゃないですか。全国に五〇〇以上だったかな。再生可能エネルギーを推進して、投資し続ければ、原発や化石燃料をほとんど使わない未来を作るチャンスがありますよね。

原子力発電所を作るための資本コスト、放射性廃棄物の処分の難しさ、メルトダウンのリスクなどを考えると、原子力エネルギーを稼働させるのは高すぎるくらい。除染費用は言うまでもなく、原子力を維持するためにはお金を使い続けなければならないでしょ。原発は高すぎてやっていけないから。だからまあ「金の切れ目が縁の切れ目」じゃないですが(笑)。

今、政府はお金を持っているようで、ゼネコンにお金をばらまき続けている。でもね、これらの建設会社は原発を建設することで大きな利益を得て、事故後は除染作業や解体作業でまた大きな利益を得ている。ひどい話よね。

平野：そうですね。英語ではそういうのを「Disaster Capitalism」って言うんですよね。

葛西：日本語では「災害便乗資本主義」ですね。

崎山：そうですよ。まさにそう。
平野：転んでも金儲けをする。
崎山：そういう経済のあり方が、やっぱり福島という場所をものすごく毒していると思いますね（第1章を参照）。福島は事故によって汚染されたから、ほかの仕事ができない。それで、除染作業によってわずかながらお金が入って、一八歳以上の人たちには雇用の機会もある。その地域での仕事がいかに少ないかを考えると、除染作業は彼らに安定した仕事の機会をたくさん与えることになる。福島でお医者さんをしている友人に聞いたことがあるんだけれど、高校を卒業した若者たちが健康診断を受けにやってくるんですって。除染現場で働くのに十分な健康状態であることを証明する書類が欲しいって。私の友人がやめたほうがいいよって言っても、仕事がないから当面そこで働くことになっちゃうのね。
平野：踏んだり蹴ったりですよね。生きるためには、自分たちの生活を破壊し、それを奪った人間や会社にすがるしかなくなる。しかも、自分の健康をリスクに晒しながら、その破壊の後始末をやらされる。東海村の元村長の村上達也さんは、原発立地自治体は原発植民地だって言ったけれど、今の福島はその構造に完全に絡め取られてしまったということですね。

▼高木学校――科学者の社会的役割と教育の意義

平野：崎山さんが高木学校[18]などを通して、科学の知識を一般の人と共有する試みをされてきましたね。専門的な知識を持つ科学者が市民社会で果たすべき役割はなんだと思われますか。

このあいだも実は葛西さんとこの話を話したんですが、今まで僕たちは科学の雑誌とかはほとんど読まなかった。まあ、専門性が高くて難しいということがありました。それでも、福島以降社会意識、市民意識が強い科学者たちが科学関係の雑誌で非常に良い論文を書くようになって、科学者が提供している知識が、今後の市民社会で民主主義を作っていく上でいかに大事かということをこのインタビューのプロジェクトを通して本当に痛感してきました。

葛西：そうですね。

平野：医学や科学を専門にされている方たちから話を聞く度につくづくそう思うんですよね。今後科学者など専門的な知識を持っている方たちが、どのような社会的な役割を果たすべきだと思われますか。

崎山：一番大切なことは、教育だと思うんですよ。教育が一番大事。だけど教育をやっているのは文科省じゃないですか。文科省が小学生の頃から原発の安全教育をやってしまっているんですよね。そこをどうするか、というのが一番考えなければならないところね。

反原発やっている人たちも、原発に問題が多すぎて、運動家は教育まで手が回らないんですよ。それでも原子力に強い関心を持っている先生は、わずかですが、いるんですね。それでそういう先生方と一緒に私たちは「原子力教育を考える会」というのを作って、「よくわかる原子力」というウェブサイトを作ったんですよ。それを作ったのは随分前なんですが二〇〇五年ぐらいだったかな。

高木学校で、原子力と環境教育というのを市民講座でやったんですね。その時にいろいろなところの先生にお願いして発表していただいたのですが、市民講座って一回やってパッと別れちゃうでしょう。でもそれではもったいないね、ということになって、その先生方と「原子力教育を考える会」というのを作ったんです。

どうやったら文科省に対抗できるかということで、例えば教科書を作るといっても、実際私たちは資力もないし、教科書を作るのって印刷代だってすごく高いじゃないですか。それで一番いいのはウェブサイトを作ることだとなって。それでその時助けてもらったのが娘なんです。

でもやはり学校の授業で使ってもらわないと何もならないわけですよね。私が先生方にこういうことを授業で伝えて欲しいと言うと、授業に使えないって言うんですよね。彼らはいかに学校の締め付けがひどいかというのがわかっているからね。

今はシラバスとか言うので授業の内容の計画をいろいろ書かなきゃいけないんでしょう。それをやったら校長が許可しないというので、うまくその間をすり抜けて、なんとかやるしかないんですね。

それでこの間私たち「原子力教育を考える会」で中学生・高校生向けに『放射線のホントのこと』という二つ学習用DVDを作ったんです。上巻は『放射線の正体』そして下巻は『いま、福島は？』ということで福島の現状をインタビューしたりして、避難地域の場所がどうなっているかとかフレコンバックの山とか、そういうものを写して編集したものなんです。

子供たちはみんなそんなのは知らないから、それを授業で使ってくれるように二〇分でまとめて。二〇分にしないと授業に使えないですから。DVDを時々止めて、先生が解説できるように学習用ワークシートを付録として付けてね。そういうのを先生が授業で使ってくれるように作ったんです。

でもそれを使ってくれる先生なんて本当に少ない。文科省が作っているのはネットに出ていますが、ご覧になればわかるけれどもひどいもんですよ。本当にひどい。こんなことを教えちゃっていいのと思うんですけれど。

「原子力教育を考える会」のメンバーの一人が、以前ベラルーシに行って、ベラルーシで放射能のことをどういうふうに教えているかというのを取材してきたんですね。ベラルーシの中でもまあ特にリベラルなところなんだろうと思うんですけれど、学校に行く前の子供にお伽話みたいなのをするんですね。お城の暖炉が壊れて放射線女王がお城から飛び出してきて、放射線女王の子分が出てきて、それが食べ物の中とかに隠れていて、だからこういうのは食べちゃダメだよと。洗って食べなさいとか料理して食べなさいとか。そういうのを子供に教える。

それはなんでそういうふうにしているかというと、子供が親がいなくなったり、自分で生活しなければならない時、放射能から自分の体を守りどうやって健康に保っていくか、自分をどうやって防御できるか、という能力を子供につけさせる。

私たちもウクライナに事故調で行った時、ウクライナでも放射能というのを特別に教えてないんです。例えば泥棒が来た時にどうやって対処するかとか、事故が起こった時にどうやって身を守るかとか、そういう一連の中に放射能というのが入っていて、自分の身を守るという形で教えている。そういう観点から見ると、日本の子供たちは全く無防備。安全安心ということでしか教わっていない。放射能を心配していたけれども大丈夫よっていうことなんですよ。

「コミュタン福島」[19]ってご存知ですか。三春町に建設された環境創造センター交流棟にあって、放射能に対するとても危険な認識を植え付けています。私たちは常に放射能に囲まれて生活しているから福島のことも何も心配する必要がないと。そのように洗脳されると無防備になりますよね。そういう意味では、私は放射能に対してみんな無防備になってしまっていると思う。そうすると自分の体を守れないから健康を害するというのは自分自身に戻ってきちゃうわけですよね。
平野：安全神話によって安全が失われていく。それが安全神話が個々人にもたらす最も深刻な弊害だと。
崎山：その通りです。
平野：一方でおっしゃっていたベラルーシで行われている教育は、危険をきちんと伝えていくことによって自分の安全を確保していく。
崎山：そうそう。
平野：そういう違いってなんなのでしょうね。僕はあまり文化比較論みたいなことを言いたくないんですけれど、さっきも話に出ました社会からのプレッシャーで、自分の子供の健康が心配であるということも口にできないような状況というのはなんなのでしょうか。日本では人権意識が低いということでしょうか。自分の命や生活を守るのは当然なんだという意識が低いですね。憲法によって保障されている権利ですが。どこからそういう問題が出てきていると思いますか。
崎山：そうですね。人権意識が日本人は少ないです。
平野：やはりそれは理由の一つだと思いますか。
崎山：それはあると思いますね。
葛西：そうですね。やはり「お上」という言葉じゃないですけれども、オーソリティーが言うことを批判的に吟味して自分で判断するということが、僕は教育の中にも欠けていると思うんですね。
平野：なるほどね。
葛西：それは原発以降のことで起こっているわけではなくて、今の政治について怒っていい人がもっといてもいいはずなのに。

例えば自分の家に泥棒が入ったらみんな当然怒りますよね。でも自分の払った税金が不当に使われていることが議論されていても多くの人は怒らない。そういう意味で、パブリックなものに対しての関わり方が弱い。

崎山：そうです。それは一般的にありますよね。

葛西：だから別に日本文化というようなエッセンシャリストな本質主義的な現象であるよりは、崎山さんがさっきおっしゃったように、それ自体が社会的に教育の中で再生産されてきた結果だと思うんですね（第3章を参照）。

先ほど科学者が市民社会で果たすべき役割は何かという質問に対し、崎山さんが真っ先に教育ということをおっしゃったのは、私も教育に関わった仕事をしているのですごくよくわかります。シリアスだし痛感しますね。

崎山：だいたい甲状腺癌になった人たちが怒らないじゃないですか。甲状腺癌になった人たちはむしろ隠れるでしょう。これは異常ですよね。このあいだドイツのFOE（Friends of the Earth International）の方が来たんですけど、そのことについてどう思うと聞いたら、ドイツだったら絶対に怒るって言っていました。私たちも訴訟を起こす人がいればいいなぁと思っているんですけれど、みんな隠れちゃう。甲状腺癌になってしまったことは、彼らにとって恥ずべきことではなく、恥ずかしいのは政府だし東電であって、全く逆ですから。

平野：僕が心配するのは、被害者である人たちを社会がきちんと支えるべきなのに、そういう社会のあり方がないために、彼らがスティグマを抱えてしまったり、トラウマになっちゃったり、隠れなくてはいけなくなったり、社会的制裁の可能性を感じちゃったり、そういうことを僕は一番心配しています。

原発政策において行政が隠蔽的な体制であるということは、ある種どこの国でもそうなんですが、それに対して市民が被害者に対して社会的プレッシャーを作ってしまうことで、知らず知らずのうちに行政側に立ってしまっていることがとても心配です。それが無意識の差別と抑圧の構造を作っている。

葛西：先ほどのウクライナやベラルーシの話で、社会問題についてもそうだし、放射線のような科学的なことについてもいろいろな議論があって、世の中に流布している解釈は一つの理解であり、そうじゃない理解もあるということを同じ平面で並べて、最低でもそれを両方聞いた上で、そしてそれを学んだ上で判断するとか、そういう種類の理解や経験のプロセスを社会の中で積み上げていかないと、いつまでたっても学校の先生の言っていること、役所が言っていること、政治家が言っていること、オーソリティーが言っていることを、どこかでおかしいなと感じてはいるかもしれないけれど、それ以外の考え方をする回路に開かれていかない、これはすごく大事な気がするんですよね。

崎山：そうですね。そういった意味でも、科学者が国や権力にすり寄ることなく、きちんとした事実を市民に伝えていく努力は必要不可欠だと思います。

平野・葛西：今日はどうもありがとうございました。

注

1 国会事故調は東京電力福島原子力発電所事故調査委員会の略。国会事故調は「二〇一一年東北地方太平洋沖地震に伴う東京電力福島原子力発電所事故に係る経緯・原因の究明を行」い、「今後の原子力発電所の事故の防止及び事故に伴い発生する被害の軽減のために施策又は措置について提言を行う」ことを目的として、東京電力福島原子力発電所事故調査委員会法に基づき国会に設置された機関。崎山氏は二〇一三年七月にこの報告を国会に提出した。

2 人が放射線の不必要な被曝を防ぐため、放射線量が一定以上ある場所を明確に区域し人の不必要な立ち入りを防止するために設けられる区域。特に、原子力施設において、関係者以外の者の無用な放射線被曝を防止し、施設内で作業する人の放射線被曝管理を適正に行うため、放射線被曝のおそれのある区域を他の一般区域から物理的に隔離した区域を指す。

3 小出裕章氏とのインタビューでの指摘を参照されたい。小出氏は、放射線被曝の「安全」を保証する絶対的な基準は存在しないと明言している。どのような放射性被曝でも、特に内部被曝には何らかのリスクがあるという。被曝を最小限に抑えることが最善なのであり、また、乳幼児や若者、妊婦が特に被曝しやすいことも明らかだと指摘する。日本政府の避難計画は、この要素を全く考慮していない。チェルノブイリでは二〇マイクロシーベルトでも「立ち入り禁止区域」だったことは注目に値する。日本政府は一九九九年に制定された「原子力緊急事態宣言」を取り消したことはない。この法律は、ICRP(国際放射線防護委員会)の「事故後」期間の基準を反映し、その上限を無期限適用としている。

4 検査をして早期発見する選別手法を狭義でスクリーニングと言うが、早期発見だけでなく過剰診断ももたらす選別手法を広義のスクリーニングと言われている。スクリーニング効果とは、スクリーニングにより疾患の発見数が増加する影響を指す。

5 疫学とは伝染病の流行動態を研究する医学の一分野。また広く、集団中に頻発する疾病の発生を、生活環境と

図表6　福島県民健康調査で発見された甲状腺癌
（第50回県民健康調査検討委員会（2024年5月10日）発表まで）

	一巡目検査（2011～2013）	二巡目（2014～2015）	三巡目（2016～2017）	四巡目（2018～2019）	五巡目（2020～	節目検査（2017～ 25歳	節目検査（2017～ 30歳	計
悪性ないし悪性疑い（a）	116	71 前回異常なし 33	31 前回異常なし 7	39 前回異常なし 6	45 前回異常なし 11	23 前回異常なし 1	5	330
男女比	39:77 （1:1.97）	32:39 （1:1.22）	13:18 （1:1.38）	17:22 （1:1.29）	11:34 （1:3.1）	4:19 （1:4.75）	0:5	116:214 （1:1.83）
癌と診断	102 （内良性:1）	56	29	34	36	17	3	277 （内良性:1）
受診者数（b）（受診率）	300,472 （81.7%）	270,552 （71.0%）	217,922 （64.7%）	183,410 （62.3%）	113,950 （45.1%）	11,867 （9.2%）	1,571 （6.9%）	
発見率（a/b）	1/2,613	1/3,811	1/7,030	1/4,703	1/2,532	1/516	1/314	

の関係から考察する学問を指す。

6　二〇一八年四月一四日に大阪で「福島県民健康調査における甲状腺スクリーニング検査の倫理的問題点」と題して行われた講演。

7　二〇一一年三月二一日、福島市内で行われた講演会で、山下氏は「ニコニコする人には放射能はこない。クヨクヨしていると放射能が来る。これは明確な動物実験でわかっています」と発言。ところが、二〇一九年一月二八日付の東京新聞は、山下氏が講演会当日、場外救護所に常駐する放射線医学総合研究所の保田浩志研究員に「被ばくによる小児甲状腺がんのリスクが深刻なレベルに達する可能性がある」と懸念を示したことを明らかにする記事を掲載した。保田氏が録音し、千葉市の放射線医学総合研究所に保管されていた。東京新聞が情報公開請求して入手した。二〇二〇年三月四日に福島地方裁判所の証言台にたった山下氏は、「ニコニコ発言」について「緊張を解くためだった」と釈明している。この裁判は、通称「子ども脱被曝裁判」と呼ばれ、原発事故直後に適切な情報提供がなされず、ヨウ素剤も配布されなかったとして、子どもたちに無用な被曝をさせた責任を求め、福島県の住民らが国や福島県などを訴えたもの。原告らは二〇一八年以前から、「安全キャンペーン」を進めた県の立場を象徴する専門家として、証人として山下氏の招致を求めていた。

8　保養とは、放射能汚染地域から、汚染がより少ない地域へ少しでも長く離れることにより、体内の放射性物質を排出し、免疫力を高め、健康を取り戻せるようにすること。

9　この基金は、東京電力福島第一原子力発電所事故の時に一八歳以下で、放射性ヨウ素が通過した一都一五県に住んでおり、事故後に甲状腺癌と診断された子供たちとその家族を多方面で支えるために成立された非営利の団体。崎山氏、武藤類子氏、河合弘之氏、海渡雄一氏等が中心になり二〇一六年七月に立ち上げた。

10　平成二〇一三年一一月から平成二〇一四年一二月まで計一四回に渡り、環境省に設置された「東京電力福島第一原子力発電所事故に伴う住民の健康管理のあり方に関する専門家会議」が開かれた。「有識者会議」は、二〇一四年一二月に「中間とりまとめ」を公表し、福島第一原発事故による発癌リスクの上昇は〝統計的に証明できない〟とした。また、〝福島県周辺の県に居住する人々が、福島県内の避難区域等に居住する人々よりも多くの放射線量を被曝している可能性はきわめて低い〟とし、福島県外での甲状腺検査の必要性を否定した。報告書は、福島県外の住民から甲状腺癌に対する不安や懸念が高まっていることを認めた上で、「まずは福島県健康管理調査『甲状腺超音波検査』の進捗状況を見守る必要がある」と結論づけた。甲状腺癌に不安のある住民に対しては、個別健康相談で得た情報の丁寧な説明やリスクコミュニケーション等も重要であるとした。

11　原子炉内に閉じ込められていた放射性物質（核分裂生成物＝死の灰）が、水蒸気爆発やメルトダウンにより、原子炉外に飛び散り（または沈降し）、プルーム（放射能雲）によって運ばれ広く大気中に拡散される。その時にたまたま雨や雪が降った場所や霧などの気象条件で、大量に放射性物質が降り注ぎ、土壌や植物などに沈着する。

12　トリチウムの放射能が半分になる期間（半減期）は一二・三二年。放射線の一種であるベータ線を出すが、放射線の中では、そのエネルギーは非常に弱く、皮ふの表面で止まると言われてきた。また、水と同じように新陳代謝などによって排出されるため、人間の体や魚、貝などの海産物に蓄積されることはないという理由で、トリチウムを含む福島の汚染水は太平洋に廃棄されることになった。しかし、炭素と結合した有機結合型トリチウム（OBT）は身体から排出されにくく生物濃縮される。

13　二〇一一年の東日本大震災による福島第一原子力発電所の事故を受けて、若者の被曝をできる限り回避するためにシニア世代が事故の収束作業を肩代わりしようと設立された公益社団法人。賛助会員やボランティアによって運営されている。

14 パルシステムは、首都圏を中心に約一六〇万世帯が利用している生活協同組合。宅配サービスも行う。

15 生活クラブは「生活クラブ事業連合生活協同組合連合会の略称。会員生協が組合員に供給する消費材の開発や共同購入・広域物流事業などを担う事業連合生協。

16 二〇一七年六月二六日に、福島第一原発事故以降、福島県やその近隣県の子どもたちを受け入れ、自然体験活動を行ってきた「保養団体」のメンバーや利用者らが「保養プログラム」に対して公的支援を行うよう、文部科学省などに申しいれた。申し入れを行ったのは、福島原発事故以降、市民レベルで保養活動を展開してきた一〇八団体。事故から七年目を迎えてもなお、年間にのべ九〇〇〇人以上が保養に参加。受け入れている保養団体が財政的に疲弊し、支援の継続が困難になっていると主張した。チェルノブイリの経験から、保養には平均で五・三日必要とされ、一人の参加者に七万円以上の費用を要するとされる。チェルノブイリ法では、汚染地域に住む一八歳以下の子供たちは、年に三週間保養の権利があるとされている。ウクライナ政府は「保養庁」を創設した。

17 「原自連」は二〇一七年に発足。その主旨は以下の通り。「東日本大震災に伴う東京電力福島第一原子力発電所の事故を通じて、私たち国民は、原発が人類にとって非常に危険であることを学び、事故から六年以上が経過した今もなお、全国各地で脱原発や自然エネルギー推進に向けた活動が熱心に行われておりますが、こうした活動の多くは、孤立・独立しており、相互の連携が図れていないのが現状です。こうした中で、今後、より一層、脱原発や自然エネルギーの推進に向けた国民運動を展開していく上では、全国各地で取組んでいる活動が一致団結し、お互いに連携協力していくことが重要であると考え、今回、思想や信条を問わず、原発ゼロと自然エネルギー推進を志すすべての個人や団体が集結した「原発ゼロ・自然エネルギー推進連盟」が創設されることとなりました」。

18 高木学校は、国際的に著名な原子力産業評論家である日本の科学者、高木仁三郎によって設立された。高木仁三郎は一九六一年に東京大学を卒業後、民間の原子力会社や東京大学の原子力研究所に勤務した。東京都立大学原子核化学助教授を経て、原子力活動家としてのキャリアをスタートさせる。一九七五年に辞職し、仲間とともに市民原子力資料情報室（ＣＮＩＣ）を設立し、その代表となった。ＣＮＩＣはのちに全国の反核団体のネットワークの中心的存在となる。高木氏は数多くの研究プロジェクトを実施し、原子力問題に関する多くの著書や無数の論文を発表した。彼の広範な科学的分析作業は、核廃棄物の脅威や環境保護について、一般市民、メディア、政府関係者の啓蒙に大きく貢献した。一九九七年、プルトニウムのリスクと環境への影響を世界に広めた功績により、同僚のマイクル・シュナイダーと共同で、人類が直面する問題の解決に貢献した人に贈られる名誉ある賞「ライト・ライブリフッド賞」を受賞。高木氏はこの賞金をもとに一九九八年、地球市民としての自覚を持ち、環境、核兵器、人権など現代が抱える諸問題について市民が抱く問題意識を共有する「市民科学者／オルタナティブ・サイエンティスト」を目指す人材を育成する「高木学校」を開校。二〇〇〇年逝去。

19 「コミュタン福島」は、「(福島)県民のみなさまの不安や疑問に答え、放射線や環境問題を身近な視点から理解し、環境の回復と創造への意識を深めていただくための施設」として三春町に二〇一六年に開設された。

10

未来へ向けて記憶を紡ぐ

——「（それぞれが経験していること）の記憶をできるだけ残したいと思ったんですね。なんとしても、残して伝えたいと。聞いてしまったからには自分はそれを伝承していく役割があるんではないかと。なぜなら伝えてくれた方の中にはもうこの世にいらっしゃらないという方もいるんですね。そうすると何か遺言をもらったかのような感じが、この一二年間という時間や経験の中で強くなっていきました。」

旅館「古滝屋」一六代当主　**里見喜生**氏　二〇一二～二〇二四年、古滝屋にて

里見喜生さんは、三二〇年以上の歴史を持つ福島県いわき市湯本の老舗旅館古滝屋一六代目当主。古滝屋は歴史の大きなうねりに幾度となく翻弄されながら、多くの困難を乗り越えて今に至っている。明治の新政府軍と旧幕府軍の間で戦われた戊辰戦争（一八六八〜一八六九年）によって全館を焼失し、再建後は石炭採掘による温泉の枯渇（一九一九〜一九四二年）に苦しみ、二度の世界大戦を経て二〇一一年の東日本大震災と原子力災害によって窮地に追い込まれた。里見さんは、二〇一一年の原子力災害を契機に、古滝屋が国家や産業資本の論理に大きく振り回されてきたことを強く意識するようになったという。震災は、古滝屋の経営方針を大きく転換するきっかけとなり、旅館を救援物資の拠点、全国から来たボランティアの宿泊所、また、被災地で学校へ通えなくなった学生の寄宿へと再編成した。また、他県から来る学生たちや宿泊客を被災地に案内するスタディーツアーを行ってきた。現在、古滝屋は、復興支援やボランティア活動を通じて全国から様々な人が行き交うハブとして機能している。その様子の一部は、NHKのEテレ番組『未来会議』で報じられている。さらに、地元の住民の視点から震災や原子力災害に関する資料を集め、被災者の記憶を伝える場所として旅館の一室を『原子力災害考証館(Furusato)』と名づけ、湯本を訪れる人々に開放している。

震災以来、古滝屋を開放された社会的なハブへと作り変えてきた里見さんにその過程とそこに込められた思いをお伺いした。インタビューは二〇二二年から二〇二四年の三回に渡って行われ、国際日本文化研究センターの磯前順一教授も参加された。本インタビューはそれらを編集したものである。

▼いわき湯本温泉と古滝屋

平野：それでは早速、福島県湯本にある温泉旅館、古滝屋を経営されている里見喜生さんへのインタビューを始めたいと思います。まず里見さんにお聞きしたいのは、震災後、本当にいろいろなことを経験されてきたと思うのですが、まずその背景として湯本という地域の特徴や歴史について簡単に教えていただけますか。

里見：はい、いわき湯本温泉(1)というのは、三函の御湯と言われており、九二七年 延喜式神名帳の、「陸奥國磐城群温泉神社」が選上された時から三箱の地名になっており、一三〇〇年の歴史があります。日本三大古湯の一つとも言われてます。現在は、三箱→三凾、三函の文字が使われております。ほかに伝説もあります。二人の旅人が、ここ佐波古の里を訪れると傷ついた丹頂鶴が降りてきて、湯気たちのぼる泉につかっていました。かわいそうに思った二人が傷口を洗ってあげると鶴は元気に飛び立っていきました。数日後、巻き物を持った高貴な美女が訪ねてきました。巻き物には「この佐波古の御湯を二人で開いて天寿を全うし、子孫の繁栄をはかるべし」と記してありました。二人はさっそく、湯本温泉を開きました。このような伝説です。古滝屋には江戸時代には刀傷を負った侍たちが、傷を癒しに来た

写真1　古滝屋の全景

りして二一日間ほど滞在すると傷が塞がるということで、当時医者のいない時代には温泉というのは非常に重宝されたようです。薬効の温泉地として、全国から湯治される方が湯本に多く集まりました。田植えが終わったあとや稲刈りが終わったあと、いわゆる農閑期に湯本温泉の温泉に入り過ごすことで、自分の身体を自然の力で治していました。農家のみなさんは、自分の身体が資本であることをしっかり認識されていました。

現代社会は、そのメリハリができず、自分の身体のメンテナンスがおろそかになり身体や心の病気になる人が増えてます。湯本温泉は江戸時代の温泉番付では上位にいましたよ。

平野：里見さんのお父さんが地域史や古滝屋さんの歴史的背景などについての本を書かれていますね。それを読ませていただいたのですが、「湯本の荒廃」という言葉を使っていらっしゃって、特に近代になってから炭鉱、石炭を掘ることによって温泉が枯渇したり、あるいはお湯が汚染されるという形で湯本がダメになるところまで行ったと書かれていますが、これはいつ頃の話になるのですか。日本が明治時代になって近代化を推し進める中で、特に、産業革命と戦争を行っていく過程で炭鉱の時代が幕を開けますね。

里見：一九〇二年頃、中央資本が常磐で大規模な石炭採掘を始め、坑内に湧出する温泉を汲み上げたことで、温泉面の低下、自噴しなくなってしまいます。一九一九年に湯脈が断たれ源泉が枯渇し、ポンプ揚湯も不能。温泉町として機能を失いました。温泉が出なかった時期、宿の浴槽は、温泉が注がれず空っぽになってしまった。僕の祖母は、離れた山にお水を汲みに行って空っぽになった浴槽に水を注ぎ当時憎かった石炭会社の石炭を燃やし、水を温めてお湯を提供する商売を続けました。

平野：それはどのぐらい続いたのですか。

里見：えぇと、三〇年ほどです。

平野：三〇年も続いたんですね。その後またお湯が出始めてということですね。

里見：はい。一九四二年に温泉の利用が再開されました。

平野：近代日本が富国強兵の政策をとり、アジアの帝国としてその領土を拡張して行ったことに比例して、膨大なエネルギーを消費するようになります。炭鉱はその中心を占めていました。そして戦後では原発という形で、物質的豊かさの追求が続けられた。湯本は、日本のそういう歩みに大きく左右されてきたわけですね。

里見：そうですね。

平野：そのような歴史をどのように考えられていますか。

里見：福島県は、石炭や原発だけではなく、水力発電の開発でも翻弄されました。会津地方は只見川が流れており、明治期、東京電力と東北電力が水利権獲得のために争った歴史があります。只見川の水力発電所で作ったエネルギーは、すべて首都圏に送り届けられています。福島県は生産者で、首都圏は消費者。消費者は、生産者の顔が見えないこと、そもそもどこからエネルギーは来ており、その生産者がどのような苦労をし、どんなリスクと向き合っているのかは考えない。

平野：福島に来る度に感じるのはまず自然の豊かさ、食材の美味しさ、澄んだ綺麗な空気。私の出身は隣の県の茨城で、茨城にも原発がありますが、やはり福島と茨城は雰囲気が違うなと感じます。茨城も農業が盛んな県ですが、福島は茨城と違って非常に自然の豊さ、その力強さを感じる場所なんですね。福島は茨城同様に海がありますが、その一方で山が連なり、谷も多い。そのような自然環境の中で、野菜、果物、米、海産物、山菜など収穫できる。素晴らしい食文化、自然環境が人々を支えてきた。しかし、それは、近代化を推し進める日本のエネルギー政策（炭鉱、ダム、原発）の犠牲にされてきた歴史でもあります。先ほどおっしゃられたように、湯本では、石炭の採掘で温泉が出なくなったり、その後、炭鉱が斜陽産業になったりといろいろありました。その度に、人々、特に若者たちは地元を離れ、都会へと仕事や教育を求めて出ていった。そのような状況の中、里見さんはどうして家業を継ごうと決意されたのですか。

里見：御多分に漏れず、僕もほかの若者と同じように、大学進学と同時に東京に出ました。家出したかったので、受験は絶好のチャンスでした。僕は、湯本のあるいわき市が田舎だから東京を目指したのではなく、旅館が嫌だったからです。大学を出たあと東京で住宅販売の仕事をして、とても充実していました。東京からいわき湯本に戻った理由は二つあります。

一つは、自分に仕事面で自信が持てたこと。もう一つは、父が体調を崩したこと。旅館の仕事のことは何も知らなかったので、一年間ほかの旅館で修業しました。

父は一度も継ぎなさいと言ったことはないんですよ。

平野：お父様とは家業の話をされたことがない。

里見：生まれた時から家業の話は全くしませんでした。高校受験も大学受験も会社選びも結婚の時もどんな時も僕の判断を優先してくれましたね。僕が同じ年になり立場になって気づくのですが、それはとても我慢が必要だったろうなと父を尊敬しました。

平野：もう少し踏み込んでお話をお聞きしたいのですが、お父様の時代には旅館はどのように経営されていたのですか。

里見：僕の学生の頃の記憶になりますが、隣の部屋が仲居さんの休憩室。当時の仲居さんは、いろいろな事情があって一人で生きていくぞと旅館を転々とされてくる女性たちが多い。二〇人ぐらい集まった仲居さんの休憩時の会話は大体元旦那の悪口なんですね（笑）。僕が勉強している時に仲居さんの豪快な会話が聞こえてきて勉強に集中できなかった。宴会が終わり、当時は団体のお客さんが中心の旅館でしたので、近所のストリップ劇場の送迎車が停まって、団体客の呼び込みをしていた。車で連れられて行く酔っ払いを窓から見てました。そういう大人たちの堕落した感じがとても嫌でした。

そろそろ眠くなって布団に入ると、僕たち家族が住んでいる部屋の戸をドンドンと叩く音がするんですね。そうすると母親などが出ていきまして。お客様の苦情ですね。まあ酔っ払っているということも多少あるかと思うんですが、お客様がいつまでも怒ってるんです。ずっと。母は土下座して謝っていました。

　当時、特に高度経済成長を経た日本社会、また八〇年代や九〇年代のバブル時代では、お金というのが強かったんでしょうね。お金を払っているから何をしてもいい、という、なんとなくそういう雰囲気もあったのでしょう。今思うと、人間は本当にくだらない生き物だと思います。どうしてそういうことが起きてしまうのか。僕も今の歳になって、それは世の中の仕組みが生み出しているものでもあるのかなと思えますし、苦情を言っている方の仕事のこと、あるいは何か上下関係の中で追い詰められたり、あるいは家庭で何かうまくいっていないことがあったりとか、どこか追いやられていたものや気持ちというものも合わせて鬱憤を晴らしていたのかもしれません。日本は、そう言ったストレスを生み出しやすい社会ですね。温泉旅館はそういうストレスを発散させるような場所であったんじゃないですかね。

　宴会場や客室は障子が全部剝がれていたとかもありました。暴れていたんでしょうか。反社会の人も泊まっていて一晩我慢すれば、お金の支払いは良いのだからと言ってました。母はそれでもお客様は偉いとか神様とか言っていて。人に迷惑をかけておいて、それをカネのためといって見て見ぬふりをする、そういう旅館の体質が大嫌いでしたね。

　母をフォローするのであれば、子供のために頑張ってきたと思うと、そのことは本人には言えませんでしたけど。

▼三・一一と新たな経営

磯前：今の話は昭和四〇年代ですかね。

里見：僕は昭和四三年（一九六八年）生まれですから、今、記憶として残っているのは昭和五〇年代ですね。四〇年代からそういう傾向があったのだと思います。特に昭和四一年に旅館を大きくしましたから。それに伴って団体のお客様が多くいらっしゃっていたようです。ですから昭和四〇年代、五〇年代ですね。まあ、六〇年代も続きましたでしょうか。バブルが弾けるまではそのような傾向にはあったと思います。

学生時代の僕はこのような旅館経営をあまり好意的には受け取っていませんでしたし、地域への愛情を持っていませんでした。父が聞いたら残念に思うかもしれませんね。父は湯本が大好きだったし、家族もそう願っていたでしょう。僕も今の年齢になって、地域に対する愛情が非常に豊かになってきた。これは父から譲り受けた遺伝子が開花したのかもしれません（笑）。父がどのような想いを持って地域で活動してきたか本人が書いた本で理解が強まった。原子力災害によって命と同じくらいにふるさとを大事に思う方と多く知り合ったのも関係してます。一度失うと取り戻すことができない地域の資源。父や災害によって僕の中でより地域に対する愛情が増幅された気がしますね。

僕は旅が好きだったので、湯本とほかの地域を比較することができたんですね。五四年間ずっと湯本に住んで一歩もほかの地域を知らなければ、ここまでふるさといわき市に対して興味を持てなかった気がします。そして良さにも気づくことができなかった気がします。先ほど平野さんがおっしゃっていたように、ほかの地域の自然であったり、または食文化、歴史も含めてどんどん体験することによって、その後さらに文化の違うほかの国にも行って、意外にこの地域というのは豊かで恵まれている。もしかしたら一番いい場所に住んでいるのかもしれないと思うようになりました。地域づくりをやっていた時の講演の題名を「天国を知らない天国人」としたこともありまして(笑)。みんな地元が素晴らしい場所なのにそれを知らずに「なんにもねーよ」とか「田舎は嫌だ」とか言っているんですよね(笑)。僕にとって、比較できたということと自分がこの歳になって初めて先人たちの活動を冷静に顧みることができたことが大きかった。そして地域づくりを一線でやっていた方が近くにいたことも大きな要因だったと思います。

例えば僕の家族が何もしていない家族で、普通にサラリーマンしてたのであれば、そういう話も出なかったと思うんですね。単に父親の存在だけではなく、僕は自然に父親が作ったネットワークの中に居たんじゃないかなと思うんです。

平野：地域の文化や歴史の豊かさを再発見していく過程というのは、別の豊かさの発見の過程でもあったのかな、と思いながらお話を伺っていました。つまりおそらく、里見さんが若い時に家出をしたい、地元から離れたいと思っていたのは、まさに当時日本が辿っていた経済成長、お金さえあればなんでもできる、という戦後日本社会の拝金主義的なメンタリティーを湯本という地域が体現していたからなのでしょうね。これは湯本に限らず、多くの温泉地が体現していたことでもありますね。そのような戦後日本のあり方を反映する形で、旅館経営や観光業のようなものが成り立っていた。マス・ツーリズムは戦前にもありましたが、それが加速化するのは、やはり、高度経済成長の波に乗る一九六〇年代、そして一九七〇年の大阪万博だと言われています。八〇年代に入ると、旅行会社が観光バスで団体旅行を企画する商業戦略が生まれました。バブル経済の波に乗って大企業も中小企業もこぞって社員旅行を楽しんだ時代です。いずれにしても、お金や物質的豊かさがものを言う社会に生まれた歪みというものを、まさに子供の時に子供の目線だからこそ感知していたのでしょうね。つまり大人の世界ってこんなに汚れているの？　と感じられてしまう状況があった。そういうものから逃げ出したいという気持ちを持つようになった。

しかし、もう一度この地に帰ってきて、いろいろな場所と比較することによって、本当の豊かさはそんなものじゃないんだなと。例えば安全な食事ができる、豊かな食材が手に入る、地域の人とつながって地域文化を一緒に作っていく、そういうことこそが豊かさの基準なんじゃないかということを再発見していく過程だったのではないかという気がしました。

里見：おっしゃる通りですね。僕の中で、それが一気に振り切ったのが原子力災害でした。三・一一の翌日である原子力事故が発生してもう一二年半になります。あの日から今まで、ここいわきに集まってきてくださった方々とのご縁はかけがえないものでした。通常であれば僕自身が、いわきに来てくれたその人に会いに行って縁が生まれるものだと思います。しかし、被災地に応援に来てくださる方々、または福島を学びの場として来てくださる方々と交流する中で、人生や地球の営みや歴史を、僕自身が学ばせてもらいました。

ここで留まった地元の人々と支援にきてくれた人々との出会いがありました。出会った中で、聞いた話、ここで経験した話が、混ざり合っていき、それが新しいこの地の歴史になり、財産になっていく。災害を経験してない方々、学生や子供たちに、その財産を伝え続けていくという使命感が心の中で大きくなってきています。

▼避難と国・県の対応

平野：そうですね。記憶の伝承についてはもう少しあとでお話をお伺いします。まず震災の時に湯本に何が起こったのか、その状況を教えていただけますか。

里見：はい、まず、三・一一は電気、ガス、水道、固定電話、携帯電話、すべて使えなくなってしまいました。経験どころか想像することさえもできなかったことで、急にそういうことが発生してしまうと思考が停止してしまうんですね。そういう状況の中で、脳の回路が正常になると、現実が次々と襲ってくる。非常事態の中で、家族やお客様の安全、会社の状況、建物の被害、町の様子。この町に住めなくなってしまうことを想像しました。スタッフの方々が、このような災害が起きて建物も安全じゃない、安全が担保できなかった状況であったにもかかわらず、出勤して、全部ひっくり返ってしまった食器を片付けてくれたり、なんでもやってくれたんですよね。とても嬉しかったです。僕はスタッフ一三〇名集めて話しました。みなさんがこうして仕事に来てくれることは本当に嬉しいと。古滝屋のことを心配してくれているんだな、とその時思ったんです。しかし、僕はまずは、スタッフのみなさんに自分の命と家族の安全を優先してほしかった。そこで、スタッフ全員集めて、自分と家族を第一に考え、仕事のことはあと回しでよいと伝えました。

連鎖爆発が起きていましたから、スタッフの中には、恐怖でおびえていた方もいました。東京電力福島第一原子力発電所まで、湯本から五〇キロ。今から約二〇年前の一九九九年九月三〇日に起きたJCO臨界事故の何百倍もの爆発が起きたと伝わってきた。いわき市民は、あわてていました（第1章を参照）。ＪＣＯでは、人間の染色体が消滅し、皮膚が全部剝けてしまい、二名が死亡している。その記憶がまだ残っていた。

広島や長崎に投下された原子力爆弾で町が焦土化する、焼け野原になったように、ここもそのようになるのではと思っていた人もいたようでした。または窓にガムテープを貼っていたスタッフもいました。僕が指示したわけではないので、「どうしたの」と聞くと悪い空気が隙間から入ってきて吸い込むと死んじゃうからと言っていました。原爆ドームのイメージもあったんでしょうか。あとは熱射によって皮膚がケロイドになってしまうんじゃないかとか。まあ今思うとそんなことはありえないことではあるんですが、知らないゆえに怖かったんですよね。そして自分たちが今まで生きてきた人生の中で経験した記憶であったり学んだことが細切れにリンクされて、それで恐怖を感じていたんでしょうね。

もちろん中には大丈夫であろうと思っていた方もいました。でもほとんどの方は怖かったということですね。そう言ったことがありましたので、まず共同生活しましょうと。この古滝屋というのは鉄筋コンクリートで、もしかしたら原爆のようになってしまうのならば、ここなら最低限身体は守れるだろうと。だから家族と一緒にこちらに引っ越してきていいですよ、と伝えました。

僕のところには、北海道から沖縄まで全国の友人からこちらに逃げてきていいよという連絡が届きました。ただ共同生活も始まっていたので僕だけ行きます、なんてことはできませんからね。そんな時に群馬県の伊香保温泉から何人でもいいから来ていいですよと言われて、自社のマイクロバス二台使って希望したスタッフ五〇名と一緒に脱出しようということになりました。ただスタッフの中には行けない方もいたんですね。今でもよく覚えているんですが、まずワンちゃん、猫ちゃんがいるので連れていくとご迷惑をかけるからここに残ります、という方がいました。それから高齢の両親がいて遠くに移動させることはできないから私は残るというスタッフもいました。それから持病があり治療のため定期的に通院が必要だから地元に残るという方もいました。まあ、いろいろな事情の方がおりましたのでとりあえず移動できる五〇名のスタッフと一緒に出発しました。まるでノアの方舟のように。

意識はしていなかったんですが、その時に見送ってくれたスタッフの一人が「達者でいてください」と言ってくれて。あとあと記憶が蘇ってきたんですが。その時に見送ってくれたスタッフの一人が、位牌を胸のポケットに入れていたんです。ここに残ることとイコール死を感じたのかもしれませんね。「もしかしたらお互い二度と会うことはできないかもしれないけれど、どうぞみなさん、生き延びてください」とお話いただいて私は「わかりました」と。その時はいろいろと混乱していて涙も出なかったんです。蘇ってくるんです、その場面が一つひとつ。

磯前：いわきを出られたのはいつ頃なんですか。

里見：出発したのは三月一七日です。その日にちは覚えています。なぜかと言うと僕の次男雄大の誕生日だったんです。朝出発して何時間もかかって伊香保温泉に着いたのは夜真っ暗な時で。その時スタッフのみんなが一軒だけ空いていたラーメン屋で誕生祝いをしてくれました。雄大は三日後ぐらいに卒業式を迎える予定だったんです。結果的に彼はその経験はしていないですね。小学校六年生でした。一二日に水素爆発して、一七日に建屋が次々と爆発して。本当に怖かった。このサッシにガムテープを貼るくらいですからね。やはりわからない人間の恐怖なんですよね。わかってたらもう少し冷静に別の判断ができていたのかもしれません。原子力によって電気を日常使っていると言う意識がほとんどゼロでした。そして原子力事故が起きるとどういうことになるのか、チェルノブイリから学んでなかったんですね。過去の教訓から学ぶことを避けていたのかもしれないし、日本の技術を知らず知らずに過信してたのかも知れないですね。

平野：専門家の話によると日本の原子力関係の方たちは、アメリカと共同してチェルノブイリの事故は技術的に遅れた社会主義圏で起こった例外だという神話をメディアを通して作ったということなんですね。私たちみんながそれを鵜呑みにしてしまったということがあると思うんですんね。それで、私たちはチェルノブイリ事故が自分たちにも起こりうることだという当事者意識を持たなかった。ほかの人たちに起きていることは、自分にも起こりうるんだ、という発想を断たれてしまっていたということが、原子力に対する無知を生んだとも言えるのでしょうね。

里見：国やマスメディアによる情報操作は公平ではないですね。自分たちに都合のいい報道を切り取っていてずるいと思います。二〇一一年頃までにはSNSを使って自分で情報を得るという機会も増えていました。それでも、スリーマイルやチェルノブイリの事故を教訓として自分の中に取り入れ、検証することはしなかった。原子力発電が必要か否かも考えもつかなかった。

原子力政策の背景、事故の原因というのは、福島の事故がきっかけで知ることになった。

経済偏重がたどり着く先、なぜ地震大国に原発を作り続けるのかなど、最初から良い悪いという結論にせず、みんなで対話しないといけないなと痛感しました。自戒も含めて、今の伝承活動につながっています。

平野：政府や東電は事故のあと、湯本という地域に対してどのような対応をしていましたか。

里見：いわき市民に対して、国は、避難するか避難しないかは自分たちで判断してくださいということでした。もちろんその判断は非常に困難でした。特に小さいお子さんを持つ子育て世代のお母さんたちは、自分に対する放射能リスクというより子供をどのように守ったらよいかということを先に考える。残るべきか離れるべきか。ご主人や同居している親と意見が分かれてしまう。いわき市では避難に関しては自分で判断してくださいというスタンスでした。僕自身もそうでしたが、原発が五〇キロ圏内で爆発したというのは三月一三日の朝刊で知ったんですね。それまで原発が爆発したということは、いわきではほどんどの方が知らなかったんではないかと思います。僕の周りにも情報に関してはかなり感度の高い人がいるのですが、情報は寸断または錯綜していました。一時停電になってしまったこと、携帯電話メーカーのインフラ損傷など、スマホまたはテレビが観られなかったというインフラ的な障害があった。情報は得られなかったんです。僕はまだ地域コミュニティや街づくりという活動していたので、リアルな情報を交換することはできたほうです。

今思うとこれが首都圏だったらどうなっていたかなと。都会ではマンションの両隣の方はどなたが住んでいるか全くわからない地域があるわけですから、リアルな人と人を介した情報を得るのは困難極めるのではないかと思う。被災地に対して国がしたことと言えば、商売をしている方には、営業が続けられるように、無担保ローンを創設したり、市内に住む住民の子供に対しては甲状腺癌の検査をしてくださいという通知を出したりということです。

磯前：その通知はどれくらいの範囲で届いているんでしょうか。

里見：福島県内全域ではないでしょうかね。少なからず公立の小・中学校には届いていると思いますね。

僕の息子は当時、小学六年生と中学一年生だったんでその二人には今も届いているということです。

平野：それは県が主体的に動いている政策ですか。それとも国ですか。

里見：県ですね。

平野：ご存知のように国は今でも甲状腺癌と原発事故の関連性を否定している状況です。それは医学的に証明できないという理由から甲状腺癌に対する東電の責任を問わずにここまで来ています。一方で県レベルではそういう政策を取っていると考えていいのですか。

里見：二〇二二年「三・一一子ども甲状腺がん裁判」(2)がありました（本書第9章を参照）。福島第一原発事故により被曝し甲状腺癌にかかった若者たち七名が立ち上がりました。全国放送されたのですが広がりはありませんでした。芸能人の不祥事の話は、何カ月にも渡って取材し特集を組み世間に伝えてますよね。福島の問題、エネルギーや食糧の消費と生産の関係性など、首都圏でも大事な問題だと思うのですが、マスメディアはそういう問題を根本的に取り上げることはないですね。原子力政策を続けてきた政党と、原発が爆発した当時、政権を握っていた政党は違います。マスメディアは、爆発した当時の政党の初動などを批判し、それが世論になってしまった。どの政党であっても混乱したとは思うのですが。

最近では、報道番組は、年に数えるほどしか福島の現状を伝える放送をしません。今だからこそエネルギーや身の丈に合った暮らしを考える機会を持つ必要がある。その教材として福島で起きた状況を扱ってほしい。国も国民も、この人災については、きちんと振り返り、検証していないと思うんですね。

写真2　核燃料再処理工場反対運動

▼「核」の暴力の連鎖

磯前：最近読んだ本で『ルポ・下北核半島』[3]というもう古い本ですが、一九七〇年代ですか、原子力船「むつ」、中間処理場、東電と東北電力の関わり、そして使用済み核燃料の再処理施設を取り上げています。そして北海道の幌延に核廃棄物を持っていくかもしれないという話があったわけですよね[4]。私は二〇一一年以降は東京と福島のことしか考えていなかったんですが、今必要があって読んでいると、もしかすると福島とか別の場所で出た廃棄物が下北半島に行く、さらに北海道に行く、こういう連鎖というものを我々はあれからどの程度議論してきたのかなと思うんですね。

里見：してないですよね。同じ東北でもある青森は三・一一ではマイナー被災地と言われた県ですね。あそこも津波がありましたから。それから北海道を中心に最近地震も増えてきています。青森や北海道が核燃料廃棄物の埋立地として進んでいくのは残念だなと思っている理由が二つあって、一つは一万年続いている縄文文化がきちんと残されている土地で、もう少し勉強したいなと思っているんです。もう一つは廃棄物処分所として手を挙げた自治体の地域はアイヌの文化が残っている場所でもあるんですよね。

ここに土地があるから埋め立て地にしよう、あるいは自治体の予算を増やそう、そういうことだけ考えるのではなく、北海道も青森も自然の恵みを受けて、生活が成り立っているわけですよね。そして、その恵みをほかの地域の人たちも享受している。そうすると自治体の判断に任せるのではなく、住民一人ひとりが東北や北海道の歴史や文化、また今置かれている状況を自分のこととして、もう一度しっかり考え話し合ってみる過程が必要だと思うんですよ。

それから学校でも何か基礎的なことを学べるようなカリキュラムがあればいいなと思います(第9章を参照)。あと大人になってからも学び直すことができれば。企業が社員に対して、週に七時間八時間そういうテーマで学べる機会を設ける。会社の中でも、もう少し暮らしとか生活とか祈りとか歴史、文化、自然について学ぶ機会を作れないかなと思っているんです。

磯前：この前、連れていっていただいた伝言館[5]などでは、ビキニ・広島・長崎そして福島まではなんとか頑張ろうと思えばつなげられるんですが(本書第2章を参照)、私の記憶においても「むつ」が抜けちゃうとか北海道そして平野さんがやっているアイヌや北海道における定住型植民地主義が抜けちゃうとか、核の処理の道を辿れば当然北海道までいかなきゃいけない問題がどこかで止まっちゃって、核は動いていくのに私たちは追いついていかない、そして個別に考えてしまう状況は僕は危険だなと思うんですね。

平野：その話をするといつもアメリカのワシントン州にあるハンフォードを思い出すんですが、この前

写真2　ハンフォード・サイト

も日文研（国際日本文化研究センター）でお話させていただいたんですが⑹、核施設のハンフォード・サイトはマンハッタン計画のもと長崎の原爆を作ったところなんですね。そして、第二次世界大戦後、米ソ間の冷戦が起きてそこでどんどんプルトニウムが製造され続けました。さらにハンフォード・サイトでは大都市であるシアトルへ向けて電力も供給され続けています。そこにはコロンビア川という豊かな川があり、生活の糧として何千年という時間のスパンで先住民の方たちがたくさん住んでいた土地だったんですが（現在は八つのnationがコロラド川地域をhomelandsと呼んでいる）、そこが核開発で非常に汚染されていくわけです。その始まりというのは実は長崎に落とした原爆。その後、冷戦によって、核実験が続くわけです。また、核燃料廃棄物から発癌性がきわめて高いラジウムが大量にコロラド川に流れ込んで、先住民や入植者であった白人系の農民たちが、癌や体調不良で亡くなっていきました⑺。

そうやって我々が原爆のことを考えると、暴力と破壊の連鎖、あるいは構造が世界に広がっていることが見えてきます。日本は、広島・長崎に注目することで平和だ平和だと繰り返すことをしてきた。確かにそれは一理あるのだけれど、実はその原爆が生産されていたハンフォードという町で先住民の方たちも同様に病に苦しみ、死んでいったこととつなげて考えてみる必要があります。また、米ソの核実験によってビキニ環礁の先住民、カザフスタンの先住民が犠牲にされていった。大国の支配とその論理によって、核の開発が行われ、無数の人たちが苦しみ、殺されてきた。アメリカは「原子力の平和利用」(Atoms for Peace)というスローガンで[8]、核の破壊力、その汚染力を隠蔽してきましたが、現実には核の暴力の連鎖は地球規模で続いてきた。日本の核産業も「平和利用」のスローガンのもと、そのような連鎖の一部を担っていましたね。特に、核廃棄物の処理の問題は何一つ解決していない。

越境的に核エネルギー政策の関連性を注視して理解を進めていかないと、物事は断片的にしか見えなくなってしまいます。全体が見えないことによって安全神話が生まれ、原発は豊かさのためにある、新しいエネルギー政策で安く済む、環境に優しいなどと真実が捻じ曲げられた言説が横行してしまう。事故が起こったらどうなるのかとか、核を使い終わったら放射性廃棄物はどこに捨てるのかとか、そのような話を一切しないという構造ができ上がっています。その延長上に福島の原発事故があった。あるいは福島事故のあとでも、これらの問題を根本的に考え、話し合うことが難しいままです。

磯前:この前も平野さんと行った日文研のフォーラムで、韓国人と一緒に広島に行った経験を話したんです。広島の方に大変申し訳ないんですけれど、その展示を見て近代史をやっている韓国の方が、これは被害者としての平和ですね、と言いました。朝鮮人が日本の植民地支配で蹂躙されて、原爆では現場に放置されたことを失念することによって成り立つ平和です。原爆資料館の隣にある公園で、当時朝鮮人と呼ばれた人たちの慰霊碑(現在は韓国人原爆犠牲者慰霊碑)にどれだけの人たちが足を運びますか、と[9]。

ほとんど日本人は来ませんよと。今の在日の人たちや韓国から来る人たちが納得できるような展示をしてますか、と言われました。

確かにそれはアメリカが落とした原爆です。そして、スミソニアン博物館が原爆を落としたエノラ・ゲイを展示してお祝いしていることに対して日本人は止めろと異議申し立てができるし、それをもとに平和を叫ぶこともできる。[10] けれども、植民地化され、労働者として連れてこられ、被爆して命を落とした朝鮮の人をどのように思い出し、語ることができるのだろうかと。彼は別に朝鮮人が本当の被害者だと言うのではありません。朝鮮の人もまた被害者意識に訴えかけて自分たちのナショナリズムを肯定してしまう問題がある。大切なことは、アイデンティティ政治をやめて、立場の違いや力関係で被害者にも加害者にもなるという現実の重層性を考えるための展示を実現していくことでしょう。でないと、広島は、本当の意味で核の暴力を越境的に考え、対話できる場所になっていかない。ハンフォードとか、東北だとか、過疎地だとか、アイヌとかいろいろな問題をつなげていくと見えてくる全体像がどうしても見えにくくなる構造があるのかなという気がします。里見さんはこのような問題を考え、議論できる場を教育の中に取り入れていく必要があると考えているわけですね。

里見：そうです。

平野：生活者としての価値や生き方をみんなで作り上げていけるような教育ですよね。国益や大企業の資本といった大きな論理（経済力や軍事力）ではなく、生活者の小さな論理（命や生活環境）を大切にしていく、それをもとに相互理解と想像力を養うような取り組みですよね。

里見：その通りです。

▼原発依存型経済の再来：災害バブル

磯前：里見さんに、もう一つお伺いしていいですか。非常に話しにくいことかと思うのですが、古滝屋さんが再開する前のことですが、ある日いつも通りに駅で宿泊所が取れるかと思っていきました。全然取れませんでした。すべて東電関係の方が泊まっているんで旅館は満室、というか部屋を貸していませんということでした。宿は被災者の人と東電のためですからと。さらに、東電の方が来てくれてありがたいことに飲み屋街が盛んになりましたとも言っていました。つまり東電によって破壊されたという話であったにもかかわらず、皮肉にも、事故が起きたゆえに、東電への依存をさらに深めてしまったように感じています。

里見：はい、どんなに虐げられても飴をもらえれば、悪さも水に流すような。人間という生き物の性質ですね。「古滝屋」と「新つた」と「松柏館」は、原発関連、東電関連の宿泊は受け入れませんでした。その他の湯本の旅館は東芝、日立、鹿島建設などゼネコンのビジネス客で満室、貸切でした。一次請け企業が泊まる場合もあれば、三次請け業者や四次請け業者が宿泊することもありました。定められた宿泊料金で対応し、朝と晩ごはんが付いていています。旅館の料理というよりは定食を準備していたようですね。ほぼセルフサービスでしたので、スタッフの数も少なくできたようです。作業員宿泊バブルは、二〇一六年頃まで続いていましたね。その後は徐々に少なくなっていきました。

震災前までは、いわき駅前ビジネスホテルには、ビジネスマンが宿泊していて、そこが満室で溢れると作業員の方が湯本に泊まりに来てたんです。その後、双葉郡にコンテナ型ビジネスホテルがたくさん建ちそちらに泊まれるようになると、今までいわき駅前に泊まって、双葉郡まで通勤していた作業員の方がどんどん双葉郡にお泊まりするようになっていきました。湯本温泉は、作業員のベースキャンプになり、宿も飲食店も売上が上がったようで、喜んでいましたね。

古滝屋は一年四カ月休業しました。その間は、ボランティアの宿泊と双葉高校生の寄宿舎をしていました。これは二〇一二年から一年間になります。湯本には、旅館は三〇件ありましたが、部屋数が多い旅館と少ない旅館では震災後のお客様への対応も違っていました。オーナー夫婦中心の部屋数が少ない旅館経営は、震災前は平日で三割ほどの部屋稼働率でしたが、作業員の宿泊で一年間毎日満室で、昭和バブル同等の売上があったようです。オーナーご自身の食事の延長上でお食事を出されていますから、利益も良かったでしょう。部屋数が多い大型旅館は、宴会や館内飲食店のニーズがなかったので経営は苦労されたと思います。町中の飲食店も毎日満室でした。作業員のみなさんを応援しますというキャッチコピーでした。湯本温泉は、炭鉱隆盛時代、ハワイアンズオープン特需、昭和バブル時代、遊興温泉地としての歴史が続いていました。昭和バブルが消えて、二〇年間、右肩下がりの状況でした。震災前は、スパリゾートハワイアンズが一年中遊べる施設なので、ほかの温泉地に比べると旅館の廃業は少なかった。三〇件そのまま残っていたんです。後継者がいないのでそろそろやめようと話していた旅館もありましたが、原発事故により宿泊者が増え、旅館を続けた経営者もいました。大変な思いをされている旅館もあったり、意気揚々としている旅館もあったり。不思議な感覚でした。作業員の方もいつかまた個人で利用してくれるだろうから、温かく受け入れる湯本温泉街にしましょう、というキャッチコピーで湯本は盛り上がっていました。

古滝屋は、その様子を遠目に見てましたが、泊まる場所に困ってたボランティアの方を受け入れ、福島県教育委員会の寄宿舎として稼働したのが古滝屋でした。事故によって生じた異常なバブル状況を羨ましがるとか、作業員の旅館に転換していればよかったという後悔は全くありません。

磯前：今はそういったバブル状況はないんですか。

里見：全くないですね。

平野：災害バブルに依存してしまった人たちの経営はどうなりましたか。

里見：震災前に行っていた集客マーケティングや旅館料理の提供をやらなくなっていたので、簡素化した宿経営に慣れてしまいました。そうなると、いざ以前のように宿泊予約サイトをきめ細かく設定したり、お料理を何度かにわけて提供したりするのが面倒に感じてしまう。作業員の方は、落ち着いたら家族と戻ってくると言ったっきり、再度訪れるというのはほとんどなくて、湯本駅前の食堂には時折訪ねる方もいたようでしたが、期待していたほどではなかったようです。泊まっていた場所、住んでいた場所を一度離れたら、残念ながら戻ってこないものなのですね。

一方で、古滝屋は、二〇〇〇円でボランティアのみなさんにお部屋を提供していました。そのボランティアの方たちが、今もこの宿に泊まりに来てくれる。今年(二〇二三年)一二月が決算ですが、実は、震災後、今年が一番お客さまの数が多いんです。コロナの状況であっても、家族単位のお祝いごとや法要などで宿泊してくれました。双葉郡にお住まいだった方が、お墓参りの時に宿泊されるケースも多いですよ。ふるさとを追い出されてしまい、お墓参りするのも一苦労ですよね。古滝屋を旅館としてより、困った時のお役に立つツールとして使ってもらっている感覚です。

震災中、教育委員会から連絡が来たのも、古滝屋さんは作業員の方が泊まっていないから、学生たちを安心安全で住まわせることができる、ということもあり、寄宿舎としての指名があった。それぞれ役割があるんだろうと思っていましたし、今でも、あの時はああいう判断で良かったんだと思っています。僕はその時にはこの古滝屋の歴史、父や祖母が地域に貢献してきたこと、明治元年当時木造だった古滝屋が全焼した時のことを想います。この旅館に布団と枕と温泉、それだけあれば、この地で人のお役に立てる。それが結果的には震災の時にできたつながりで、ネットワークのようなものが生まれ、今でも、いろいろな方がネットワークを通して宿泊に来てくださいます。嬉しいですね。

平野：それは、大型の観光バスを使って客を呼び込んでいた昭和の経営のあり方と比べると、里見さんの新しい価値観というか運営の仕方がはっきりと確立された時期であったと言えますか。

里見：そうですね。私の取るべき立場は明確になりました。しかし、どちらが良い悪いというのは今の僕の中では持っていません。ただ、古滝屋や地域の未来にとってという判断があり、結果があったということです。父親はバブル経済に翻弄されてしまったのかもしれません。父親は、本来は、拝金主義とは無関係な人間だったと僕は今でも思っています。歴史や文学が好きな学者タイプでしたし、地域文化の育成に献身的に関わっていました。しかしストレスが多いバブル型大規模経営から抜け出せず、父の人生を短くしてしまったと思っています。経営者が父であれば、古滝屋を休業し、ボランティアや学生を泊めるということはしなかったでしょう。一日も休まず作業員を宿泊させたと思います。経営というのは、大小様々な判断を常に必要とし、選択した方角によっては、会社が消えることも、続くこともあるのでしょう。

▼スタディーツアー

平野：里見さんが築かれた新しい旅館経営のあり方、特にいわゆる原発依存型経済という大きな枠組みに入り込むことがなく、あくまでも地域や人を主体に温泉と布団と枕さえあればみなさんのお役に立てるという新しいあり方は、里見さんが取り組まれてきた「スタディーツアー」や「考証館」と深くつながっているように感じました。まず、スタディーツアーをなぜ始められたのか、またその内容についてお話しください。

里見：原子力災害に特化したスタディーツアーにしていますので、まずは原子力災害があったエリアに行くということが一つ。もう一つが、震災に関する展示や施設だけ回って終わってしまうツアーが多い中で、それとは違うものを目指しているということ。僕は震災直後から一二年間ずっと現場の方、特に双葉郡の方と一緒に活動をしてきましたから、知り合いも多く、彼らの経験や苦労もわかっているつもりです。そして、土地勘もあります。そんな中で、一番原子力災害が現時点で色濃く残っている富岡町という場所を選びました。スタンダードなコースというのは一〇時半に湯本を出発し、一四時半に戻るという四時間のコースにしています。個人的な希望を言えばもう少し北上したいんですが、そうしますと、移動だけで、さらに一時間がかかります。行くのに一時間、現地で二時間、戻って一時間の四時間ということで、時間的な制約の中でツアーを組んでいます。

平野：富岡町が災害の状況をまだ色濃く残しているというのは、具体的にどういう状況を指しているのかもう少しお話いただけますか。

図表1　富岡町の区域再編

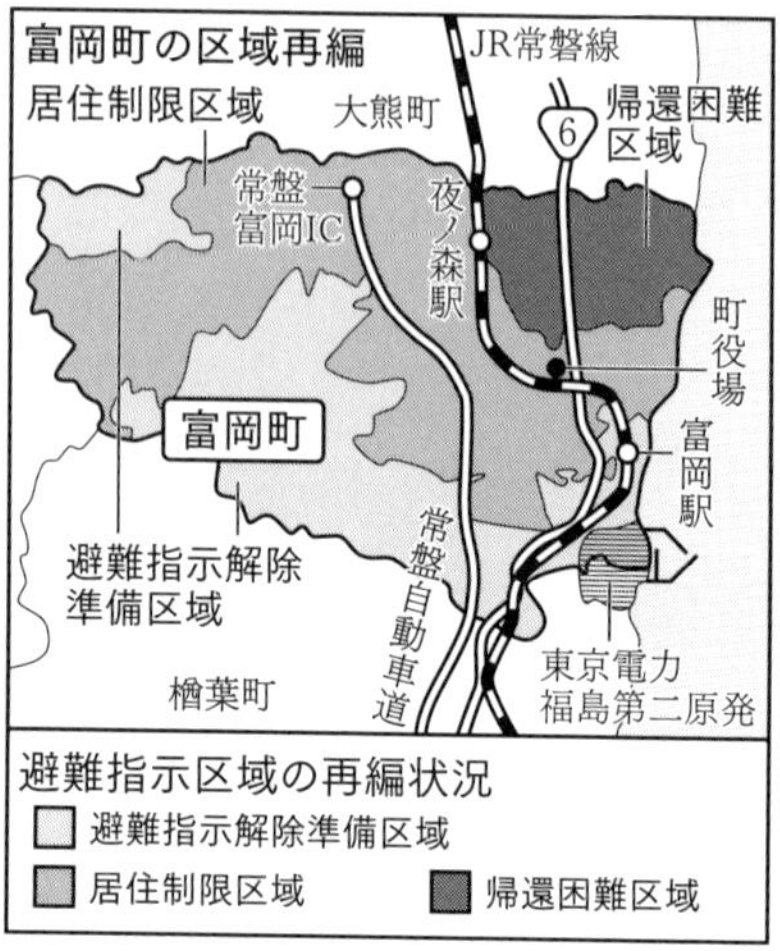

里見：はい。日本政府は、被災地域を帰還困難地区、帰還のための準備地区、そしてすでに帰還している地区と三種類に分けておりまして、富岡町にはこの三つの地域が共存しています（図表1を参照）。同じ町ではあるんですが、その放射線量の濃度によって当初一二年前に区分けした状態がそのままの姿で残っているんですね。その対比がしやすいということが重要です。つまり、二〇一七年に政府からの避難者に対する援助が打ち切られ、帰還政策が始まったんですが、それから二、三年おきぐらいに、徐々に人が住めるように除染作業を進めています。富岡町では、その移り変わりと除染作業の様子を見ることができるのです。またたは除染前と除染後の様子も同時に比較できますので、これはやはり資料館や博物館とは全く違った学習の場になります。作業自体を館内の中で見るというのは、不可能ですから。ちなみに、富岡町の南にある楢葉町はもうすでに町全部が、人が住んでもOKとなってますし、広野町ももう早い段階で人が住めるようになっています。なので、除染作業や、帰還困難地域との比較をすることはできません。ただ富岡町も、近いうちに、すべてが帰還していい地域に指定される予定です。

平野：そうすると富岡町を見せることの一つの理由は、原発事故が地域に与えた影響を現在進行形で理解できるということですね。震災後、人々の住む場所が放射能汚染によって失われ、その後、除染を通して帰還政策の対象とされていった様子を現在進行形で学び取れるということですね。それは、例えば資料館や伝承館(11)での展示と比べた時に、決定的な違いがある。資料館や伝承館という場所は、物やデータを並べて、事故をすぎ去ったものとして解説します。そして、行政や東電にとって都合がいい言説を作り上げてしまいます。そこには生身の人間がいない。生活そのものがないわけですよね。だから、スタディーツアーは、そういうものとは全く違う形で、人が生きてきた、また生きている現場として学べるということですね。

里見：はい。おっしゃる通りです。それは、スタディーツアーが終わった後のアンケートの内容でも、やはり一番強調されている点ですね。富岡町で敷地が三つ並んでいるとするならば一つは、リフォームをしてもう人が住んでいる家、二度と戻らないという決断をして、誰も住んでいない家、さらにその隣のお宅を見るともう更地になって、草が生えている敷地、そのように隣り合わせに様々な決断を迫られた様子がわかる。以前は綺麗なお家が建っていた三つの敷地の前に立つだけでも、この一二年間のその街の動きというのが、明確に色濃く出ているということです。参加された方は、最初はこれをどのように理解すればいいかわからないようですが、僕が、更地になった背景、どのような理由で空き家になったのか、また戻って新生活を始める決意をなされたのかを説明すると、スタディーツアーに参加された方も、何がここで起きたのかというのがわかるようです。

平野：なるほど。数日間だけ福島を訪れて、博物館や資料館を見て歩いても、どうしても他人ごとのように、「かわいそうだったね」で済んでしまうことが多いですよね。里見さんのスタディーツアーは、原発事故によって厳しい選択を迫られている人たちについて学ぶことで、見る・見られるという立場の距離を縮めながら、他人ごとではなく、自分のこととして考えてもらうことを目指している、と言えますか。

里見：福島の現実と対話してもらうきっかけとなってくれればと思います。それは、他人ごとが自分のことに置き換わる瞬間でもあると思うんですね。例えば、どこか首都圏などで、一戸建ての家を持って普通に暮らしている方は、富岡町の住宅の外観だけをパッと見ると、福島の人たちも同じような生活をしているという印象を受けますよね。でも僕が説明を加えることによって、震災後に家を奪われ、転々とし、除染が終わったから戻ってきていいと言われて、本当に戻るべきかどうか悩み、今でも悩んでいる現実を知ることになります。長野に移ったご家族の中で、若夫婦や若い家族だけを残して、自分だけは家に戻るという選択をされた高齢者もたくさんいます。

平野：私も福島でのインタビューで、自分だけでも帰ってくることに決めたという高齢者に会うことが多いです。特に、そのような決断をされた農家の方が多いですね(第6章を参照)。自分の先祖が一生懸命耕し作ってきた土は捨てられない、そういう気持ちから自分だけ戻るんだという方に出会います。子供や孫の世代にそれを背負わせることはあまりにも酷なので、彼らには新しい場所で生活を始めてほしいと言います。里見さんのお知り合いで、自分だけ帰ったという方は、どのような判断のもとそのような決断をされたのですか。

里見：大きく分けると二つの理由が考えられると思います。まず一つ目は、高齢者の方は、友人知人が避難先で亡くなっています。事故当時、七〇歳で避難された方はもう八二歳になっている。一緒に仮設住宅から公営住宅に避難された方々の訃報が届くと、あの人も亡くなったあの人も亡くなったという淋しい気持ちになります。故郷じゃない場所、避難先で死にたくないっていう声が聞こえてきます。異郷で人生を終えるのではなく、早く故郷に戻り、余生を過ごしたいということですね。自分の寿命から逆算しながら、後悔しないために、家族の同意が得られなくても、戻ると決断された方たちのことを双葉郡ではよく聞きます。今、戻られて一人暮らしをされている方は、みんな、そうなんですね。家族には反対されても、死ぬ場所は自分で選びたいという気持ちを持たれている。

平野：そうなんですね。自分の人生を終える場所として「故郷」を選ぶわけですね。

里見：はい、双葉郡だけでなく、いわきにもそういう方はいますよ。まず、それが一つ目の理由。二つ目の理由は、平野さんがおっしゃられたように「土」への思いなんですね。福島は、農業や酪農の方が多い。祖先と言いますか、土地というのが命と同じ比重を持っているんです。一二年の歳月が経っても、たぶんまだその避難先では、根無し草のように浮いてるような感じなんでしょうね。故郷に戻ることによって生活の一部、その糧であった土をいじりたい、そんな生活を取り戻したいと強く思っている方たちです。この一二年間、マンション暮らしアパート暮らしをしていた避難者がほぼ九割ですから。このような避難者にとって、土のない生活は自分の命を奪われたようなものです(第6章を参照)。そして、この土は、先祖が何代にも渡って大切にこしらえてきた宝物です。自分一人では、美味しい野菜や米を生み出す土を作れないと言います。何代にも渡って、汗水垂らして、知恵を絞って、自然と向き合って作ってきた土は、命と同じくらい大切だと考えている。だから、お墓を大切にするし、先祖とともに生きてるんでしょう(第7章を参照)。復興のスローガンに乗じて、自分だけ前に進めればいいっていう考えとは相容れない。それでしたら、住む場所はどこだっていいわけですからね。東京でも、仙台でもいいですよね。

平野：都会の生活に慣れている方にはたぶんこういう「土」や「先祖」への思いは、非常にわかりづらいと思うんですね。先祖とともに生きるとか、そのためにお墓を大切にするとか。土に触れられない生活は、自分の命を失ったのも同然であるとか。商品や消費が溢れかえり、匿名性が常識となっている社会関係を生きてきた都会の人にとっては、おそらくそういう考え方や感性っていうのは何か古臭い、暑苦しい、場合によっては非合理的で封建的なもののように見えるでしょう。近代性や合理性を特権化してきた教育者や知識人、言論人も「土」や「先祖」をめぐる思想を、半近代的で反動的だと批判の対象にしてきました。ただ、最近の世界の動きや言論を見ていると、このような近代主義的偏見を見直そうという傾向が強くなってきています。これは、アメリカでも同様です。私の同僚、特に先住民の歴史、文化、思想を研究されている同僚たちと話していると、近年まで封建的とか非近代的と蔑まれてきたような世界観、生き方、感性っていうものが、非常に見直され始めていることがわかります。それは、反近代主義という反動的土着主義ではありません。人間の自己中心主義が自然を疎外・搾取し、逆説的に人間自身を疲弊させる結果を招いたという反省のもと、人間を自然、大地、他の生き物たちとの関係の中で考えなおす取り組みです。このような議論は二〇世紀の前半からすでに出てきていましたが、地球規模のエコロジーの破壊が深刻化する今になって、新たな観点から議論され始めています。どうですか、里見さんもライフスタイルの転換ということに積極的に取り組まれていますが、同じような思いを持たれていますか。

▼「事故」ではなく「事件」

里見：はい。もちろん東京に住んでいた時は、便利で合理的な暮らしだったりとか、とても僕は満足しておりましたけど、生まれた時からそういう暮らしをしていれば、今のように、故郷イコール土という感性を理解できなかったかもしれないですね。これは、単純に良い悪いで語れるものではないですが。でも、便利さや経済的な合理性ばかりを追い求める生活は、限界に来ていると思うんですよ。今回の震災で一番の問題は、自分の意思じゃなくて、強制的に土地を奪われ、慣れ親しんだ生活を奪われてしまったことです。家族会議でみんなで「引っ越す」と決め、移民、移住するのであれば、問題はありません。ある程度心の整理がついて、自分たちが納得した上で旅立てますよね。今回の原発事故は、突然でしたからね。自分たちが選択したことでも望んだことでもありません。そして、それが災害関連死などにもつながっていった。僕は、三カ月前に水俣に行って気づいたのですが、水俣の人は水銀による汚染、それによって発生した病気を「事件」と呼び、水俣事件という言葉を使っています。

平野：「事故」ではなく「事件」ですね。

見里：はい、僕も、福島の災害関連死で亡くなった方は、報われず死んだというか、強い言い方をしてしまうと、殺されたと思うんですね。二三三五人の災害関連死の方は、自分の意思というか、死にたくなくて死んでるわけですから。実は僕も、ずっと五、六年前から福島は「事故」ではなくて「事件」だと思っています。でも、僕の中でも小さな忖度で、原子力災害って言う当たり障りのない言葉をずっと使ってきました。でも、気持ちの中では、本当に強い言い方だけれど、「殺人事件」だと思っています。

直接的には殺人は行われなかったけれど、その住み慣れた場所を破壊し、そこから引き離すっていうのは殺人行為に近いんだなと僕もこの一二年間の中でね、感じているのです。もうそろそろ、勇気と覚悟を持って「事件」と呼ぼうかなと思っています（笑）。

平野：私は、ここ一五年ほどアイヌ民族の歴史を研究しているのですけれども、アイヌの方たちも、やはり自分たちの大地を強制的に奪われるっていうことを明治時代に経験しています。今でも、奪われた状態が続いていると言える。アイヌ民族は、その結果、病や貧困に苦しみますが、様々な工夫や努力をして生活を営んできました。ただ、彼らの生活、歴史、文化にとって決定的大切な大地を一方的に奪うことは、社会的な抹殺に等しいと思うんですね。社会的死っていう言葉を僕は使うんですけども、里見さんに倣って、社会的殺人と呼んでもいいかもしれません。そのようにアイヌの活動家の方たちも主張してこられた。自分が生まれ育った環境、あるいは自然、またそれとのつながりだとか、あるいはそこから得る食物や感性を強制的に奪われるのは、死の宣告に等しいですよね。豊かな自然、社会環境とのつながりがあって初めて命は生き生きと輝くことができます。人は、ただ、生物体として生きているわけではないですから。

見里：そうですね。私たちは、福島で自然に囲まれながら生活してきました。食べ物を一つとっても、四季折々の旬な美味しいものを、栄養価が高いものを食べて暮らしてるわけですし、あとその春夏秋冬を愛でながら暮らしている。これが例えば、首都圏の生活ですと、別に良い悪いの問題ではないけれど、でも、コンクリートの壁、屋根、あとはスーパーでのお金とのチェンジを中心にした生活になる。その暮らしは、人間が地球と一体化している存在なんだということを忘れさせます。首都圏の方に、大切なお家が住めなくなってしまったんだ、汚されてしまったんだというふうに相談を持ちかけたら、「引っ越せばいいじゃん」って言われます。でも、そんな単純な話ではないんですね（第7章を参照）。

▼「考証館」：記憶と対話と未来

平野：スタディーツアーでは、そのような人の生活と価値観、感性といった深いところまで入り込んで、福島の現状との対話を目指しているということですね。では、考証館についてお話いただけますか。考証館を作ろうと思ったきっかけと意図はなんだったのですか。さらにこのような震災の記憶の残し方に対して地元の方たちからの反発はなかったのでしょうか。辛い震災なんて語る必要ないよと、語り続けていたら、風評被害にあって観光客が来なくなっちゃうと言った反発もあったのではないかと思うのですが、そのあたりをお話しくださいますか。

里見：はい、わかりました。伝え続けなければいけないと思ったのきっかけは、やはりスタディーツアーです。先ほども言いましたように、被災者はそれぞれ置かれている状況が全然違うということがだんだんわかり始めたんですね。それぞれの記憶をできるだけ残したいと思ったんです。なんとしても、残して伝えたいと。聞いてしまったからには自分はそれを伝承していく役割があるんではないかと。なぜなら伝えてくれた方の中にはもうこの世にいらっしゃらないという方もいるんですね。そうすると何か遺言をもらったかのような感じが、この一二年間という時間や経験の中で強くなっていきました。

二〇一一年からそのような思いの中で生活していたのですが、でも原子力ってどうやって伝えるべきなのか、放射能そのものは目に見えないわけですから。原発事故で失ったものも人によって様々なんですね。例えば今まで家族で大切にしてきた畑の有機腐葉土が大事だという方もいるし、四世代一二人で暮らしていた日々の日常が大事で、それが消えてしまったので悔しいという方もいますし、また自殺で家族を失った方は怒りを通り越して喪失感で苦しんでおられる方もいます。お話を聞くと本当にいろいろです。でもみなさん、文書にはされないんですね。いろいろな人間関係の中でようやくお話してくださったこと。そして僕も震災前からいろいろな地域活動をしていたので、割とスムーズに本音で僕に教えてくれたんですね。その当時の気持ちのままお話してくださった。二〇一一、一二、一三、一四年に聞いたお話は僕の中で非常に心に染み渡っていますね。その後、復興のためのお金がどんどん入ってきたことによって完全に人間が変わっちゃった人もいるし。それも含めての原子力災害では、こういうことも引き起こすんだよということを伝えていきたい。

もう一つ大きなきっかけは、二〇一四年に訪問した水俣での経験があります。二〇一四年、水俣に行った時に公的資料館と民間の資料館、そしてみかん農家やスペイン料理のオーナー、不知火海の旅館のお話を聞きその隣の鹿児島の出水というところで民泊をされているお父さんのお話も聞いたりして、それが本当によかったんですね。二〇一四年をきっかけに、僕は福島原発事故の記憶を残したいと思いましたけれど、ずっとどうやっていいのかわからなかった。なぜなら水俣の考証館のようにはちょっと作れないなと思いました。あとあと聞くと、水俣病の歴史考証館は水俣病の方や直接水俣にお住まいの方が作ったんではないんですね。市外県外の方が作られた。それを聞いた時に、あぁそうだったんですかと思いました。

僕は地元にずっと住んでいるんで、二〇一一年の東京といわきのデモに参加した時に全然雰囲気が違っていて、あぁなるほどなと思うことがあった。五月一〇日の東京のデモに参加した時に地元の方と参加していたんですが、みんな意気揚々と自分のすべてを曝け出して訴えていたんですね。でも地元でパレードした時はみんな顔がわかんないんですよ、誰なのか。マスクしたり帽子を深く被ったりして。それで理解したのは、ここに住んでいる人が自分の意見を主張するのは難しいと。なぜなら毎日ここで生活しているわけだから、複雑な社会・利害関係がありますね。一方で自分のことを全く知らない場所では自分をきちんと主張できる。もしかしたら、地元でないほうがまだやりやすいのかもしれないと（第3章と第4章を参照）。そう考えると水俣のこともなんとなくああそうか、主張を強くした展示ができるのはこれを作ったのが地元の方じゃないからだと思いました。

そして水俣病歴史考証館では「怨」の字の幟旗がたくさん立っていたりする。するとチッソ関係者、加害側は、躊躇して入口に近寄れないかもしれません。僕は加害側にも資料館を見にきてほしいという思いがありまして。それはなぜなら一人間として、一地球上の生物として対話や顔を突き合わせることをしないと、根本的な解決はないと思っているんですね。まあ本人が加害側と思っているかどうかは別としても、政治家の方、国会議員の方、電力会社の方も見に来てくれると嬉しいと思っています。原子力を推進されてきた方々、被害にあった方々、被災された方々。でも正解不正解というのはその場では判断するものではなくて、そこに訪れた方が自分で答えを出してそれを持ち帰ることができる、そういう場にしたいと。だから最初からそこに答えは用意していない。ボランティアの考証館メンバーの方々とも話し合ってそういうふうにしています。

一昨日、東京二三区の与党議員さんのほうから、一二月に一〇人で訪問したいという視察の予約が

写真3　考証館

入ったんですね。願ったりかなったりです。

展示で象徴的なのは、真ん中にあるのは木村紀夫さんの展示[12]、あとは街の記憶という面では、三原由紀子さんの詩ですね。木村さんの展示は津波で流され、原発事故で救出できなかった娘の汐凪《ゆうな》ちゃんの記憶を紡ぎ続ける過程をみなさんと共有する形になっています。三原由紀子さんは、高校時代から今の二〇二三年の記憶まで、ずっと詩によって時間が連なっていますので、原発事件によって、失われたものの大きさ、重さを感じさせてくれます。本当に大事なものを失くしたんだな、と。あとは、最近の裁判の内容を展示しています。福島県内には震災や原発事故を伝承する施設が出揃ったのですが、これらの施設は国や東電が建てたものです。しかし、そこでは、裁判に関して何も展示されていません。国や東電側は加害側になるので、やはり都合が悪いので、嘘はついてないにしても、裁判は展示から外しているということなのでしょう。

平野：今、原発事故をめぐる言説のあり方は反対か賛成かでパッと分かれてしまっていて、しっかりと対話をし、議論をする可能性がきわめて低い。この問題を里見さんはよく考えておられて、政治的立場を強く押し出して「自分の正義」を主張する場にするのか、それともそこに来てまず対話をしてみる、自分でそれを感じ考え、自分を見つめ直してみる場を作るのか、その違いはとても大きいように思います。後者は、僕の理解の中ではとても民主的な対話の空間だと思うんです。[13] 民主主義の実践を小さな空間の中で――物理的空間は小さいけれどその意義は大変大きいです――見事にやられているなと私はとても深い感銘を受けました。それは、この空間を作る時に意識されていたのですか。

里見：いいえ、特に小さな(民主的な)対話の空間にしようと意識はしてはいませんでした。しかし結果的にそういう効果が得られるのであれば嬉しいことです。僕は二つの立場で見て欲しいなと思っているんです。一つは組織や団体としての一参加者の立場のAさん。その方はたぶんスーツ着て革靴履いて視察にいらっしゃるんだと思うんです。バッジもついてるかもしれないですね。もう一つは、肩書や立場をすべて捨てて、一人間として生き物としての立場のAさん。両面で感じてもらいたいですね。希望があれば僕も対話はしていきますけれど、たとえそこで対話ができなくても、ご自分の心の中にある二人で対話してほしい。他人との対話だけが対話ではないと思います。姿がないという意味では、ご先祖との対話でもいいでしょう。汐凪ちゃんとの対話もよいと思います。または原子力災害関連死で亡くなっている二三三五名の天に召された方とでもいいでしょう。

福島県に来たら、地元の方のお話や彼らとの対話だけではなく、自分の存在価値や生きていることの意味、地球にどのように役に立っているかどうかなど、静かに省みる時間もとっていただければありがたいです。

平野：考証館のパンフレットの中に素晴らしい言葉があるんですね。これは里見さんが書かれた言葉なんですが、ちょっと読ませていただきますね。

「歴史は過去のために記されるものではなく、未来への指針を考えるために残すものなのだと思います。今起きていることに目を背けず、きちんと考証し、未来へつないでいくことが願いです」と書かれています。

僕は歴史を勉強するものとして非常に共感するものがあったんですけれども、こういう願いのもと、考証館を作られた。三二七年続いてきた古滝屋さん、そしてそれを育んできた湯本という豊かな地域の今後、地域の未来像、こんな地域にしてみたい、こんな旅館にしてみたいということを考証館の経験も含めてお話していただけますか。

里見：ある程度僕の中で決まっていまして、順番から行くと僕が東京から戻ってきてここを継いだ時は財務的な問題とかや接客サービス面、あるいは備品関係での改革改革ということで事業作りをしていました。その後それがうまくいきましたので、これを町に活かそうとして町づくりをしてきました。でも町づくりは今思うと失敗しました。それぞれがまあお山の大将ではないですけれどいろいろな利害関係があったり、やはり難しかったんです。そして震災があり社会づくりになります。そうすると町のエリアという垣根が完全になくなり、様々な社会的な課題に向き合っている方とお会いします。僕は経済人より、そうではない方と限りある貴重な時間をすごしたいと願っています。

原子力災害前、僕の友人知人が一〇〇人いました。原子力災害後も一〇〇人いました。しかし、人は半分以上は入れ替わっています。町づくりという言葉はポピュラーで誰でも使うフレーズですが、社会づくりということの延長上にあり、地球自然環境と地域社会がバランスよく成り立っていくことが大事であると思いました。町づくり成功法といった類の本がたくさん売られていますが、入口の時点で思考が経済的脳なら、それは誰かを犠牲にする町づくりになっているのだなと、自然災害と人災を経験し確信しました。むしろ一個人のライフスタイル、意識だったりとかそういうものから少しずつみんなで考えていくようなプロセスをより信じています。だから、今日ここに集まられている方々と似たような意識の中でだんだん輪が広がって、もしかしたらこれが五〇〇人ぐらいになると集落になるんじゃないかなと思ったりもするんですが(笑)。

僕は対話というのは、人間関係、自己形成にとって最も重要なものだと考えます。いろいろな立場の方と考証館を通じて対話をします。それと、人間社会中心の観点で未来の姿を考えたくないですね。原子力災害というのはやはり人間中心の発想になりがちです。結果的に北海道や青森、ハンフォードやカザフスタンも含めて、人間だけでなくて地球の体に深い傷をつけているのですから。国会や他の会議でそこに住む動物や昆虫や植物も同じ席に座らせるべきだと思うんですよ。意思疎通は難しいですが、それらの命や存在をきちんと考慮しながら対話はできますね。そして地球の様々な神様とも対話をしてほしい。人間はこのまま傍若無人でよいのかどうか、目に見えない存在の意見を聞く時間が必要です。目に見えないもの、僕の先祖やみんなの先祖。希望や目標や願いをかなえられずこの世を去ってしまった方たちの魂も参加できる議会もあるとよいでしょう。僕は原子力災害でいろいろな辛さ悲しみというのをたくさん味わってきましたが、でも地球規模まで大きくして考えるとそれもなんとなく吸収できてしまう。その規模だと辛さとか悲しみというのはほんの一部であるなと思えるんです。個人になると内にこもってしまい結構キツくなるんですが、仲間が増えたり、ある場所では自然が魂を浄化してくれたり、猫ちゃんワンちゃんが心の傷を癒してくれたり。虫の命を考えたら自分なんて十分満足な暮らしをしていると思ったりする。蚊の一生なんていう本読んだりすると、もう切ないですよね(笑)。生きているもの、または生きてないもの、見えるもの、または見えないもの。ぜんぶ含めて対話ができ、違いを認め合い、共生できるそんな社会になるといいなと思っている。話をしていて気づいたのですが、僕は磯前さんと出逢い、たっぷり影響を受けているなあと。

平野：そうですね、僕も磯前さんが考えてこられた目に見えるもの、見えないもの、感じられるもの、感じられないもの、言葉にできるもの、できないもの、そういうものを含めて対話をしていくことの大切さ、それが対話なんだというところ、そのポイントは、特に福島に来るたびに本当に強く感じるところです。このような対話を「民主的である」と言ってしまっていいのかわからないけれど、生きとし生けるもの、すでにこの世を去ってしまったもの、またこれから産まれくるものを含めて、対等な関係性を前提に対話を重ねながら、お互いの違いを理解し、尊重し、歩み寄る。自分の利益を優先させたり、押し通すために交渉を重ねる近代ブルジョア的な自由民主主義とは全く反対の意味での「民主的」関係性です。おそらく「民主的」というのはそういう想像力を膨らませて、もっと広く考えなくてはいけないんじゃないかと感じます。

インタビューの最初に戻るんですが、高度経済成長の頃は目に見えたり触れるものばっかり価値として考えてきたと思うんですね。福島の原発事故、里見さんの言葉を借りれば福島原発「事件」というのは平たく言えば、資本を増やせたとか、購買力が上がったとか、最新式の家電商品を手に入れたとか、そういうものを価値として生きてきてしまったことへの一つの教訓だし、私たちが信じて疑わなかった成長志向やそれを支えてきたエネルギーの際限なき消費への一つの警告だと思うんですね。また、このような問題は、近代社会によって否定され、周辺へと追いやられてきた人たち、例えば世界中の先住民の人たちが近代の初めからずっと気づいていた問題だったように思えます。アメリカ先住民の言葉に「この大地は誰のものでもない。私たちは次の世代に引き継ぐために神・天からこの豊かな大地を預かっているだけなんだ」といった言葉があります。より根本的に近代・現代の生き方を問い直すためにも、見えるもの、触れられるもの、所有できるもの、貨幣価値に変換できるもの、言葉になるものだけを価値として生きてきたことを、また未来に対して何の責任感も持たずに目先の利益ばかりを追求して生きてきてしまったことをもう一度考え直さなければいけない局面に来ているのかもしれませんね。今日は、それが福島の経験から学べる一つの教訓だということを里見さんに教えていただいたように思います。

磯前：私も里見さんがおっしゃる生き方、あるいはライフスタイルの転換への取り組みは、そのような大きな意味を持っているものだと感じながら拝聴しました。

里見：ありがとうございます。僕が今このようにして活動しているのも、資本主義を含めてそういった成長や自己利益を追求する大きなシステムではなくて、やっぱりフェイストゥフェイス（対面）の関係、顔を突き合わせた関係、と言いますか、有機的なつながりで結びついたものが大切だからだと考えているからです。今回も平野さんや磯前さんとこのような時間を過ごせるのも、人と人とのつながりの中の延長でもありますし、そうすると、民主主義っていうのは、まず自分がほかの人とどのように生きていくのかということをめぐって自分に対する責任と覚悟を持って生きていくことだと感じています。やっ

写真4　様々まな人が集いコンサートなども行われる古滝屋ロビー

ぱり原発イコール電気という簡単な構図ではないんですけど、エネルギーと食と衣という人間の生活に深く関わる領域でライフスタイルの選択を自覚的にしていくことはとても重要だと思います。基本この三つに関しては、自分で責任を持って生きていく。それでもやっぱり貨幣社会でもあるので、足りない部分はね、貨幣で補うという発想でいいのではないかな。これは、民主主義とかまた違うのかもしれないけれど、ただ一人ひとりが自分の生き方を設計するような、そんな覚悟と、そしてもちろん人とのつながりがあれば十分に、幸せにやっていけると思うんですね。自分で足りないものはね、仲間や友人から分け与えてもらえます。今は消費が先に行っちゃってそこで消費しすぎちゃって足りないからお金を借りるといった生活になってしまっている。

今進んでいる処理水放流の問題も、国や東電や専門家は「科学的根拠」によって安全性が保たれているから大丈夫だ、それを疑うのは「非科学的だ」と言うけれど、僕はそのような議論の立て方自体がとても一方的で、本筋から外れているように感じています。「科学的かどうか」という議論の土俵に立たされることで、地震大国での発電方法として原子力発電所を選んでいいのか、エネルギー政策として原発回帰していいのか、原発政策は本当に人々や自然に優しい電気を作るために進められてきたのかっていうより本質的な議論が置き去りにされている。処理水の蓄積は、これらの問題を日本の有権者たちとしっかり議論しないで進めてきた政策の結果なのだということに触れようとしない。そして、同じように、原子力事件に巻き込まれた福島の人間がこの一二年間どれほど苦しみ、今でも多くの困難を抱えながら暮らしているのか、そんな福島の声を蔑ろにしながら、処理水放出は進められている。原発事故のような問題が起こるとどれほどひどい影響を受けるのかという議論をもっと深めた上で、放流の議論をしなければならないと感じます。国益だとか、企業の利益の前に、人々が何を求めているのかを大切にできる社会が必要です。また、人々も自分の行動が地球的な規模でどのような意味を持つのかを考えて責任を持って行動できるようにならないといけませんね。

平野・磯前：貴重なお時間をいただきありがとうございました。

注

1　いわき湯本温泉は「道後温泉」や「有馬温泉」と並んで一三〇〇年の歴史を持つ。この地域は、平安の時代にはすでに「湯本」という地名が用いられており、磐城郡の湯本温泉として知られるようになった。湯治の名所として発展を遂げるようになり、江戸時代には陸前浜街道の宿場としても栄えた。しかし、明治時代に入って日本が富国強兵を推し進める中、湯本でも石炭採掘が始まる。地底の泉脈は破壊され、坑内から温泉が多く出水したことで一九一九年に温泉の地表への湧出が止まった。その一方で、湯元町商店街は石炭景気で繁栄し、一九六〇年代まではそれは続いた。その一方で、炭鉱側との協議により温泉は一九四二年に復活された。一九七〇年代になると炭鉱は斜陽産業となり、閉山が相次ぎ、一九六六年にオープンした磐城ハワイアンセンター(現：スパリゾートハワイアンズ)を中心にリゾート温泉地として生まれ変わった。

2　二〇一一年三月の原発事故当時、六歳から一六歳だった六人の子供が小児甲状腺癌にかかり、二〇二二年三月一日に東京電力を訴えた。第二回口頭弁論期日に原告がさらに一名加わり追加提訴し、原告は七名になった。二名が甲状腺片葉切除、四名が甲状腺全摘。そのうち一名は手術を四回経験。別の一名も再々手術の可能性があり、また別の一名は肺転移を指摘されている。二〇二三年三月の時点で福島第一原発事故以降、三〇〇人以上の子どもたちに甲状腺癌が発症している。二〇〇人以上が甲状腺の全摘または片摘手術を受けた。本書第9章で崎山比早子氏が詳しく述べているが、思春期を超えた子供の甲状腺癌は一〇〇万人に一人の割合だと言われている。福島原発事故による損害賠償としては莫大なお金が経済的な被害に対しては支払われているが、放射線の起因する健康被害については、東電は一切認めていない。

3　鎌田慧・斎藤光政著『ルポ・下北核半島——原発と基地と人々』岩波書店、二〇一一年。

4　北海道における核のごみ受け入れ問題は、一九八二年まで遡る。道北の幌延町は、一九八〇年頃から原子力発電所関連施設の誘致に乗り出していた。当時の町長は、核廃棄物処分施設誘致を推進していたが、その後の住民による反対運動で中止となった。しかし、二〇〇一年、現在の「幌延深地層研究センター」が建設されるに至った。日本原子力研究開発機構は二〇二三年九月二九日に原発から出る高レベル放射性廃棄物(核のごみ)の地層処分を研究している幌延深地層研究センター(北海道幌延町)にある立て坑を深度約五五〇メートルまで延ばすための掘削工事を開始した、と発表した。幌延という町名はアイヌ語のポロヌプが語源で、ポロ・ヌプ(大きい・原野)という意味。この地域に和人が入植したのは一八九八年(明治三一年)頃で、炭鉱採掘がそのきっかけであり、その後、東本願寺や法華宗が中心になって酪農と農業を開始した。それに伴い、和人入植者も増加。明治政府が一八六九年にアイヌ・モシリを植民地化する前は、幌延を含む天塩川流域には多くのアイヌ・コタン(集落)が存在していた。

5　福島県楢葉町の大谷にある宝鏡寺の一角に、故早川篤雄住職が在野の視点から福島第一原発事故の惨禍と教訓を伝えるために創設した資料館。故早川住職は、福島原発の誘致・建設、それに伴って変貌を遂げてきた浜通りをずっと見つめてきた。長年に渡って、原子力発電所の危険性を指摘し、廃炉こそが地域の豊かさ、幸せを保障する基盤であると運動を続けてきた。原発事故後は、二〇一二年に東京電力を相手に訴訟を起こした「福島原発避難者訴訟」で原告団長を務め、二〇二二年三月に勝訴が確定する。二〇二〇年に私費を投じて伝言館を建設し、半世紀に渡る運動の資料のほか、広島、長崎、ビキニなどの資料が多数展示されている。境内には、広島からの非核の灯火が灯続けている。

6　二〇二二年一〇月一一日に国際日本文化研究センターが主催した平野の講演。テーマは『アメリカから福島原発事故を考える』。コメンテーターは磯前順一。

7　詳しくは、『黙殺された被曝者の声』（トリシャ・T・プリティキン著、明石書店）を参照。

8　「Atoms for Peace」は、米国のアイゼンハワー大統領が一九五三年一二月八日に国連総会で行った演説の題名。米国による核技術の独占を過去のものと認め、原子力の平和利用を訴えた。国際原子力機関（IAEA）の設立についても言及した。しかし、米国は、翌年一九五四年の三—五月にビキニ環礁で六回の水爆実験を実施。三月一日には第五福竜丸の船員二三人が被曝し、半年後に一人が死亡した。「ブラボー」と名づけられた水爆の威力は広島型原爆の約一〇〇〇倍と言われた。第五福竜丸の被害は、のちに「ビキニ事件」と呼ばれる。

9　日本は明治維新後、朝鮮半島の支配を目指し、一九一〇年の日韓併合によって朝鮮半島を植民地化した。土地を奪われ、生活基盤を失った多くの人々が職を求めて日本に渡り、また、太平洋戦争時には労働不足を補うために強制連行や徴用によって動員され、数万人が広島市内で被曝したと言われている。当時の広島は日本で有数の軍都であり、多くの朝鮮人が軍需工場や炭鉱で働かされていた。日本への労務動員により強制連行された朝鮮人は八〇万人と言われている。そのうちの四～五割が炭鉱に動員された。炭鉱に強制動員された朝鮮人は三〇万人を超えるとされる。その動員数は、福岡（筑豊）で約一五万人、北海道で約一一万人、佐賀・長崎で約四万人、常磐で約二万人、宇部で約二万人と言われている。

10　一九九五年、米国のスミソニアン協会航空宇宙博物館は、原爆投下五〇周年を記念して、「クロスロード――第二次世界大戦の終結、原子爆弾、そして冷戦の始まり」との名称で特別企画展を開催しようとした。この企画は、広島への原爆投下機エノラ・ゲイと併せて広島・長崎の被爆資料を展示し、アメリカ国民の間に根強く定着している「原爆投下の正当性」を問い直そうとする野心的な試みであった。しかし、一九九四年三月、展示の概要が明らかになると、アメリカ国内では退役軍人協会を中心に、この企画に反対する動きが起こった。こうした動きは、同年九月には上院が全会一致で同博物館に企画の修正を求める決議を行うまでに発展する。結局一九九八年一月にスミソニアン協会が、エノラ・ゲイを中心とした展示への変更を決め、被爆資料の展示は取りやめとなった。

11　福島県は政府が進める「福島イノベーション・コースト構想」の一環として「東日本大震災・原子力災害伝承館」を二〇二〇年九月二〇日に双葉町に開館。総工費約五三億円は国の交付金で賄った。その運営も指定管理者の公益財団法人の「福島イノベーション・コースト館には語り部向けマニュアルがあり、そこに「笑顔で対応する」「喜怒哀楽、感情をコントロールしながら話す」「特定の団体への批判・誹謗(ひぼう)中傷等は含めない」といった指示が記されていることが批判された。また、二〇一六年七月に福島県が「コミュタン福島」で知られる「福島県環境創造センター交流棟」を三春町に設置した。コミュタン福島は、原発事故にまつわる問題よりは、環境回復や復興の歩みに焦点を当てた展示が中心を占め、子供が「楽しく」原子力について学べるように構成されている。そのほか、二〇一一年三月一一日からの出来事の年表や爆発した福島原発の模型、当時報道されていた新聞、避難者数や避難区域設定の変遷、県民健康調査や内部被曝の予防、住宅除染率、下水汚泥の放射能濃度など、多くのデータが現在進行形で展示されている。しかし、福島県民の暮らしが原発事故によってどのように変わったのか、その精神的・経済的・社会的ダメージについて言及することはない。特に、事故原因については裁判とは違った主張をしたり、東電にとって都合が悪い事実は展示しないなどの問題が指摘されている。」

12　木村紀夫さんは、東日本大震災の津波で自宅を流失し、父と妻、次女が行方不明になったが、東京電力福島第一原発事故により捜査が打ち切られ、その後、父と妻の遺体は見つかったが、次女の汐凪《ゆうな》さんの遺骨の一部が見つかるまで五年九カ月を要した。現在は語り部として活躍しながら、汐凪さんの遺骨を探し続けている。古滝屋の考証館では、木村さんの記憶の形を汐凪さんの遺品や写真を中心に展示し続けている。

13　民主的な対話の空間については本書第4章、鎌仲ひとみ氏のインタビュー「福島、メディア、民主主義」を参照。

【著　者】
平野克弥（ひらの　かつや）
一九六七年生まれ。同志社大学法学部政治学科卒業。米国シカゴ大学で博士号取得。現在、カリフォルニア大学ロサンゼルス校（UCLA）歴史学部教授。研究分野：近世・近代の文化史、思想史、歴史理論。著書に『江戸遊民の擾乱――転換期日本の民衆文化と権力』（岩波書店、二〇二一年）。著作に「主権と無主地――北海道セトラーコロニアリズム」『思想』（二〇二二年一二月号、岩波書店）、「市民社会の〈隠れ屋〉――人種主義的認識が作動・反復する時」『現代思想　総特集　関東大震災100年』（二〇二三年九月臨時増刊号、青土社）、「新たな歴史学（グローバル・ヒストリー）と「論争」の死角――抹消される外部」長原豊、ギャヴィン・ウォーカー編『「論争」の文体――日本資本主義と統治装置』（法政大学出版局、二〇二三年）。編訳書にテツオ・ナジタ『Doing 思想史』（みすず書房、二〇〇八年）、訳書にハリー・ハルトゥーニアン『アメリカ（帝国）の現在――イデオロギーの守護者たち』（みすず書房、二〇一四年）などがある。

原発と民主主義
「放射能汚染」そして「国策」と闘う人たち

二〇二四年九月一五日　第一版第一刷発行

著　者　平野克弥
発　行　株式会社　解放出版社
〒五五二-〇〇〇一
大阪府大阪市港区波除四-一-三七　HRCビル三階
TEL　〇六-六五八一-八五四二　FAX　〇六-六五八一-八五五二
東京事務所
〒一一三-〇〇三三
東京都文京区本郷一-二八-三六　鳳明ビル一〇二A
TEL　〇三-五二一三-四七七一　FAX　〇三-五二一三-四七七七
振　替　00900-4-75417
ホームページ　https://kaihou-s.com

印刷・製本　萩原印刷株式会社

Printed in Japan
ISBN 978-4-7592-6817-1 C0036 NDC360 456p 21cm
定価はカバーに表示しています。
乱丁・落丁はお取り替えいたします。